소방공무원 승진시험

소방위 소방장 계급 해당

위험물 안전관리법 기출·예상문제집

소방법령 III·IV 공통

김종근 · 이동원 지음

BM 주식회사 도서출판 성안당
www.cyber.co.kr

■ 도서 A/S 안내

머리말

　이 책은 위험물안전관리법령(소방법령 Ⅲ, Ⅳ)에 따른 규제의 체계와 주요 내용으로부터 예상문제를 수록하였습니다. 다만, 민원담당자가 민원업무 처리과정에서 알아야 할 정도의 자세한 내용은 그 동안의 출제경향을 고려하여 제외함으로써 학습부담을 줄이고자 하였습니다.

　예상문제는 기본서 각 단락의 내용에서 골고루 선정하면서, 기출문제가 있었던 부분은 새로운 법령에 맞게 재편집하여 수록하고, 기출문제가 알려져 있지 않거나 기출문제만으로는 학습내용을 정리하고 문제해결 능력을 기르기에 부족한 부분에 대하여는 예상문제를 추가하였습니다. 그리고 예상문제는 「위험물안전관리법」, 같은 법 시행령 및 같은 법 시행규칙에서만 선정하고, 소방공무원 승진시험 과목에 들지 않는 「위험물안전관리에 관한 세부기준(고시)」에서는 선정하지 않았습니다.

이 책의 가이드

01 이 책의 특징

1 문제를 풀기 전에 규제의 틀과 주요 내용을 상기해 볼 수 있도록 기본서의 내용을 간단히 요약하였습니다.

2 위험물 안전에 관한 규제의 틀과 주요 내용을 가지고 예상문제를 수록하되 일상 생활과 밀접한 시설 등 출제가 잦은 분야의 내용을 더 많이 선정하였습니다.

3 과거의 출제경향을 고려하여 지문이 짧은 문제도 수록하는 한편, 지문이 긴 문제를 적절히 수록하여 최근의 출제경향에 대한 적응력을 기를 수 있도록 하였습니다.

4 유사한 문제의 반복적인 수록을 지양하는 대신 관련 해설을 자세히 하여 유사한 문제에 대한 해결능력을 기를 수 있도록 하였습니다.

5 기출문제 외에는 가급적 여러 가지 중요 내용을 연관시킨 복합적인 예상문제를 수록함으로써 예상문제를 접하는 가운데 기본서의 내용을 정리해 볼 수 있도록 하였습니다.

02 공부방법

1 예상문제는 항상 기본서의 내용과 연계하여 학습하면서 관련 내용을 확인하는 과정을 반복할 필요가 있습니다.

2 실제 시험에서는 출제기준에 의하여 수험서에 수록된 예상문제와 동일한 문제가 출제되지 않는 점을 유의하여, 예상문제를 해결할 때에는 유사하거나 변형된 형태로 출제될 경우까지 대비하는 학습이 필요합니다.

03 인용법령의 약칭

인용하는 법령명은 다음과 같이 약칭하여 사용하였습니다.

- 法(또는 법, 위법) … 「위험물안전관리법」(시행 2018. 6. 27./ 법률 제15300호)
- 슈(또는 영, 위령) … 「위험물안전관리법 시행령」

  (시행 2020. 1. 6./ 대통령령 제30256호)
- 規(또는 규칙) … 「위험물안전관리법 시행규칙」

  (시행 2019. 1. 3./ 행정안전부령 제88호)
- 告(또는 고시) … 「위험물안전관리에 관한 세부기준」

  (시행 2019. 1. 14./ 제2019−4호)

(주) 인용례

- 法 5Ⅱ① … 「위험물안전관리법」 제5조 제2항 제1호
- 슈 15① … 「위험물안전관리법 시행령」 제15조 제1호
- 規 3Ⅰ⑧ … 「위험물안전관리법 시행규칙」 제3조 제1항 제8호
- 規 별표 4 Ⅳ② … 「위험물안전관리법 시행규칙」 별표 4 Ⅳ 제2호
- 告 30Ⅱ② … 「위험물안전관리에 관한 세부기준」 제30조 제2항 제2호
- 고시(42Ⅰ①) … 「위험물안전관리에 관한 세부기준」 제42조 제1항 제1호

차 례

제1장 위험물 규제의 개요

차 례

차 례

제3장　제조소등에서의 위험물의 저장 및 취급에 관한 기준

제4장　위험물의 운반에 관한 기준

부록　기출복원문제

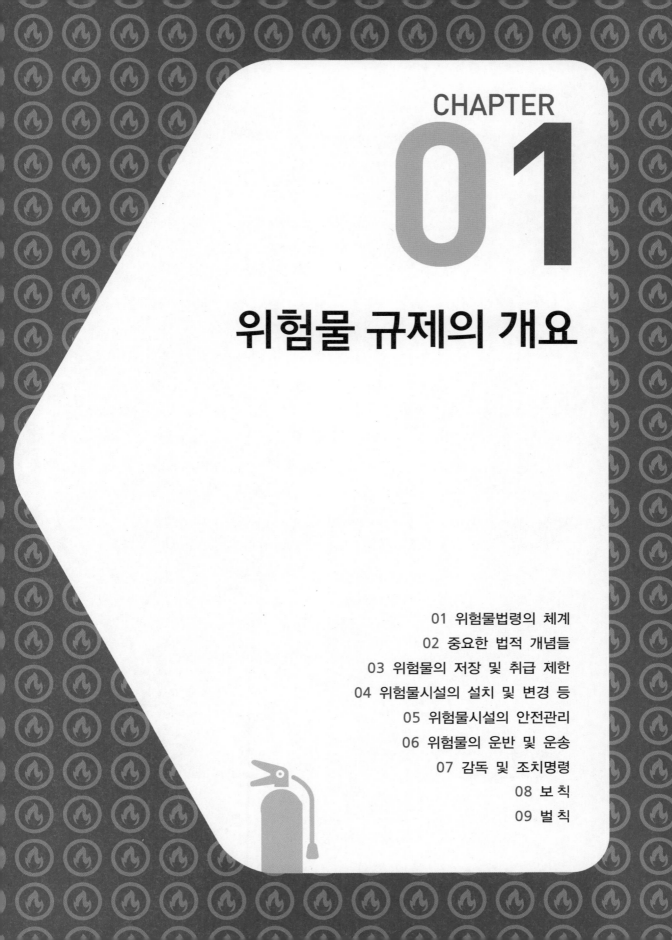

CHAPTER

01

위험물 규제의 개요

위험물안전관리법

CHAPTER 01

위험물 규제의 개요

01 위험물법령의 체계

1 위험물 규제의 체계

(1) 위험물 규제는 위험물의 저장 및 취급의 규제와 운반의 규제로 대별된다.

(2) 위험물의 「저장·취급의 규제」는 그 저장 또는 취급하는 양에 따라 「위험물안전관리법에 의한 규제」와 「시·도 조례에 의한 규제」로 구분된다.

(3) 위험물의 운반은 그 수량에 관계없이 「위험물안전관리법」에 의한 운반의 규제를 받는다.

(4) 위험물의 저장·취급 및 운반에 있어서 「위험물안전관리법」의 적용을 받지 않는 것이 있다.

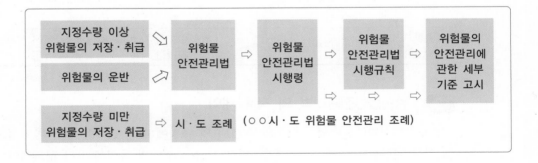

운반은 수량에 관계없이 위험물안전관리법령이 적용되는 점에 유의하여야 한다.

2 위험물 규제의 근간

장 구분	주요 내용		
1. 총칙 (法 1~5)	목적, 정의, 적용범위, 국가의 책무		화재위험이 높은 위험물의 안전 확보
	지정수량 미만 위험물의 저장·취급		시·도의 조례에 위임
	위험물의 저장·취급 제한	허가(승인)장소에서 저장 또는 취급할 것	

장 구분	주요 내용	
1. 총칙 (法 1~5)	저장·취급의 기준	위험물 저장·취급 시 기준 준수(기준은 규칙에 규정)
	위치·구조·설비의 기준	위험물시설의 기준 준수(기준은 규칙에 규정)
2. 위험물시설의 설치 및 변경 (法 6~13)	설치 및 변경	위험물시설의 설치 또는 변경은 허가사항, 군용시설 특례
	품명 등의 변경신고	위험물의 품명·수량 등을 변경하는 경우에는 신고
	탱크검사, 완공검사	시설의 설치 또는 변경 시에는 검사를 받아야 함
	지위승계, 용도폐지	위험물시설을 양수하거나 폐지한 때에는 신고
	허가취소, 사용정지(과징금)	중요 의무 위반에 대한 제재
3. 위험물시설의 안전관리 (法 14~19)	위험물시설의 유지·관리	시설주의 유지관리 의무
	위험물안전관리자	안전관리자의 선임·자격·업무·대리, 업무대행 등
	탱크시험자	등록의 요건·결격사유, 등록취소·업무정지 등
	예방규정	자체안전관리규정 작성(대상은 위령, 내용은 규칙에 규정)
	정기점검 및 정기검사	대상은 위령, 방법은 규칙에 규정
	자체소방대	위험물을 많이 취급하는 특정 사업소에 설치
4. 위험물의 운반 등 (法 20, 21)	운반에 관한 규제	운반용기, 적재방법, 운반방법에 관한 기준
	운송에 관한 규제	탱크로리 운전자는 안전교육을 받아야 하고, 위령으로 정하는 일부 위험물의 운송 시에는 운송책임자의 감독도 받아야 함
5. 감독 및 조치명령 (法 22~27)	출입·검사 등 / 사고조사	질문권, 자료제출명령권, 검사권 / 사고조사위원회
	법규위반 등에 대한 명령	탱크시험자에 대한 명령, 무허가위험물 조치명령, 긴급사용정지명령, 저장·취급기준준수명령, 응급조치명령 등
6. 보칙 (法 28~32)	안전교육, 청문, 권한의 위임·위탁	교육 : 안전관리자, 탱크로리운전자 등
	수수료 등, 벌칙 적용 시 공무원 의제	
7. 벌칙 (法 33~39)	벌칙, 양벌 규정, 과태료	위험물의 유출·방출·확산의 죄, 무허가 저장·취급, 저장·취급기준 위반, 신고의무 위반 등

3 「위험물안전관리법」의 적용 제외

항공기·선박(「선박법」 제1조의 2 제1항의 규정에 따른 선박을 말한다)·철도 및 궤도에 의한 위험물의 저장·취급 및 운반은 그 운송수단의 특성에 따라 행하여야 하는 특수성을 고려하여 위법의 적용범위에서 제외하고 있다. 그러나 항공기, 선박, 기차 등에 주유하거나 위험물을 적재하기 위한 시설에 대하여는 그대로 위법이 적용됨을 유의하여야 한다.

02 중요한 법적 개념들

1 위험물

(1) 위법에 정하는 위험물은 영 별표 1의 품명란에 규정된 물품으로, 각각의 물품을 분류하는 산화성 고체, 가연성 고체, 자연발화성 물질, 금수성 물질, 인화성 액체, 자기반응성 물질 또는 산화성 고체라는 동표의 성질란에 규정된 성상을 갖는 것을 말한다.

(2) 위험물에는 화재에 대한 위험성으로 3가지의 일반적인 공통 성상이 있다.
① 화재 발생의 위험성이 크다.
② 화재 확대의 위험성이 크다.
③ 화재 시 소화 곤란성이 높다.

(3) 위험물은 위령 별표 1에서 화재위험의 성상에 따라 6가지의 그룹(류)으로 대분류 되며, 위험물로서의 화재위험의 성상을 가지는지 여부는 이러한 각 유별로 그 성상을 판정하기 위한 시험방법이 정하여져 있다.

(4) 위험물에는 위험물의 유(類), 품명 및 성상에 따라 수량이 정하여져 있다. 이 수량은 위법에서 「지정수량」이라 정의하고, 위험물을 규제하는 기준치로 사용하고 있다.

▶ 「위험물안전관리법 시행령」 별표 1(위험물과 지정수량)

유별	성질	품 명	지정수량
제1류	산화성 고체	1. 아염소산염류	50kg
		2. 염소산염류	50kg
		3. 과염소산염류	50kg
		4. 무기과산화물	50kg
		5. 브롬산염류	300kg
		6. 질산염류	300kg
		7. 요오드산염류	300kg
		8. 과망간산염류	1,000kg
		9. 중크롬산염류	1,000kg
		10. 그 밖에 행정안전부령으로 정하는 것 : 과요오드산염류 / 과요오드산 / 크롬, 납 또는 요오드의 산화물 / 아질산염류 / 차아염소산염류 / 염소화이소시아눌산 / 퍼옥소이황화산염류 / 퍼옥소붕산염류 11. 제1호 내지 제10호의 1에 해당하는 어느 하나 이상을 함유한 것	50kg, 300kg 또는 1,000kg

위 험 물			지정수량
유별	성질	품 명	
제2류	가연성 고체	1. 황화린	100kg
		2. 적린	100kg
		3. 유황	100kg
		4. 철분	500kg
		5. 금속분	500kg
		6. 마그네슘	500kg
		7. 그 밖에 행정안전부령으로 정하는 것(미정) 8. 제1호 내지 제7호의 1에 해당하는 어느 하나 이상을 함유한 것	100kg 또는 500kg
		9. 인화성 고체	1,000kg
제3류	자연 발화성 물질 및 금수성 물질	1. 칼륨	10kg
		2. 나트륨	10kg
		3. 알킬알루미늄	10kg
		4. 알킬리튬	10kg
		5. 황린	20kg
		6. 알칼리금속(칼륨 및 나트륨을 제외한다) 및 알칼리토금속	50kg
		7. 유기금속화합물(알킬알루미늄 및 알킬리튬을 제외한다)	50kg
		8. 금속의 수소화물	300kg
		9. 금속의 인화물	300kg
		10. 칼슘 또는 알루미늄의 탄화물	300kg
		11. 그 밖에 행정안전부령으로 정하는 것 : 염소화규소화합물 12. 제1호 내지 제11호의 1에 해당하는 어느 하나 이상을 함유한 것	10kg, 50kg 또는 300kg
제4류	인화성 액체	1. 특수인화물		50L
		2. 제1석유류	비수용성 액체	200L
			수용성 액체	400L
		3. 알코올류		400L
		4. 제2석유류	비수용성 액체	1,000L
			수용성 액체	2,000L
		5. 제3석유류	비수용성 액체	2,000L
			수용성 액체	4,000L
		6. 제4석유류		6,000L
		7. 동식물유류		10,000L
제5류	자기 반응성 물질	1. 유기과산화물	10kg
		2. 질산에스테르류	10kg
		3. 니트로화합물	200kg
		4. 니트로소화합물	200kg

위 험 물			지정수량
유별	성질	품 명	
제5류	자기 반응성 물질	5. 아조화합물	200kg
		6. 디아조화합물	200kg
		7. 히드라진 유도체	200kg
		8. 히드록실아민	100kg
		9. 히드록실아민염류	100kg
		10. 그 밖에 행정안전부령으로 정하는 것 : 금속의 아지화합물/질산 　구아니딘 11. 제1호 내지 제10호의 1에 해당하는 어느 하나 이상을 함유한 것	10kg, 100kg 또는 200kg
제6류	산화성 액체	1. 과염소산	300kg
		2. 과산화수소	300kg
		3. 질산	300kg
		4. 그 밖에 행정안전부령으로 정하는 것 : 할로겐간화합물	300kg
		5. 제1호 내지 제4호의 1에 해당하는 어느 하나 이상을 함유한 것	300kg

[비고] 1. "산화성 고체"라 함은 고체[액체(1기압 및 섭씨 20도에서 액상인 것 또는 섭씨 20도 초과 섭씨 40도 이하에서 액상인 것을 말한다. 이하 같다) 또는 기체(1기압 및 섭씨 20도에서 기상인 것을 말한다) 외의 것을 말한다. 이하 같다]로서 산화력의 잠재적인 위험성 또는 충격에 대한 민감성을 판단하기 위하여 소방청장이 정하여 고시(이하 "고시"라 한다)하는 시험에서 고시로 정하는 성질과 상태를 나타내는 것을 말한다. 이 경우 "액상"이라 함은 수직으로 된 시험관(안지름 30mm, 높이 120mm의 원통형 유리관을 말한다)에 시료를 55mm까지 채운 다음 당해 시험관을 수평으로 하였을 때 시료액면 의 선단이 30mm를 이동하는 데 걸리는 시간이 90초 이내에 있는 것을 말한다.

　　　2. "가연성 고체"라 함은 고체로서 화염에 의한 발화의 위험성 또는 인화의 위험성을 판단하기 위하여 고시로 정하는 시험에서 고시로 정하는 성질과 상태를 나타내는 것을 말한다.

　　　3. 유황은 순도가 60중량퍼센트 이상인 것을 말한다. 이 경우 순도 측정에 있어서 불순물은 활석 등 불연성 물질과 수분에 한한다.

　　　4. "철분"이라 함은 철의 분말로서 53μm의 표준체를 통과하는 것이 50중량퍼센트 미만인 것은 제외한다.

　　　5. "금속분"이라 함은 알칼리금속·알칼리토류금속·철 및 마그네슘 외의 금속의 분말을 말하고, 구리 분·니켈분 및 150μm의 체를 통과하는 것이 50중량퍼센트 미만인 것은 제외한다.

　　　6. 마그네슘 및 제2류 제8호의 물품 중 마그네슘을 함유한 것에 있어서는 다음 각 목의 1에 해당하는 것은 제외한다.
　　　　가. 2mm의 체를 통과하지 아니하는 덩어리 상태의 것
　　　　나. 직경 2mm 이상의 막대모양의 것

　　　7. 황화린·적린·유황 및 철분은 제2호의 규정에 의한 성상이 있는 것으로 본다.

　　　8. "인화성 고체"라 함은 고형 알코올 그 밖에 1기압에서 인화점이 섭씨 40도 미만인 고체를 말한다.

　　　9. "자연발화성 물질 및 금수성 물질"이라 함은 고체 또는 액체로서 공기 중에서 발화의 위험성이 있거나 물과 접촉하여 발화하거나 가연성 가스를 발생하는 위험성이 있는 것을 말한다.

　　10. 칼륨·나트륨·알킬알루미늄·알킬리튬 및 황린은 제9호의 규정에 의한 성상이 있는 것으로 본다.

　　11. "인화성 액체"라 함은 액체(제3석유류, 제4석유류 및 동식물유류의 경우 1기압과 섭씨 20도에서 액상 인 것만 해당한다)로서 인화의 위험성이 있는 것을 말한다. 다만, 다음 각 목의 어느 하나에 해당하는 것을 법 제20조 제1항의 중요기준과 세부기준에 따른 운반용기를 사용하여 운반하거나 저장(진열 및 판매를 포함한다)하는 경우는 제외한다.
　　　　가. 「화장품법」 제2조 제1호에 따른 화장품 중 인화성 액체를 포함하고 있는 것
　　　　나. 「약사법」 제2조 제4호에 따른 의약품 중 인화성 액체를 포함하고 있는 것
　　　　다. 「약사법」 제2조 제7호에 따른 의약외품(알코올류에 해당하는 것은 제외한다) 중 수용성인 인화성 액체를 50부피퍼센트 이하로 포함하고 있는 것

라. 「의료기기법」에 따른 체외진단용 의료기기 중 인화성 액체를 포함하고 있는 것

마. 「생활화학제품 및 살생물제의 안전관리에 관한 법률」 제3조 제4호에 따른 안전확인대상생활화학제품(알코올류에 해당하는 것은 제외한다) 중 수용성인 인화성 액체를 50부피퍼센트 이하로 포함하고 있는 것

12. "특수인화물"이라 함은 이황화탄소, 디에틸에테르 그 밖에 1기압에서 발화점이 섭씨 100도 이하인 것 또는 인화점이 섭씨 영하 20도 이하이고, 비점이 섭씨 40도 이하인 것을 말한다.

13. "제1석유류"라 함은 아세톤, 휘발유 그 밖에 1기압에서 인화점이 섭씨 21도 미만인 것을 말한다.

14. "알코올류"라 함은 1분자를 구성하는 탄소원자의 수가 1개부터 3개까지인 포화1가 알코올(변성알코올을 포함한다)을 말한다. 다만, 다음 각 목의 1에 해당하는 것은 제외한다.

가. 1분자를 구성하는 탄소원자의 수가 1개 내지 3개의 포화1가 알코올의 함유량이 60중량퍼센트 미만인 수용액

나. 가연성 액체량이 60중량퍼센트 미만이고, 인화점 및 연소점(태그개방식 인화점 측정기에 의한 연소점을 말한다. 이하 같다)이 에틸알코올 60중량퍼센트 수용액의 인화점 및 연소점을 초과하는 것

15. "제2석유류"라 함은 등유, 경유 그 밖에 1기압에서 인화점이 섭씨 21도 이상 70도 미만인 것을 말한다. 다만, 도료류 그 밖의 물품에 있어서 가연성 액체량이 40중량퍼센트 이하이면서 인화점이 섭씨 40도 이상인 동시에 연소점이 섭씨 60도 이상인 것은 제외한다.

16. "제3석유류"라 함은 중유, 클레오소트유 그 밖에 1기압에서 인화점이 섭씨 70도 이상 섭씨 200도 미만인 것을 말한다. 다만, 도료류 그 밖의 물품은 가연성 액체량이 40중량퍼센트 이하인 것은 제외한다.

17. "제4석유류"라 함은 기어유, 실린더유 그 밖에 1기압에서 인화점이 섭씨 200도 이상 섭씨 250도 미만의 것을 말한다. 다만, 도료류 그 밖의 물품은 가연성 액체량이 40중량퍼센트 이하인 것은 제외한다.

18. "동식물유류"라 함은 동물의 지육 등 또는 식물의 종자나 과육으로부터 추출한 것으로서 1기압에서 인화점이 섭씨 250도 미만인 것을 말한다. 다만, 법 제20조 제1항의 규정에 의하여 행정안전부령으로 정하는 용기기준과 수납·저장기준에 따라 수납되어 저장·보관되고 용기의 외부에 물품의 통칭명, 수량 및 화기엄금(화기엄금과 동일한 의미를 갖는 표시를 포함한다)의 표시가 있는 경우를 제외한다.

19. "자기반응성 물질"이라 함은 고체 또는 액체로서 폭발의 위험성 또는 가열분해의 격렬함을 판단하기 위하여 고시로 정하는 시험에서 고시로 정하는 성질과 상태를 나타내는 것을 말한다.

20. 제5류 제11호의 물품에 있어서는 유기과산화물을 함유하는 것 중에서 불활성 고체를 함유하는 것으로서 다음 각 목의 1에 해당하는 것은 제외한다.

가. 과산화벤조일의 함유량이 35.5중량퍼센트 미만인 것으로서 전분가루, 황산칼슘2수화물 또는 인산1수소칼슘2수화물과의 혼합물

나. 비스(4클로로벤조일)퍼옥사이드의 함유량이 30중량퍼센트 미만인 것으로서 불활성 고체와의 혼합물

다. 과산화지크밀의 함유량이 40중량퍼센트 미만인 것으로서 불활성 고체와의 혼합물

라. 1·4비스(2-터셔리부틸퍼옥시이소프로필)벤젠의 함유량이 40중량퍼센트 미만인 것으로서 불활성 고체와의 혼합물

마. 시크로헥사놀퍼옥사이드의 함유량이 30중량퍼센트 미만인 것으로서 불활성 고체와의 혼합물

21. "산화성 액체"라 함은 액체로서 산화력의 잠재적인 위험성을 판단하기 위하여 고시로 정하는 시험에서 고시로 정하는 성질과 상태를 나타내는 것을 말한다.

22. 과산화수소는 그 농도가 36중량퍼센트 이상인 것에 한하며, 제21호의 성상이 있는 것으로 본다.

23. 질산은 그 비중이 1.49 이상인 것에 한하며, 제21호의 성상이 있는 것으로 본다.

24. 위 표의 성질란에 규정된 성상을 2가지 이상 포함하는 물품(이하 이 호에서 "복수성상물품"이라 한다)이 속하는 품명은 다음 각 목의 1에 의한다.

가. 복수성상물품이 산화성 고체의 성상 및 가연성 고체의 성상을 가지는 경우 : 제2류 제8호의 규정에 의한 품명

나. 복수성상물품이 산화성 고체의 성상 및 자기반응성 물질의 성상을 가지는 경우 : 제5류 제11호의 규정에 의한 품명

다. 복수성상물품이 가연성 고체의 성상과 자연발화성 물질의 성상 및 금수성 물질의 성상을 가지는 경우 : 제3류 제12호의 규정에 의한 품명

라. 복수성상물품이 자연발화성 물질의 성상, 금수성 물질의 성상 및 인화성 액체의 성상을 가지는 경우 : 제3류 제12호의 규정에 의한 품명

마. 복수성상물품이 인화성 액체의 성상 및 자기반응성 물질의 성상을 가지는 경우 : 제5류 제11호의 규정에 의한 품명

25. 위 표의 지정수량란에 정하는 수량이 복수로 있는 품명에 있어서는 당해 품명이 속하는 유(類)의 품명 가운데 위험성의 정도가 가장 유사한 품명의 지정수량란에 정하는 수량과 같은 수량을 당해 품명의 지정수량으로 한다. 이 경우 위험물의 위험성을 실험·비교하기 위한 기준은 고시로 정할 수 있다.

26. 위 표의 기준에 따라 위험물을 판정하고 지정수량을 결정하기 위하여 필요한 실험은 「국가표준기본법」 제23조에 따라 인정을 받은 시험·검사기관, 「소방산업의 진흥에 관한 법률」 제14조에 따른 한국소방산업기술원, 중앙소방학교 또는 소방청장이 지정하는 기관에서 실시할 수 있다. 이 경우 실험결과에는 실험한 위험물에 해당하는 품명과 지정수량이 포함되어야 한다.

2 지정수량

① 지정수량은 위령 별표 1에서 각 품명별로 그 위험성에 기초하여 정하는 수량이다.
② 품명이 동일해도 지정수량은 그 위험성에 따라 다를 수 있다.
③ 지정수량 미만의 위험물은 해당 시·도의 조례에서 정하는 바에 따라 저장·취급하되, 운반은 지정수량 미만이더라도 위험물법령에 따라 행하여야 한다.
④ 동일 장소에 품명 또는 지정수량을 달리하는 2 이상의 위험물이 있는 경우에는 각 위험물의 수량을 당해 위험물의 지정수량으로 나누어 얻는 값의 합이 지정수량의 배수가 된다.

3 제조소등

(1) 위험물시설은 크게 제조소, 저장소 및 취급소의 3가지로 분류되며, 이들 3자를 통칭하여 "제조소등"이라 한다.

(2) 저장소는 위험물을 저장하는 태양에 따라 8가지의 시설로 구분되어 있다.

(3) 취급소는 위험물을 취급하는 태양에 따라 4가지 시설로 구분되어 있다.

핵심 꼼꼼 체크

① 지정수량 이상의 위험물을 저장 또는 취급하는 시설은 허가를 받아 검사에 합격한 후 사용할 수 있다.
② 이 위험물시설은 제조소, 저장소 및 취급소로 구분되고, 저장·취급하는 유형에 따라 다시 세분되며, 각각의 구분에 따라 적합한 기준을 정하게 된다.
※ 시설의 형태에 의하여 기준이 달라지므로 이미 허가를 득한 시설도 다른 방법으로 저장·취급할 경우에는 변경허가를 필요로 하는 경우가 있다. 이상의 제조소등의 구분을 단순화하여 나타내면 다음 표와 같다.

제조소		위험물을 제조하는 시설	플랜트, 정유공장
저장소	옥내저장소	위험물을 용기에 수납하여 건축물 내에 저장	위험물 창고
	옥외탱크저장소	옥외에 있는 탱크에 위험물을 저장	저유소, 오일터미널
	옥내탱크저장소	옥내에 있는 탱크에 위험물을 저장	보일러용, 자가발전용
	지하탱크저장소	지하에 매설한 탱크에 위험물을 저장	보일러용, 자가발전용
	간이탱크저장소	간이탱크에 위험물을 저장	600L 이하
	이동탱크저장소	차량에 고정된 탱크에 위험물을 저장	탱크로리
	옥외저장소	옥외의 장소에서 일부 위험물을 용기 등에 저장	제2류와 제4류의 일부, 제6류, 기타
	암반탱크저장소	지하공동(암반탱크)에 위험물을 저장	석유비축기지

제조소		위험물을 제조하는 시설	플랜트, 정유공장
취급소	주유취급소	차량, 항공기, 선박 등에 주유	주유소
	판매취급소	용기에 수납한 위험물을 판매	도료점, 엔진오일판매점 (1종과 2종으로 구분)
	이송취급소	배관으로 위험물을 이송	파이프라인
	일반취급소	상기 3 외의 취급소 전부	보일러, 발전기, 분무도장기

03 위험물의 저장 및 취급 제한

1 지정수량 이상 위험물의 저장 · 취급

(1) 지정수량 이상의 위험물의 저장 · 취급은 위험물시설 외의 장소에서는 행할 수 없다. 다만, 임시적인 저장 · 취급은 예외적으로 인정된다.

(2) 위험물시설에서 위험물을 저장 또는 취급할 때에는 규칙으로 정하는 일정한 기술기준(중요기준 및 세부기준)에 따라야 한다.

(3) 임시저장 · 임시취급에는 원칙적으로 관할 소방서장의 승인을 필요로 한다.

> **핵심 꼼꼼 체크**
>
> ① 지정수량 이상 위험물의 저장은 저장소에서만 할 수 있고, 지정수량 이상 위험물의 취급은 제조소, 저장소 및 취급소에서 모두 할 수 있다.
> ② 지정수량 미만의 위험물을 제조소 · 저장소 및 취급소에서 저장하는 데 대한 금지는 없다.
> ※ 그렇다고 하여 지정수량 미만 위험물의 저장 또는 취급이 완전히 자유로운 것은 아니며, 법 제4조의 규정에 의한 시 · 도의 조례로 정하는 바에 따라야 한다.

2 지정수량 이상 위험물의 임시저장 · 취급

(1) 임시로 저장 · 취급할 수 있는 경우(法 5 Ⅱ① ②)

　① 시 · 도의 조례가 정하는 바에 따라 관할 소방서장의 승인을 받아 지정수량 이상의 위험물을 90일 이내의 기간동안 임시로 저장 또는 취급하는 경우
　② 군부대가 지정수량 이상의 위험물을 군사 목적으로 임시로 저장 또는 취급하는 경우

(2) 임시저장 · 취급의 기준 : 시 · 도 조례

3 **지정수량 미만 위험물의 저장 · 취급** : 시 · 도 조례

지정수량 미만의 위험물의 저장 · 취급에 관한 기술기준은 시 · 도 조례에 규정하고 있다.

04 위험물시설의 설치 및 변경 등

1 허가시설을 설치하는 절차

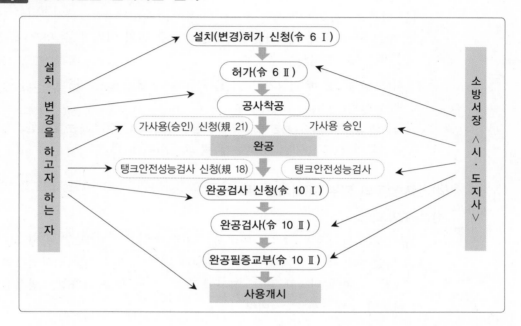

2 제조소등의 허가 등

(1) 허가대상

지정수량 이상의 위험물을 상시적으로 저장 또는 취급하기 위한 장소(제조소등)이며, 다음의 장소(제조소등)는 제외된다(法 6 Ⅰ · Ⅲ).

① 주택의 난방시설(공동주택의 중앙난방시설을 제외한다)을 위한 저장소 또는 취급소(法 6 Ⅲ ①)

② 농예용 · 축산용 또는 수산용으로 필요한 난방시설 또는 건조시설을 위한 지정수량 20배 이하의 저장소(法 6 Ⅲ ②)

(2) 변경허가를 받아야 하는 경우(規 별표 1의 2 참조)

(3) 허가의 요건(令 6 Ⅱ)

1) 제조소등의 위치·구조 및 설비가 법 제5조 제4항의 규정에 의한 기술기준에 적합할 것

2) 제조소등에서의 위험물의 저장 또는 취급이 공공의 안전유지 또는 재해의 발생방지에 지장을 줄 우려가 없다고 인정될 것

3) 다음의 제조소등은 해당 사항에 대하여 기술원의 기술검토를 받고 그 결과가 행정안전부령으로 정하는 기준에 적합한 것으로 인정될 것. 다만, 보수 등을 위한 부분적인 변경으로서 소방청장이 정하여 고시하는 사항(「위험물안전관리에 관한 세부기준」 제24조)에 대해서는 기술원의 기술검토를 받지 아니할 수 있으나 규칙으로 정하는 기준에는 적합하여야 한다.

   ① 지정수량의 3천 배 이상의 위험물을 취급하는 제조소 또는 일반취급소 : 구조·설비에 관한 사항

   ② 옥외탱크저장소(저장용량이 50만ℓ 이상인 것만 해당한다) 또는 암반탱크저장소 : 위험물탱크의 기초·지반, 탱크본체 및 소화설비에 관한 사항

(4) 심사업무의 일부 위탁(기술검토제도)

1) **제도의 의의**

   대규모 위험물시설의 허가에 있어서는 전문기관의 기술검토를 받게 하려는 취지로 도입되었는데, 이는 허가청이 특정 대상에 대한 허가를 위한 심사업무의 일부를 외부의 전문기관에 위탁한 결과, 허가에 관한 심사업무를 허가청(소방서장)과 기술원이 나누어 수행하게 된 것이다.

2) **기술검토기관** : 한국소방산업기술원

3) **기술검토의 대상시설 및 내용**

   ① 지정수량의 3천 배 이상 위험물을 취급하는 제조소 또는 일반취급소 : 구조·설비에 관한 사항(별표 4 Ⅳ부터 Ⅻ까지의 기준, 별표 16 Ⅰ·Ⅵ·Ⅺ·Ⅻ의 기준 및 별표 17의 관련 규정)

   ② 옥외탱크저장소(저장용량 50만ℓ 이상의 것) 또는 암반탱크저장소 : 위험물탱크의 기초·지반 및 탱크본체에 관한 사항(별표 6 Ⅳ부터 Ⅷ까지, Ⅻ 및 ⅩⅢ의 기준과 별표 12 및 별표 17 Ⅰ 소화설비의 관련 규정)

(5) 군용위험물시설의 설치 및 변경에 관한 협의(허가의제)

군사 목적 또는 군부대시설을 위한 제조소등(군용위험물시설)을 설치하거나 그 위치·

구조 또는 설비를 변경하고자 하는 군부대의 장으로 하여금 미리 허가청과 협의하도록 하고 협의를 한 경우에는 법 제6조 제1항의 허가를 받은 것으로 의제하고 있다. 또한, 군용위험물시설의 설치 또는 변경에 관한 협의를 한 군부대의 장은 당해 제조소등에 대한 탱크안전성능검사와 완공검사를 자체적으로 실시할 수 있으며, 자체적으로 실시한 검사의 결과를 허가청에 통보하여야 한다(法 7).

(6) 위험물의 품명 · 수량 또는 지정수량 배수의 변경신고

제조소등의 위치 · 구조 또는 설비의 변경없이 당해 제조소등에서 저장하거나 취급하는 위험물의 품명 · 수량 또는 지정수량의 배수를 변경하고자 하는 자는 변경하고자 하는 날의 1일 전까지 규칙 제10조의 규정에 따라(신고서 + 완공검사필증) 시 · 도지사에게 신고하여야 한다(法 6 Ⅱ).

3 탱크안전성능검사

탱크안전성능검사를 받아야 하는 위험물시설(令 8 Ⅰ)		탱크안전성능검사를 받아야 하는 공사의 공정	필요한 탱크안전성능검사(令 8 Ⅱ 및 별표 4)	
			검사구분	검사내용(검사기준)
액체위험물을 저장 또는 취급하는 탱크가 있는 위험물시설(용량이 지정수량 이상인 위험물탱크가 없는 제조소와 일반취급소는 제외)	100만L 이상의 옥외탱크저장소	기초 및 지반에 관한 공사의 공정	기초 · 지반검사	[기초 · 지반검사] • 특수액체위험물탱크(지중탱크 및 해상탱크) 외의 것 : 탱크의 기초 및 지반의 별표 6 Ⅳ 및 Ⅴ의 해당 기준 적합성 • 지중탱크 : 지반의 규칙 별표 6 ⅩⅡ 제2호 라목 기준 적합성 • 해상탱크 : 정치설비 지반의 규칙 별표 6 ⅩⅢ 제3호 라목 기준 적합성
		탱크에 배관 그 밖의 부속설비를 부착하기 전의 탱크본체에 관한 공사의 공정	용접부검사 및 충수 · 수압검사(병행실시)	[용접부검사] • 특수액체위험물탱크 외의 것 : 탱크의 규칙 별표 6 Ⅵ 제2호 기준 적합성 • 지중탱크 : 규칙 별표 6 ⅩⅡ 제2호 마목 4) 라)의 용접부 관련 기준 적합성 ※ 해상탱크 : "실시하지 않음" [충수 · 수압검사] • 규칙 별표 6 Ⅵ 제1호의 기준(충수시험 또는 수압시험 부분) 적합성
	암반탱크저장소	암반탱크의 탱크본체에 관한 공사의 공정	암반탱크검사	• 암반탱크 : 규칙 별표 12 Ⅰ 기준 적합성

탱크안전성능검사를 받아야 하는 위험물시설 (令 8 Ⅰ)		탱크안전성능검사를 받아야 하는 공사의 공정	필요한 탱크안전성능검사(令 8 Ⅱ 및 별표 4)	
			검사구분	검사내용(검사기준)
액체위험물을 저장 또는 취급하는 탱크가 있는 위험물시설(용량이 지정수량 이상인 위험물탱크가 없는 제조소와 일반취급소는 제외)	100만L 미만의 옥외탱크 저장소	탱크(제조소 또는 일반취급소에 있어서는 용량이 지정수량 이상인 것)에 배관 그 밖의 부속설비를 부착하기 전의 탱크본체에 관한 공사의 공정	충수·수압검사 (충수검사 또는 수압검사 중 하나를 실시)	• 옥외탱크 : 규칙 별표 4 Ⅸ 제1호 가목, 별표 6 Ⅵ 제1호 • 옥내탱크 : 규칙 별표 7 Ⅰ 제1호 마목 • 지하탱크 : 별표 8 Ⅰ 제6호·Ⅱ 제1호·제4호·제6호·Ⅲ • 간이탱크 : 별표 9 제6호 • 이동탱크 : 별표 10 Ⅱ 제1호·Ⅹ 제1호 가목 • 주유취급소의 탱크 : 별표 13 Ⅲ 제3호 • 일반취급소의 취급탱크 : 별표 16 Ⅰ 제1호의 규정에 의한 기준 * 이상의 기준 중 충수시험·수압시험 및 그 밖의 탱크의 누설·변형에 대한 안전성에 관련된 탱크안전성능시험의 부분에 한함
	옥외탱크 저장소 외의 위험물시설			

4 완공검사

(1) 완공검사의 의의

위험물시설의 설치허가는 위험물시설의 설치계획에 관한 허가일 뿐, 시설의 사용개시를 인정하는 것은 아니다. 즉, 위험물시설을 완공하여도 허가받은 대로 시설이 실제로 설치되었는지 여부에 대한 검사를 받아 적합하다고 인정받지 않으면 시설을 사용할 수 없는데, 그 적합 여부를 확인하는 검사를 "완공검사"라 한다.

(2) 완공검사재(시·도지사, 소방서장 및 한국소방산업기술원)

시·도지사가 직접 행하는 경우는 이송취급소가 2 이상 소방서장의 관할에 걸쳐 있는 경우에 국한되고, 나머지는 위임·위탁규정에 의하여 소방서장 또는 기술원에 위임 또는 위탁되고 있다.

5 제조소등 설치자의 지위승계

(1) 지위승계의 의의

위험물시설의 양도, 인도 등이 있는 경우에 그 양수인, 인수인 등이 위험물시설의 허가를 받은 자의 지위를 승계하는 것으로서, 위험물시설에 관계된 의무도 동시에 승계하게 된다. 뿐만 아니라 양도인의 중요한 위법행위를 이유로 양수인에 대하여 행정제재를 하는 것도 가능하다. 대물적 행정행위의 성질상 그 물건의 양수인 또는 인수인에게도 행위의 효과가 미치게 되는 것은 당연한 것이라 할 수 있다.

(2) 지위승계의 요건(사유)

① 제조소등의 설치자가 사망하거나 그 제조소등을 양도·인도한 때 또는 법인인 제조소등의 설치자의 합병이 있는 때(法 10 Ⅰ).

② 「민사집행법」에 의한 경매, 「채무자 회생 및 파산에 관한 법률」에 의한 환가, 「국세징수법」·「관세법」 또는 「지방세기본법」에 따른 압류재산의 매각과 그 밖에 이에 준하는 절차에 따라 제조소등의 시설의 전부를 인수 때(法 10 Ⅱ).

(3) 지위승계신고

승계한 날부터 30일 이내에 시·도지사(소방본부장) 또는 소방서장에게 그 사실을 신고하지 않으면 안 된다(法 10 Ⅲ 및 規 22).

6 제조소등의 용도폐지

제조소등의 관계인은 당해 제조소등의 용도를 폐지한 때에는 용도를 폐지한 날부터 14일 이내에 시·도지사(소방본부장) 또는 소방서장에게 신고하여야 한다(法 11 및 規 23 Ⅰ).

7 제조소등의 설치허가 취소와 사용정지 등

위반사항	행정처분기준		
	1차	2차	3차
• 법 제6조 제1항의 후단의 규정에 따른 변경허가를 받지 아니하고, 제조소등의 위치·구조 또는 설비를 변경한 때	경고 또는 사용정지 15일	사용정지 60일	허가취소
• 법 제9조의 규정에 따른 완공검사를 받지 아니하고 제조소등을 사용한 때	사용정지 15일	사용정지 60일	허가취소
• 법 제14조 제2항의 규정에 따른 수리·개조 또는 이전의 명령에 위반한 때	사용정지 30일	사용정지 90일	허가취소
• 법 제15조 제1항 및 제2항의 규정에 따른 위험물안전관리자를 선임하지 아니한 때	사용정지 15일	사용정지 60일	허가취소
• 법 제15조 제5항을 위반하여 대리자를 지정하지 아니한 때	사용정지 10일	사용정지 30일	허가취소
• 법 제18조 제1항의 규정에 따른 정기점검을 하지 아니한 때	사용정지 10일	사용정지 30일	허가취소
• 법 제18조 제2항의 규정에 따른 정기검사를 받지 아니한 때	사용정지 10일	사용정지 30일	허가취소
• 법 제26조의 규정에 따른 저장·취급기준 준수명령을 위반한 때	사용정지 30일	사용정지 60일	허가취소

① 위반행위가 2 이상인 때에는 그 중 중한 처분기준(중한 처분기준이 동일한 때에는 그 중 하나의 처분기준을 말한다. 이하 이 호에서 같다)에 의하되, 2 이상의 처분기준이 동일한 사용정지이거나 업무정지인 경우에는 중한 처분의 1/2까지 가중처분할 수 있다.

② 사용정지 또는 업무정지의 처분기간 중에 사용정지 또는 업무정지에 해당하는 새로운 위반행위가 있는 때에는 종전의 처분기간 만료일의 다음 날부터 새로운 위반행위에 따른 사용정지 또는 업무정지의 행정처분을 한다.

③ 차수에 따른 행정처분기준은 최근 2년간 같은 위반행위로 행정처분을 받은 경우에 적용한다. 이 경우 기준적용일은 최근의 위반행위에 대한 행정처분일과 그 처분 후에 같은 위반행위를 한 날을 기준으로 한다.

④ 사용정지 또는 업무정지의 처분기간이 완료될 때까지 위반행위가 계속되는 경우에는 사용정지 또는 업무정지의 행정처분을 다시 한다.

⑤ 사용정지 또는 업무정지에 해당하는 위반행위로서 위반행위의 동기·내용·횟수 또는 그 결과 등을 고려할 때 위의 기준을 적용하는 것이 불합리하다고 인정되는 경우에는 그 처분기준의 1/2 기간까지 경감하여 처분할 수 있다.

핵심 꼼꼼 체크

① 위험물시설의 규제를 하는 행정청은 소방서장과 시·도지사이다. 이 중 **시·도지사가 행정청이 되는 시설은 2 이상의 소방서장이 관할하는 지역에 걸쳐 설치되는 이송취급소뿐**이다.

② 위험물시설을 설치하는 경우는 원칙적으로 소방서장 등의 허가를 받지 않으면 안 된다.

③ 위험물시설의 설치허가를 받지 않으면 위험물시설을 설치할 수 없다. 완공한 시설을 사용하기 위해서는 완공검사를 받지 않으면 안 된다. 특정의 시설은 탱크안전성능검사를 받아야 한다.

④ 위험물시설의 위치·구조 또는 설비를 변경하는 경우는 소방서장 등의 변경허가를 받지 않으면 안 된다.

⑤ 변경을 완료한 경우에도 변경에 따른 완공검사를 받지 않으면 안 된다. 이 검사를 받기 전에는 시설을 사용할 수 없다. 또한, 특정 시설은 변경에 따른 탱크안전성능검사를 받아야 한다.

⑥ 변경을 완료하고 변경에 따른 완공검사를 받지 않으면 시설을 사용할 수 없지만, 가사용의 승인을 받는 경우는 완공검사 전이라도 승인을 받은 부분의 시설을 사용할 수 있다.

⑦ 위험물시설의 위치·구조 또는 설비의 변경을 요하지 않는 위험물의 품명, 수량 또는 지정수량의 배수의 변경은 소방서장 등에 대한 신고를 필요로 한다.

⑧ 위험물시설의 양도 또는 인도가 행하여진 경우는 양수인 또는 인도를 받은 자는 30일 이내에 소방서장 등에게 신고하지 않으면 안 된다.

⑨ 위험물시설의 관계인(소유자, 점유자 또는 관리자)은 위험물시설의 용도를 폐지한 때는 14일 이내에 소방서장 등에게 신고하지 않으면 안 된다.

⑩ 특정의 위험물시설에 대한 설치 또는 변경의 허가와 검사에 관계된 특정사항의 심사는 한국소방산업기술원에 위탁되어 있다.

05 위험물시설의 안전관리

1 위험물시설의 유지 · 관리

(1) 유지 · 관리 의무

제조소등의 관계인은 당해 제조소등의 위치 · 구조 및 설비가 제5조 제4항의 규정에 따른 기술기준에 적합하도록 유지 · 관리하여야 한다(法 14 I). 위험물시설은 단지 완공 검사 시에만 기술상의 기준에 적합하면 되는 것이 아니라 시설의 설치 후에도 그 위치 · 구조 및 설비를 항상 적절하게 유지 · 관리하여야 한다.

(2) 유지관리와 그 상황의 확인

이 의무는 위험물시설의 관계인이 지는 것으로 되어 있다(法 14 I). 유지관리상황의 적부는 위험물시설의 위치 · 구조 및 설비가 기술상의 기준에 적합한 상황으로 있는지 여부에 의하여 결정되며, 그 상황의 적부에 대한 확인은 위험물시설의 관계자의 판단에 의한 경우와 소방서장 등의 판단에 의한 경우가 있다. 전자의 경우를 "점검"이라 하고, 후자의 경우를 "검사"라 한다.

(3) 관계인에 의한 확인

① 위험물시설의 전체에 대한 유지관리의무를 이행하기 위하여 확인하는 경우
② 특정의 위험물시설에 대한 정기점검(법령으로 정하는 시기에 하지 않으면 안 되는 점검, 法 18 I)으로 확인하는 경우
③ 이송취급소에서 이송개시 전 및 이송 중에 시설의 안전점검(規 별표 18 Ⅵ ⑤ 사)을 하는 경우
④ 이동탱크저장소에 의한 위험물의 운송개시 전에 설비 등의 점검(規 별표 21 ② 가)을 하는 경우

(4) 소방서장 등에 의한 확인

소방서장, 시 · 도지사(소방본부장) 등에 의한 출입검사(소방서장 등이 화재방지상 필요가 있다고 인정하여 위험물시설 등에 출입하여 행하는 검사, 法 22)에 의한 경우와 정기검사(특정의 위험물시설에 있어서 정기적으로 검사를 받도록 의무가 부여된 검사, 法 18 Ⅱ)에 의한 경우가 있다.

① 위험물시설을 설치한 후에는 그 시설의 위치·구조 및 설비가 기술상의 기준에 적합하도록 유지관리하지 않으면 안 된다.
② 위험물시설에 관계된 규제는 다음과 같이 대별된다.
　　• 전체의 시설을 대상으로 하는 것
　　• 특정의 시설을 대상으로 하는 것
　　• 특정의 위험물사업소를 대상으로 하는 것
③ 위험물시설이 모두 대상으로 되는 규제에는 다음의 것이 있다.
　　• 위험물의 저장·취급방법의 규제
　　• 위험물시설의 위치·구조 및 설비의 규제
④ 특정의 위험물시설이 대상으로 되는 규제에는 다음의 것이 있다.
　　• 예방규정의 작성
　　• 정기점검의 실시
　　• 정기검사의 수검
　　• 위험물취급자 및 위험물안전관리자에 대한 규제
　　• 위험물의 운송에 관한 감독·지원
⑤ 특정의 위험물사업소가 대상으로 되는 규제에는 자체소방대의 설치가 있다.

2 위험물안전관리자

(1) 위험물안전관리자와 위험물취급자격자제도

① 국가기술자격자 : 모든 위험물
② 위험물안전교육이수자 또는 소방공무원(3년 이상) 경력자 : 제4류 위험물

(2) 안전관리자의 선임대상·선임시기·선임신고 등

① 선임대상 : 제조소등. 다만, 다음의 제조소등을 제외한다.

관련법령

① 법 제6조 제3항의 규정에 따라 허가를 받지 않는 제조소등
　• 주택의 난방시설(공동주택의 중앙난방시설을 제외)을 위한 저장소 또는 취급소
　• 농예용·축산용 또는 수산용으로 필요한 난방시설 또는 건조시설을 위한 지정수량 20배 이하의 저장소
② 이동탱크저장소(차량에 고정된 탱크에 위험물을 저장 또는 취급하는 저장소)

② 선임의무자 : 제조소등의 관계인
③ 선임시기(기한) : 위험물을 저장 또는 취급하기 전까지 또는 안전관리자를 해임한 날 또는 퇴직한 날부터 30일 이내

18　제1장 위험물 규제의 개요

(3) 제조소등의 종류 및 규모에 따른 안전관리자의 자격(法 15 Ⅸ 및 슈 별표 6)

제조소등의 종류 및 규모			안전관리자의 자격
제조소	1. 제4류 위험물만을 취급하는 것으로서 지정수량 5배 이하의 것		위험물기능장, 위험물산업기사, 위험물기능사, 안전관리자교육이수자 또는 소방공무원경력자
	2. 제1호에 해당하지 아니하는 것		위험물기능장, 위험물산업기사 또는 2년 이상의 실무경력이 있는 위험물기능사
저장소	1. 옥내저장소	제4류 위험물만을 저장하는 것으로서 지정수량 5배 이하의 것	위험물기능장, 위험물산업기사, 위험물기능사, 안전관리자교육이수자 또는 소방공무원경력자
		제4류 위험물 중 알코올류·제2석유류·제3석유류·제4석유류·동식물유류만을 저장하는 것으로서 지정수량 40배 이하의 것	
	2. 옥외탱크저장소	제4류 위험물만 저장하는 것으로서 지정수량의 5배 이하의 것	
		제4류 위험물 중 제2석유류·제3석유류·제4석유류·동식물유류만을 저장하는 것으로서 지정수량 40배 이하의 것	
	3. 옥내탱크저장소	제4류 위험물만을 저장하는 것으로서 지정수량의 5배 이하의 것	
		제4류 위험물 중 제2석유류·제3석유류·제4석유류·동식물유류만을 저장하는 것	
	4. 지하탱크저장소	제4류 위험물만을 저장하는 것으로서 지정수량 40배 이하의 것	
		제4류 위험물 중 제1석유류·알코올류·제2석유류·제3석유류·제4석유류·동식물유류만을 저장하는 것으로서 지정수량 250배 이하의 것	
	5. 간이탱크저장소로서 제4류 위험물만을 저장하는 것		
	6. 옥외저장소 중 제4류 위험물만을 저장하는 것으로서 지정수량의 40배 이하의 것		
	7. 보일러, 버너 그 밖에 이와 유사한 장치에 공급하기 위한 위험물을 저장하는 탱크저장소		
	8. 선박주유취급소, 철도주유취급소 또는 항공기주유취급소의 고정주유설비에 공급하기 위한 위험물을 저장하는 탱크저장소로서 지정수량의 250배(제1석유류의 경우에는 지정수량의 100배) 이하의 것		
	9. 제1호 내지 제8호에 해당하지 아니하는 저장소		위험물기능장, 위험물산업기사 또는 2년 이상의 실무경력이 있는 위험물기능사

제조소등의 종류 및 규모			안전관리자의 자격
취급소	1. 주유취급소		위험물기능장, 위험물산업기사, 위험물기능사, 안전관리자교육 이수자 또는 소방공무원경력자
	2. 판매취급소	제4류 위험물만을 취급하는 것으로서 지정 수량 5배 이하의 것	
		제4류 위험물 중 제1석유류·알코올류·제2석유류·제3석유류·제4석유류·동식물유류만을 취급하는 것	
	3. 제4류 위험물 중 제1석유류·알코올류·제2석유류·제3석유류·제4석유류·동식물유류만을 지정수량 50배 이하로 취급하는 일반취급소(제1석유류·알코올류의 취급량이 지정수량의 10배 이하인 경우에 한한다)로서 다음 각 목의 어느 하나에 해당하는 것 가. 보일러, 버너 그 밖에 이와 유사한 장치에 의하여 위험물을 소비하는 것 나. 위험물을 용기 또는 차량에 고정된 탱크에 주입하는 것		
	4. 제4류 위험물만을 취급하는 일반취급소로서 지정수량 10배 이하의 것		
	5. 제4류 위험물 중 제2석유류·제3석유류·제4석유류·동식물유류만을 취급하는 일반취급소로서 지정수량 20배 이하의 것		
	6. 「농어촌 전기공급사업 촉진법」에 따라 설치된 자가발전시설에 사용되는 위험물을 취급하는 이송취급소		
	7. 제1호 내지 제6호에 해당하지 아니하는 취급소		위험물기능장, 위험물산업기사 또는 2년 이상의 실무경력이 있는 위험물기능사

[비고] 위험물기능사의 실무경력 기간은 위험물기능사 자격을 취득한 이후 위험물안전관리자로 선임된 기간 또는 위험물안전관리자를 보조한 기간을 말한다.

(4) 안전관리자의 대리자

1) 대리자를 지정하여야 하는 경우

① 안전관리자가 여행·질병 등의 사유로 일시적으로 직무를 수행할 수 없는 경우
② 안전관리자의 해임 또는 퇴직과 동시에 다른 안전관리자를 선임하지 못하는 경우

2) 직무대행기간

30일 이내(30일을 초과하게 된다면 새로운 안전관리자를 선임하여야 한다)

3) 대리자의 자격(規 54)

① 국가기술자격법에 의한 위험물의 취급에 관한 자격취득자
② 위험물안전에 관한 기본지식과 경험이 있는 자로서 다음의 어느 하나에 해당하는 자
  ㉠ 법 제28조 제1항에 따른 안전교육을 받은 자
  ㉡ 제조소등의 위험물안전관리업무에 있어서 안전관리자를 지휘·감독하는 직위에 있는 자

(5) 안전관리자의 중복선임

다수의 제조소등을 동일인이 설치한 경우에는 법 제15조 제1항의 규정에 불구하고 관계인은 위령이 정하는 바에 따라 1인의 안전관리자를 중복하여 선임할 수 있다. 이 경우 위령이 정하는 제조소등의 관계인은 안전관리자의 대리자의 자격이 있는 자를 각 제조소등별로 지정하여 안전관리자를 보조하게 하여야 한다(法 15 Ⅷ).

핵심 꼼꼼 체크

① 위험물시설에 있어서 위험물을 취급할 수 있는 사람은 그 위험물을 취급할 수 있는 자격자인 위험물취급자격자에 한정되고, 위험물취급자격자 외의 자가 단독으로 위험물을 취급하는 것은 원칙적으로 금지되어 있다.
② 위험물시설의 관계인은 그 시설에 대하여 위험물취급자격자 중에서 위험물안전관리자를 정하여 위험물의 취급작업의 안전을 감독하지 않으면 안 된다.
③ 위험물안전관리자를 정한 때에는 소방서장 등에게 신고하여야 한다.
④ 다수의 제조소등을 동일인이 설치한 경우로서 특정의 경우에는 1인의 안전관리자를 중복선임할 수 있다.
⑤ 위험물취급자격자는 위험물의 취급작업의 안전에 관하여 필요한 지식과 기능을 가진 자로, 위험물의 취급에 관한 국가기술자격자, 안전관리교육이수자 및 소방공무원경력자를 말한다.
⑥ 위험물안전관리자는 일정기간마다 한국소방안전원이 실시하는 안전에 관한 실무교육을 받아야 한다.

3 예방규정 작성 대상

특정의 위험물시설의 관계인은 그 시설에 대하여 예방규정을 정하여 소방서장 등에게 제출하지 않으면 안 된다. 또한, 예방규정을 변경한 때에도 제출하여야 한다.

시설의 구분		시설의 규모(지정수량의 배수) 등
제조소		지정수량의 10배 이상의 위험물을 취급하는 것
저장소	옥외저장소	지정수량의 100배 이상의 위험물을 저장하는 것
	옥내저장소	지정수량의 150배 이상의 위험물을 저장하는 것
	옥외탱크저장소	지정수량의 200배 이상의 위험물을 저장하는 것
	암반탱크저장소	전체
취급소	이송취급소	전체
	일반취급소	지정수량의 10배 이상의 위험물을 취급하는 것. 다만, 제4류 위험물(특수인화물을 제외한다)만을 지정수량의 50배 이하로 취급하는 일반취급소(제1석유류·알코올류의 취급량이 지정수량의 10배 이하인 경우에 한한다)로서 다음의 어느 하나에 해당하는 것을 제외한다. • 보일러·버너 또는 이와 비슷한 것으로서 위험물을 소비하는 장치로 이루어진 일반취급소 • 위험물을 용기에 옮겨 담거나 차량에 고정된 탱크에 주입하는 일반취급소

핵심 꼼꼼 체크

위험물의 저장 · 취급과 관련한 각종 신청 등

종류 \ 내용	절 차	근거	비 고
임시저장 · 취급	소방서장의 승인(군용은 제외)	法 5	저장 · 취급 전
제조소등의 설치 또는 변경	시 · 도지사(소방서장)의 허가 (군용위험물시설은 협의)	法 6	공사착공 전
위험물의 품명, 수량 또는 지정수량의 배수 변경	시 · 도지사(소방서장)에게 신고	法 6	위치, 구조, 설비의 변경을 수반하지 않는 경우에 한하여, 변경 1일 전
탱크안전성능검사	소방서장 또는 기술원의 검사	法 8	완공검사 전의 소정의 시기
완공검사	시 · 도지사(소방서장 등)의 검사	法 9	사용개시 전의 소정의 시기
제조소등 설치자의 지위승계	시 · 도지사(소방서장)에게 신고	法 10	양도 · 인도를 받은 자가 30일 이내
제조소등의 폐지	시 · 도지사(소방서장)에게 신고	法 11	폐지 후 14일 이내
안전관리자 선임	소방본부장 또는 소방서장에게 신고	法 15	선임 후 14일 이내
탱크시험자 등록사항 변경신고	시 · 도지사에게 변경신고	法 16	등록사항 변경 후 30일 이내
예방규정 제출	시 · 도지사(소방서장)에게 제출	法 17	위험물시설 사용개시 전
안전관리대행기관 변경신고 등	소방청장에게 변경신고	規 57	지정사항 변경 후 14일 이내 변경신고 휴 · 폐업, 재개업은 14일 전에 신고

4 정기점검

특정의 위험물시설은 정기적으로 점검을 행하고 점검기록을 작성하여 일정기간 이를 보존하지 않으면 안 된다.

(1) 정기점검의 의의

특정의 위험물시설의 소유자 등이 자체적으로 또한 정기적으로 해당 위험물시설을 점검하여 점검기록을 작성하고 이를 보존하는 것이 의무로 되어 있다(法 18 Ⅰ).

(2) 정기점검의 대상

① 영 제15조 각 호의 1에 해당하는 제조소등(즉, 예방규정을 정하여야 하는 제조소 등을 말한다)

② 지하탱크저장소

③ 이동탱크저장소

④ 위험물을 취급하는 탱크로서 지하에 매설된 탱크가 있는 제조소 · 주유취급소 또는 일반취급소

(3) 점검횟수와 점검사항

1) 점검횟수(시기)

① 일반적인 정기점검(일반점검) : 연 1회 이상(規 64)

② 특정옥외저장탱크의 구조안전점검(구조안전점검) : 후술하는 (4) 참조

2) 점검사항

대상시설의 위치 · 구조 및 설비가 기술상의 기준에 적합한지 여부

(4) 구조안전점검(50만L 이상 옥외탱크저장소에 실시하는 특수한 정기점검)

특정 · 준특정옥외탱크저장소(옥외탱크저장소 중 저장 또는 취급하는 액체위험물의 최대수량이 50만L 이상인 것을 말한다)에 대하여는 연 1회 이상 일반점검을 실시하는 외에 원칙적으로 다음의 어느 하나에 해당하는 기간 이내에 1회 이상 옥외저장탱크의 구조 등에 관한 안전점검을 하여야 하는데, 이 안전점검을 "구조안전점검"이라 한다.

① 제조소등의 설치허가에 따른 완공검사필증을 교부받은 날부터 12년

② 법 제18조 제2항의 규정에 의한 최근의 정기검사를 받은 날부터 11년

③ 특정 · 준특정옥외저장탱크에 안전조치를 한 후 기술원에 구조안전점검시기 연장 신청을 하여 안전조치의 적정성을 인정받은 경우에는 법 제18조 제2항의 규정에 의한 최근의 정기검사를 받은 날부터 13년

핵심 꼼꼼 체크

정기점검의 대상 · 구분 · 횟수 · 점검자 및 점검사항

점검대상 (편의상 구분)	점검구분	점검횟수	점검자	점검사항
① 예방규정을 정하여야 하는 제조소등(50만L 이상 옥외탱크저장소 제외) ② 지하탱크저장소 ③ 이동탱크저장소 ④ 위험물취급 지하매설탱크가 있는 제조소 · 주유취급소 또는 일반취급소	일반점검	연 1회 이상	① 안전관리자 ② 위험물운송자 ③ 안전관리대행기관 또는 탱크시험자(점검을 의뢰받아 안전관리자의 입회하에 실시)	위치 · 구조 및 설비의 기술상 기준에의 적합 여부(구체적인 내용은 룹 152)
특정 · 준특정 옥외탱크저장소(50만L 이상 옥외탱크저장소)	일반점검	연 1회 이상	상 동	상 동

점검대상 (편의상 구분)	점검구분	점검횟수	점검자	점검사항
특정·준특정 옥외탱크저장소 (50만L 이상 옥외탱크저장소)	구조 안전점검	① 제조소등의 설치허가에 따른 완공검사필증을 교부받은 날로부터 12년, ② 최근의 정기검사를 받은 날로부터 11년, 또는 ③ 특정·준특정옥외저장탱크에 안전조치를 한 후 기술원에 구조안전점검시기 연장신청을 하여 안전조치의 적정성을 인정받은 경우에는 최근의 정기검사를 받은 날로부터 13년 이내에 1회 이상	① 안전관리자 ② 탱크시험자(점검을 의뢰받아 안전관리자의 입회하에 실시)	옥외저장탱크의 구조 등에 관한 안전성(구체적인 내용은 🖝 153)

5 정기검사

특정의 위험물시설은 한국소방산업기술원이 행하는 정기검사를 받지 않으면 안 된다.

(1) 정기검사의 의의

1) 개념

정기검사는 본래 위험물시설의 유지관리상황을 허가청(소방본부장 또는 소방서장)이 검사에 의하여 확인하는 것으로, 구조 및 설비의 유지기준 적합 상황을 정기적으로 확인하는 검사라고 말할 수 있다.

2) 정기점검과의 구분

모든 위험물시설의 소유자 등은 그 시설의 위치·구조 및 설비가 기술상의 기준에 적합하도록 상시적으로 유지관리를 하여야 하는 의무를 부담하는 외에, 특정의 위험물시설에 있어서는 일정기간에 시설의 유지관리를 위한 정기점검을 하여야 하는 의무를 지고 있다(法 14 Ⅰ 및 18 Ⅰ). 이러한 의무는 모두 위험물시설의 소유자 등이 스스로 행하는 자체관리에 속하는 것으로서 스스로 그 적부를 판단하게 되지만, 정기검사는 허가청이 유지관리의 적부를 직접 판단하는 점에서 분명히 구별된다.

(2) 검사기관

한국소방산업기술원(令 22 Ⅰ)

(3) 검사대상

특정·준특정옥외탱크저장소(액체위험물을 저장·취급하는 50만L 이상 옥외탱크저장소)(令 17)

(4) 검사시기(規 70)

1) 특정·준특정옥외탱크저장소의 설치허가에 따른 완공검사필증을 교부받은 날부터 12년 또는 최근의 정기검사를 받은 날부터 11년이 경과하기 전의 기간(다만, 재난 그 밖의 비상사태의 발생, 안전유지상의 필요 또는 사용상황 등의 변경으로 당해 시기에 정기검사를 실시하는 것이 적당하지 아니하다고 인정되는 때에는 소방서장의 직권 또는 관계인의 신청에 의하여 소방서장이 따로 지정하는 시기에 정기검사를 받을 수 있다)

2) 위 1)에 불구하고 정기검사를 규칙 제65조 제1항의 규정에 의한 구조안전점검을 실시하는 때에 함께 받을 수도 있다. 이에 의하게 되면 정기검사의 시기를 구조안전점검의 시기로 연기하게 되는 경우가 생길 수 있다.

6 자체소방대

(1) 자체소방대의 설치단위 : 사업소

각 제조소등의 단위별로 각각 설치하는 것이 아니라 제4류 위험물을 취급하는 제조소 또는 일반취급소가 있는 하나의 사업소를 단위로 설치한다. 따라서, 동일 사업소에 여러 개의 제조소 또는 일반취급소가 있는 경우 각 제조소 또는 일반취급소에서 취급하는 제4류 위험물의 수량을 합산한 수량을 기준으로 자체소방대의 설치대상 해당 여부와 필요한 화학소방자동차 및 자체소방대원의 수를 판단하여야 한다.

(2) 자체소방대를 설치하여야 하는 사업소(令 18 Ⅰ·Ⅱ 및 規 73)

1) 동일 사업소에 제4류 위험물을 취급하는 제조소 또는 일반취급소가 있을 것. 다만, 다음의 일반취급소를 제외한다. 이하 2)에서 같다.

① 보일러, 버너 그 밖에 이와 유사한 장치로 위험물을 소비하는 일반취급소
② 이동저장탱크 그 밖에 이와 유사한 것에 위험물을 주입하는 일반취급소
③ 용기에 위험물을 옮겨 담는 일반취급소
④ 유압장치, 윤활유순환장치 그 밖에 이와 유사한 장치로 위험물을 취급하는 일반취급소
⑤ 「광산보안법」의 적용을 받는 일반취급소

2) 동일 사업소에 있는 제조소 또는 일반취급소에서 취급하는 제4류 위험물의 최대수량(합계)이 지정수량의 3천 배 이상일 것

06 위험물의 운반 및 운송

1 운반 규제

위험물의 운반은 운반용기, 적재방법, 운반방법에 관하여 규제되고 있다.

(1) 개요

"위험물의 운반"이란 위험물을 일정 장소에서 다른 장소로 이동시킬 목적으로 옮기는 것을 말하며, 그 수단(인력 또는 동력)이나 그 양의 다소에 관계없이 위험물안전관리법령에 의한 규제를 받는다(法 20).

위험물의 운반 규제의 내용이 되는 운반용기, 적재방법 및 운반방법은 위험물의 유별(類別)·품명·종류 또는 용도와 위험등급(위험물의 위험성상에 따라 위험등급 I에서 위험등급 III까지 3가지로 구분, 規 별표 19 V)에 따라 다르게 정해져 있다.

또한 위험물의 운반 규제에는 위험물의 운반량의 차이에서 오는 잠재적 위험에 대응하여 지정수량의 1/10을 초과하는 위험물의 적재방법과 지정수량 이상의 위험물의 운반방법에 대하여 각각 부가적인 규제가 있다.

지정수량의 1/10을 초과하는 것에 부가적으로 적용되는 적재방법은 유별을 달리하는 위험물 상호간의 혼재를 금지하는 규제인데, 위험물 상호간의 혼촉에 의한 발화 등의 위험성이 있는 것에 대하여 혼재를 금지하는 것이다(規 별표 19 부표 2).

지정수량 이상의 것에 부가적으로 적용되는 위험물의 운반방법은 위험물차량에 소정의 「위험물」 표지의 게시, 운반하는 위험물에 적응하는 소화기 등의 비치, 위험물의 옮겨 담기와 휴게·고장 등의 시기에 있어서의 안전 확보 의무에 관한 규제가 있다.

(2) 운반기준의 구분

운반용기·적재방법 및 운반방법에 관한 위험물의 운반기준은 다음의 기준에 따라 위반 시 벌칙이 적용되는 중요기준과 위반 시 과태료가 부과되는 세부기준으로 분류된다(法 20 I).

(3) 운반용기검사

위법상의 운반용기검사에는 제작자 등이 필요에 따라 받는 검사와 운반용기의 사용 또는 유통을 위하여 꼭 받아야 하는 검사가 있다.

검사기관은 기술원(시·도지사가 위탁)이다(法 22 I).

1) 제작자 등의 신청에 따른 검사

기계에 의하여 하역하는 구조로 된 용기가 아닌 것은 원칙적으로 검사를 받을 의무가 없으나 이러한 용기도 일정한 안전성능을 확보하여야 할 의무는 있기 때문에 성능을 공인받을 수 있도록 하는 취지에서 용기 제작자나 수입자 등이 검사를 신청할 수 있도록 하고 신청이 있을 때 검사를 실시할 수 있도록 하고 있다(法 20 Ⅱ 본문).

2) 제작자 등의 의무로 된 검사

① 규칙 별표 20에서 정하고 있는 기계에 의하여 하역하는 구조로 된 대형의 운반용기를 제작하거나 수입한 자 등은 당해 용기를 사용하거나 유통시키기 전에 기술원으로부터 운반용기에 대한 검사를 받아야 한다(法 20 Ⅱ 단서, 規 51 Ⅰ).

② 운반용기의 검사를 받고자 하는 자는 규칙 별지 제30호 서식의 신청서에 용기의 설계도면과 재료에 관한 설명서를 첨부하여 기술원에 제출하여야 한다. 다만, UN의 위험물 운송에 관한 권고(RTDG, Recommendations on the Transport of Dangerous Goods)에서 정한 기준에 따라 관련 검사기관으로부터 검사를 받은 때에는 그러하지 아니하다(規 51 Ⅱ).

2 이동탱크저장소에 의한 위험물 운송 시의 안전유지

(1) 위험물운송 규제의 의의

이동탱크저장소에 의한 위험물의 운송에는 일정한 자격이 있는 위험물운송자를 승차하도록 하고 있다(法 21 Ⅰ). 또한 그 위험성이 지대한 특정의 위험물을 운송하는 경우에는 운송책임자를 두어 위험물 운송에 대한 감독 또는 지원을 받도록 하는 규제를 부가하고 있다(法 21 Ⅱ).

(2) 위험물운송자

위험물 운송책임자(위험물 운송의 감독 또는 지원을 하는 자)와 이동탱크저장소 운전자를 말하며, 일반적인 경우의 위험물운송자는 운송하는 위험물을 취급할 수 있는 국가기술자격자 또는 법 제28조 제1항의 규정에 의한 안전교육을 받은 자로 하면 되나, 알킬알루미늄등을 운송함에 있어서 운송에 대한 감독·지원을 하는 운송책임자의 자격은 다음과 같이 강화되어 있다(法 21 Ⅰ, 令 19, 規 52).

① 당해 위험물의 취급에 관한 국가기술자격을 취득하고 관련 업무에 1년 이상 종사한 경력이 있는 자

② 법 제28조 제1항의 규정에 의한 위험물의 운송에 관한 안전교육을 수료하고 관련 업무에 2년 이상 종사한 경력이 있는 자

핵심 꼼꼼✓체크

① 이동탱크저장소로 위험물을 운송하는 위험물운송자(운송책임자 또는 이동탱크저장소 운전자)는 당해 위험물을 취급할 수 있는 국가기술자격자 또는 법 제28조 제1항의 안전교육을 받은 자로 하지 않으면 안 된다.

② 특정의 위험물의 운송에 있어서는 운송책임자(위험물 운송의 감독 또는 지원을 하는 자)의 감독 또는 지원을 받아 이를 운송하여야 한다.

③ 위험물운송자가 이동탱크저장소에 의하여 위험물을 운송하는 때에는 규칙으로 정하는 운송기준을 준수하는 등 운송 중 위험물의 안전 확보에 세심한 주의를 기울여야 한다.

07 감독 및 조치명령

위험물의 저장·취급에 있어서는 안전 확보를 위한 각종 규제가 있고, 그 의무위반자 등에 대하여도 여러 가지의 조치명령이 있다.

1 위험물의 저장·취급 장소에 대한 감독(法 22 Ⅰ·Ⅲ·Ⅳ·Ⅵ)

(1) 감독권자(法 22 Ⅰ)

소방청장(중앙 119 구조본부장 및 그 소속기관의 장을 포함), 시·도지사, 소방본부장 또는 소방서장

(2) 감독시기(法 22 Ⅰ)

위험물의 저장 또는 취급에 따른 화재의 예방 또는 진압대책을 위하여 필요한 때

(3) 감독대상(法 22 Ⅰ)

위험물을 저장 또는 취급하고 있다고 인정되는 장소의 관계인

> **참고**
>
> 정차 중인 이동탱크저장소의 관계인을 포함한다.

(4) 감독의 방법

① 필요한 보고의 징수(보고징수명령)(法 22 Ⅰ)
② 자료제출명령(法 22 Ⅰ)
③ 관계공무원의 출입검사(法 22 Ⅰ)
  ㉠ 출입검사의 내용(法 22 Ⅰ)

      ⓐ 당해 장소의 위치·구조·설비 및 위험물의 저장·취급상황에 대한 검사
      ⓑ 관계인에 대한 질문
      ⓒ 시험에 필요한 최소한의 위험물 또는 위험물로 의심되는 물품의 수거
  ⓛ 출입검사의 대상 제한 : 개인의 주거는 관계인의 승낙을 얻은 경우 또는 화재발생의 우려가 커서 긴급한 필요가 있는 경우가 아니면 출입할 수 없다(法 22 Ⅰ).
  ⓒ 출입검사의 시간 제한 : 관계인의 승낙을 얻은 경우 또는 화재발생의 우려가 커서 긴급한 필요가 있는 경우 외에는 다음에 정하는 시간 내에 행하여야 한다(法 22 Ⅲ).
      ⓐ 당해 장소의 공개시간(예 유흥업소, 백화점, 여관, 음식점 등)
      ⓑ 당해 장소의 근무시간(예 공장, 사업장 등 다수인이 근무하는 장소)
      ⓒ 해가 뜬 후부터 해가 지기 전까지의 시간(ⓐ, ⓑ에 해당하지 않는 그 밖의 장소)

(5) 업무방해금지, 비밀누설금지 및 권한표시 증표 제시(法 22 Ⅳ)

출입·검사 등을 행하는 관계공무원은 관계인의 정당한 업무를 방해하거나 출입·검사 등을 수행하면서 알게 된 비밀을 다른 자에게 누설하여서는 안 된다.

(6) 출입검사권한 표시증표 제시의무(法 22 Ⅵ)

출입·검사 등을 하는 관계공무원은 그 권한을 표시하는 증표를 지니고 관계인에게 이를 내보여야 한다.

2 주행 중 이동탱크저장소의 정지(法 22 Ⅱ)

소방공무원 또는 국가경찰공무원은 위험물의 운송자격을 확인하기 위하여 필요하다고 인정하는 경우에는 주행 중의 이동탱크저장소를 정지시켜 당해 이동탱크저장소에 승차하고 있는 자에 대하여 위험물의 취급에 관한 국가기술자격증 또는 교육수료증의 제시를 요구할 수 있고, 국가기술자격증 또는 교육수료증을 제시하지 아니한 경우에는 주민등록증, 여권, 운전면허증 등 신원 확인을 위한 증명서를 제시할 것을 요구하거나 신원 확인을 위한 질문을 할 수 있다. 이 직무를 수행하는 경우에 있어서 소방공무원과 국가경찰공무원은 긴밀히 협력하여야 한다(法 22 Ⅱ).

업무방해금지 및 비밀누설금지와 출입검사권한 표시증표 제시의무는 위험물의 저장·취급장소에 대한 경우와 동일하다(法 22 Ⅳ·Ⅵ).

한편, 상치되어 있거나 주·정차 중인 이동탱크저장소에 대한 출입검사는 법 제22조 제1항에 따라 실시할 수 있다.

3 위험물 누출 등의 사고 조사(法 22의 2)

소방청장(중앙 119 구조본부장 및 그 소속기관의 장을 포함), 소방본부장 또는 소방서장은 위험물의 누출·화재·폭발 등의 사고가 발생한 경우 사고의 원인 및 피해 등을 조사하여야 한다. 필요한 경우 사고조사위원회를 둘 수 있으며, 이 조사에 관하여는 법 제22조 제1항·제3항·제4항 및 제6항을 준용한다.

4 탱크시험자에 대한 감독

(1) 탱크시험자에 대한 출입검사(法 22 Ⅴ·Ⅵ)

시·도지사, 소방본부장 또는 소방서장은 탱크시험자에 대하여 필요한 보고 또는 자료제출을 명하거나 관계공무원으로 하여금 당해 사무소에 출입하여 업무의 상황·시험기구·장부·서류와 그 밖의 물건을 검사하게 하거나 관계인에게 질문하게 할 수 있다. 이때 출입검사를 하는 관계공무원은 그 권한을 표시하는 증표를 지니고 관계인에게 내보여야 한다.

(2) 탱크시험자에 대한 명령(法 23)

시·도지사, 소방본부장 또는 소방서장은 탱크시험자에 대하여 당해 업무를 적정하게 실시하게 하기 위하여 필요하다고 인정하는 때에는 감독상 필요한 명령을 할 수 있다.

5 무허가시설 등에 대한 조치명령

시·도지사, 소방본부장 또는 소방서장은 위험물에 의한 재해를 방지하기 위하여 제6조 제1항의 규정에 의한 허가를 받지 아니하고 지정수량 이상의 위험물을 저장 또는 취급하는 자(제6조 제3항의 규정에 따라 허가를 받지 아니하는 자를 제외)에 대하여 그 위험물 및 시설의 제거 등 필요한 조치를 명할 수 있다(法 24). 이를 위반한 자에게는 벌칙이 따른다.

6 제조소등에 대한 긴급 사용정지 또는 사용제한 명령

시·도지사, 소방본부장 또는 소방서장은 공공의 안전을 유지하거나 재해의 발생을 방지하기 위하여 긴급한 필요가 있다고 인정되는 때에는 제조소등의 관계인에 대하여 당해 제조소등의 사용을 일시정지하거나 그 사용을 제한할 것을 명할 수 있다(法 25). 법 제12조의 규정에 의한 사용정지명령이 위험의 원인이 당해 위험물시설에 있을 때에만 발동될 수 있는 것과 차이가 있다.

7 저장 · 취급기준 준수명령

시 · 도지사, 소방본부장 또는 소방서장은 제조소등에서의 위험물의 저장 또는 취급이 법 제5조 제3항의 규정에 의한 저장 · 취급기준(規 별표 18)에 위반된다고 인정하는 때에는 당해 제조소등의 관계인에 대하여 동항의 기준에 따라 위험물을 저장 또는 취급하도록 명할 수 있다(法 26 Ⅰ).

시 · 도지사, 소방본부장 또는 소방서장은 관할하는 구역에 있는 이동탱크저장소에서의 위험물의 저장 또는 취급이 제5조 제3항의 규정에 의한 저장 · 취급기준(規 별표 18)에 위반된다고 인정되는 때에는 당해 이동탱크저장소의 관계인에 대하여 동항의 기준에 따라 위험물을 저장 또는 취급하도록 명할 수 있으며, 이동탱크저장소의 관계인에 대하여 명령을 한 경우에는 규칙 제77조의 규정에 따라 당해 이동탱크저장소의 허가를 한 시 · 도지사, 소방본부장 또는 소방서장에게 신속히 그 취지를 통지하여야 한다(法 26 Ⅱ · Ⅲ).

8 긴급 시 응급조치의무와 응급조치명령 등

제조소등의 관계인은 제조소등에서 위험물의 유출 그 밖의 사고가 발생한 때에는 즉시 그리고 지속적으로 위험물의 유출 및 확산의 방지, 유출된 위험물의 제거 그 밖에 재해의 발생방지를 위한 응급조치를 강구하여야 하며(法 27 Ⅰ), 소방본부장 또는 소방서장은 관계인이 이러한 응급조치를 강구하지 아니 하였다고 인정하는 때에는 응급조치를 강구하도록 명할 수 있다(法 27 Ⅲ). 이 명령의 대상시설이 이동탱크저장소인 경우에 있어서의 명령권자는 당해 이동탱크저장소가 있는 구역을 관할하는 소방본부장 또는 소방서장으로 하고 있다(法 27 Ⅳ).

08 보 칙

1 안전교육

교육과정	교육대상자	교육시간	교육시기	교과목에 포함할 사항	
강습 교육	안전관리자가 되고자 하는 자	24시간	신규 종사 전	• 제4류 위험물의 품명별 일반성질, 화재예방 및 소화의 방법	• 연소 및 소화에 관한 기초이론 • 모든 위험물의 유별 공통성질과 화재예방 및 소화의 방법 • 위험물안전관리법령 및 위험물의 안전관리에 관계된 법령
	위험물운송자가 되고자 하는 자	16시간	신규 종사 전	• 이동탱크저장소의 구조 및 설비작동법 • 위험물 운송에 관한 안전기준	

교육과정	교육대상자	교육시간	교육시기	교과목에 포함할 사항
실무 교육	안전관리자	8시간 이내	신규 종사 후 2년마다 1회	–
	위험물운송자	8시간 이내	신규 종사 후 3년마다 1회	–
	탱크시험자의 기술인력	8시간 이내	① 신규 종사 후 6개월 이내 ② ①에 따른 교육 후 2년 마다 1회	–

2 청문

　시・도지사, 소방본부장 또는 소방서장은 제조소등 설치허가의 취소(法 12) 또는 탱크시험자의 등록취소(法 16 V)의 처분을 하고자 하는 경우에는 청문을 실시하여야 한다.
　청문의 절차는 「행정절차법」에 의한다.

3 권한의 위임・위탁

(1) 권한의 위임

　법률상 시・도지사의 권한으로 되어 있는 다음의 1에 해당하는 권한은 법 제30조 제1항 및 위령 제21조의 규정에 의하여 소방서장에게 위임되었으므로 소방서장의 권한에 속한다. 다만, 동일한 시・도에 있는 2 이상 소방서장의 관할구역에 걸쳐 설치되는 이송취급소에 관련된 권한은 위임대상에서 제외되어 있으므로 그대로 시・도지사의 권한으로 유지된다.

① 법 제6조 제1항의 규정에 의한 제조소등의 설치허가 또는 변경허가
② 법 제6조 제2항의 규정에 의한 위험물의 품명・수량 또는 지정수량의 배수의 변경신고의 수리
③ 법 제7조 제1항의 규정에 의하여 군사목적 또는 군부대시설을 위한 제조소등을 설치하거나 그 위치・구조 또는 설비의 변경에 관한 군부대의 장과의 협의
④ 법 제8조 제1항의 규정에 의한 탱크안전성능검사(영 제22조 제1항 제1호의 규정에 의하여 기술원에 위탁하는 것을 제외한다)
⑤ 법 제9조의 규정에 의한 완공검사(영 제22조 제1항 제2호의 규정에 의하여 기술원에 위탁하는 것을 제외한다)
⑥ 법 제10조 제3항의 규정에 의한 제조소등의 설치자의 지위승계신고의 수리
⑦ 법 제11조의 규정에 의한 제조소등의 용도폐지신고의 수리
⑧ 법 제12조의 규정에 의한 제조소등의 설치허가의 취소와 사용정지

⑨ 법 제13조의 규정에 의한 과징금처분

⑩ 법 제17조의 규정에 의한 예방규정의 수리·반려 및 변경명령

(2) 업무의 위탁

1) 한국소방산업기술원의 업무

법률상 소방청장, 시·도지사, 소방본부장 또는 소방서장의 권한으로 되어 있는 다음의 어느 하나에 해당하는 권한은 법 제30조 제1항 및 영 제22조 제1항의 규정에 의하여 기술원에 위탁되었으므로 기술원의 업무에 속한다.

① 법 제8조 제1항의 규정에 의한 시·도지사의 탱크안전성능검사 중 다음의 어느 하나에 해당하는 탱크에 대한 탱크안전성능검사
  ㉠ 용량이 100만L 이상인 액체위험물을 저장하는 탱크
  ㉡ 암반탱크
  ㉢ 이중벽탱크
② 법 제9조 제1항에 따른 시·도지사의 완공검사에 관한 권한 중 다음의 어느 하나에 해당하는 완공검사
  ㉠ 지정수량의 3천 배 이상의 위험물을 취급하는 제조소 또는 일반취급소의 설치 또는 변경(사용 중인 제조소 또는 일반취급소의 보수 또는 부분적인 증설을 제외한다)에 따른 완공검사
  ㉡ 옥외탱크저장소(저장용량이 50만L 이상인 것만 해당) 또는 암반탱크저장소의 설치 또는 변경에 따른 완공검사
③ 법 제18조 제2항의 규정에 의한 소방본부장 또는 소방서장의 정기검사
④ 법 제20조 제2항에 따른 시·도지사의 운반용기검사
⑤ 법 제28조 제1항의 규정에 의한 소방청장의 안전교육에 관한 권한 중 탱크시험자의 기술인력으로 종사하는 자에 대한 안전교육

2) 한국소방안전원의 업무

법률상 소방청장의 권한으로 되어 있는 안전교 중 안전관리자와 위험물운송자를 위한 안전교육은 법 제30조 제2항 및 영 제22조 제2항의 규정에 의하여 한국소방안전원에 위탁되었으므로 안전원의 업무에 속한다.

09 벌 칙

법 제33조 【벌칙】
① 제조소등에서 위험물을 유출·방출 또는 확산시켜 사람의 생명·신체 또는 재산에 대하여 위험을 발생시킨 자는 1년 이상 10년 이하의 징역에 처한다.
② 제1항의 규정에 따른 죄를 범하여 사람을 상해(傷害)에 이르게 한 때에는 무기 또는 3년 이상의 징역에 처하며, 사망에 이르게 한 때에는 무기 또는 5년 이상의 징역에 처한다.

　　제1항은 제조소등에서 고의로 위험물을 유출, 방출 또는 확산시켜 사람 또는 재산에 대하여 위험을 발생시킨 자를 처벌하는 규정이다.
　　제2항은 위험물을 유출, 방출 또는 확산시켜 사람을 상해 또는 사망에 이르게 함으로써 성립하는 결과적 가중범을 규정하고 있다.

법 제34조 【벌칙】
① 업무상 과실로 제조소등에서 위험물을 유출·방출 또는 확산시켜 사람의 생명·신체 또는 재산에 대하여 위험을 발생시킨 자는 7년 이하의 금고 또는 7천만 원 이하의 벌금에 처한다.
② 제1항의 죄를 범하여 사람을 사상(死傷)에 이르게 한 자는 10년 이하의 징역 또는 금고나 1억 원 이하의 벌금에 처한다.

　　제1항은 제조소등에서 업무상 과실로 위험물을 유출, 방출 또는 확산시켜 사람 또는 재산에 대하여 위험을 발생시킨 경우에 성립하는 범죄(과실범, 구체적 위험범)이다. 제2항은 제조소등에서 업무상 과실로 위험물을 유출, 방출 또는 확산시킨 결과 사람을 상해 또는 사망에 이르게 한 경우 성립하는 범죄이다.

법 제34조의 2 【벌칙】
제6조 제1항 전단을 위반하여 제조소등의 설치허가를 받지 아니하고 제조소등을 설치한 자는 5년 이하의 징역 또는 1억 원 이하의 벌금에 처한다. [본조 신설 2017. 3. 21.]

법 제34조의 3 【벌칙】
제5조 제1항을 위반하여 저장소 또는 제조소등이 아닌 장소에서 지정수량 이상의 위험물을 저장 또는 취급한 자는 3년 이하의 징역 또는 3천만 원 이하의 벌금에 처한다. [본조 신설 2017. 3. 21.]

　　종전에는 위의 위반행위에 대하여 위법 제35조에서 1년 이하의 징역 또는 1천만 원 이하의 벌금에 처하도록 하고 있었으나 위험물로 인한 공공의 위해를 방지하고 공공의 안전을 확보하려는 취지를 강화하고자 각각 벌칙의 법정형이 상향되어 따로 규정된 것이다.

기출 · 예상문제

01 「위험물안전관리법」의 목적으로 볼 수 없는 것은?

① 공공의 안전을 확보하는 것

② 위험물에 의한 위해를 방지하는 것

③ 위험물에 의한 화재로부터 국민의 생명과 재산을 보호하는 것

④ 건축물의 안전한 사용으로 쾌적하고 안락한 국민생활을 보장하는 것

> **해설** 「위험물안전관리법」은 위험물의 저장·취급 및 운반과 이에 따른 안전관리에 관한 사항을 규정함으로 써 위험물로 인한 위해를 방지하여 공공의 안전을 확보함을 목적으로 한다.

02 지정수량 미만 위험물의 저장·취급에 관한 기술기준을 정하고 있는 법 형식은?

① 「소방법」   ② 자치법규

③ 「위험물안전관리법」   ④ 「소량위험물취급법」

> **해설** 시·도의 조례로 정하도록 하고 있다. 「위험물안전관리법」 제4조 참조
>
> **참고** 자치법규는 지방자치단체가 자치입법권에 의하여 법령의 범위 안에서 정하는 자치에 관한 규정을 말하며, 지방의회가 제정하는 조례와 지방자치단체의 집행기관이 제정하는 규칙이 이에 해당한다.

03 다음 중 「위험물안전관리법」의 적용을 받는 경우는?

① 차량에 의한 위험물 운반

② 열차에 의한 위험물 운반

③ 선박에 의한 위험물 운반

④ 항공기에 의한 위험물 운반

> **해설** 항공기·선박(「선박법」 제1조의 2의 규정에 따른 선박)·철도 및 궤도에 의하여 위험물을 저장·취급 및 운반하는 경우에는 「위험물안전관리법」이 적용되지 않는다. 그러나 항공기·선박·기차 등에 주유하거나 위험물을 적재하기 위한 시설 등은 「위험물안전관리법」의 적용을 받는다.

04 「위험물안전관리법」에 의한 위험물의 정의로서 바른 것은?

① 소방상 연소확대의 위험이 큰 물품을 말한다.

② 연소속도가 빠르고 소화가 극히 곤란한 물품을 말한다.

③ 소방본부장 및 소방서장이 정하는 발화성 및 인화성 물품을 말한다.

④ 인화성 또는 발화성 등의 성질을 가지는 것으로서 대통령령이 정하는 물품을 말한다.

> **해설** "위험물"이란 인화성 또는 발화성 등의 성질을 가지는 것으로서 대통령령이 정하는 물품을 말한다(법 제2조 제1항 제1호 참조).

05 「위험물안전관리법」상 규제에 관한 설명으로 틀린 것은?

① 지정수량 이상의 위험물을 저장 또는 취급하는 행위는 원칙적으로 허가규제를 하고 있다.

② 지정수량 이상의 위험물을 저장 또는 취급하는 행위를 임시로 하는 경우에는 허가는 면제하되 그 기준은 시·도 조례로 정하고 있다.

③ 지정수량 미만의 위험물을 저장 또는 취급하는 행위는 허가를 받을 필요는 없고 시·도 조례에 정한 기준을 준수하면 된다.

④ 지정수량 미만의 위험물을 저장 또는 취급하는 행위를 임시로 하는 경우에는 허가를 받을 필요가 없고, 시·도 조례에 정한 기준도 준수하지 않아도 된다.

> **해설** 지정수량 이상의 위험물의 저장 또는 취급은 임시성 여부에 따라 허가대상 여부와 적용 기준이 달라지나 지정수량 미만의 위험물의 저장 또는 취급은 임시성 여부에 관계없이 시·도 조례의 적용을 받는다.

06 제5류 위험물인 자기반응성 물질에 해당하는 것은?

① 황산   ② 금속리튬

③ 과염소산   ④ 니트로소화합물

> **해설** 제5류 위험물(자기반응성 물질)에는 유기과산화물, 질산에스테르류, 니트로화합물, 니트로소화합물, 아조화합물, 디아조화합물, 히드라진유도체, 히드록실아민, 히드록실아민염류 등이 있다.

07 「위험물안전관리법」상 특수인화물에 속하지 않는 것은?

① 휘발유   ② 콜로디온

③ 이황화탄소   ④ 디에틸에테르

> **해설** 제4류 위험물 중 특수인화물에는 에테르, 이황화탄소, 콜로디온, 산화프로필렌, 아세트알데히드등이 있다(영 별표 1 참조).

정답 　04 ④　05 ②　06 ④　07 ①

08 제2류 위험물에 해당되지 않는 것은?

① 황린(P_4)

② 유황(S)

③ 황화린

④ 인화성 고체

> **해설** 제2류 위험물에는 황화린, 적린, 유황, 철분, 금속분, 마그네슘, 인화성 고체 등이 있다.

09 제4류 위험물로만 묶어 놓은 것은?

① 특수인화물, 황산, 질산

② 알코올, 황린, 니트로화합물

③ 제1석유류, 알코올류, 특수인화물

④ 동식물유류, 질산, 무기과산화물

> **해설** 제4류에는 특수인화물, 제1석유류, 알코올류, 제2석유류, 제3석유류, 제4석유류, 동식물유류가 있다.

10 위험물의 종류에 따른 성질과 해당 품명의 예가 잘못 짝지어진 것은?

① 제1류 : 산화성 고체 – 아염소산염류

② 제2류 : 가연성 액체 – 황린

③ 제6류 : 산화성 액체 – 질산

④ 제5류 : 자기반응성 물질 – 히드라진유도체

> **해설** 제2류 위험물의 성질은 가연성 고체이며, 황린은 제3류 위험물에 해당한다.

11 제1류 위험물인 산화성 고체에 해당하는 것은?

① 질산염류

② 과염소산

③ 특수인화물

④ 유기과산화물

> **해설** 제1류 위험물에는 아염소산염류, 염소산염류, 과염소산염류, 무기과산화물, 브롬산염류, 질산염류, 요오드산염류, 과망간산염류, 중크롬산염류 등이 있다(영 별표 1 참조).

08 ① 09 ③ 10 ② 11 ① **정답**

12 제4류 위험물 중 비수용성의 제3석유류의 지정수량은 몇 L인가?

    ① 1,000   ② 2,000

    ③ 4,000   ④ 6,000

> **해설** 단순 암기를 요하므로 좋은 문제는 아니지만, 일상생활에서 쉽게 접하는 제4류 위험물의 지정수량 정도는 꼭 암기해 둘 필요가 있다. 「소방법」에서와 달리 제1석유류, 제2석유류 및 제3석유류는 수용성 여하에 따라 지정수량이 달라진다(영 별표 1 참조).

① 특수인화물	–	50L	⑤ 제3석유류	비수용성	2,000L
② 제1석유류	비수용성	200L		수용성	4,000L
	수용성	400L			
③ 알코올류	–	400L	⑥ 제4석유류	–	6,000L
④ 제2석유류	비수용성	1,000L	⑦ 동식물유류	–	10,000L
	수용성	2,000L			

13 「위험물안전관리법」상 "제조소등"이라 함은?

    ① 제조소·저장소 및 취급소를 말한다.

    ② 위험물저장시설을 포함한 제조소를 말한다.

    ③ 제조소 또는 취급소를 말하며, 제조저장 및 운반시설을 포함한다.

    ④ 지정수량 이상의 위험물을 제조하는 제조소와 그 밖의 시설을 말한다.

> **해설** 법 제2조 제1항 제3호 참조
> ③ 「소방법」상의 정의이다.

14 위험물취급소의 종류에 해당하지 않는 것은?

    ① 주유취급소   ② 일반취급소

    ③ 이송취급소   ④ 저장취급소

> **해설** 취급소에는 ①, ②, ③과 판매취급소가 있으며, 저장취급소는 삭제되었다.

15 위험물의 종류별로 위험성을 고려하여 정하는 수량으로서 제조소등의 설치허가 등에 있어서 최저의 기준이 되는 수량은?

    ① 절대수량   ② 지정수량

    ③ 저장수량   ④ 취급수량

> **해설** 법 제2조 제1항 제2호 참조

정답   12 ②   13 ①   14 ④   15 ②

16 **다음 중 이송취급소에 해당하는 시설의 경우는?**

① 「송유관안전관리법」에 의한 송유관에 의하여 위험물을 이송하는 경우

② 제조소등에 관계된 시설(배관을 제외한다)의 부지 및 이와 함께 일단의 토지를 형성하는 사업소 안에서만 위험물을 이송하는 경우

③ 사업소와 사업소의 사이가 도로이고 사업소 사이의 이송배관이 그 도로를 횡단하는 경우

④ 사업소와 사업소 사이의 이송배관이 제3자(당해 사업소와 관련이 없는 사업을 하는 자를 말한다)의 토지를 통과하는 경우로서 당해 배관의 길이가 100m 이하인 경우

> **해설** ④에서 제3자가 당해 사업소와 관련이 있거나 유사한 사업을 하는 자이면 당해 배관은 이송취급소에 해당하지 않는다.

> **보충** **이송취급소의 정의**
> 배관 및 이에 부속된 설비에 의하여 위험물을 이송하는 장소. 다만, 다음의 1에 해당하는 경우의 장소를 제외한다.
> ㉠ 「송유관안전관리법」에 의한 송유관에 의하여 위험물을 이송하는 경우
> ㉡ 제조소등에 관계된 시설(배관을 제외한다) 및 그 부지가 같은 사업소 안에 있고 당해 사업소 안에서만 위험물을 이송하는 경우
> ㉢ 사업소와 사업소의 사이에 도로(폭 2m 이상의 일반교통에 이용되는 도로로서 자동차의 통행이 가능한 것을 말한다)만 있고 사업소와 사업소 사이의 이송배관이 그 도로를 횡단하는 경우
> ㉣ 사업소와 사업소 사이의 이송배관이 제3자(당해 사업소와 관련이 있거나 유사한 사업을 하는 자에 한한다)의 토지만을 통과하는 경우로서 당해 배관의 길이가 100m 이하인 경우
> ㉤ 해상구조물에 설치된 배관(이송되는 위험물이 별표 1의 제4류 위험물 중 제1석유류인 경우에는 배관의 내경이 30cm 미만인 것에 한한다)으로서 당해 해상구조물에 설치된 배관의 길이가 30m 이하인 경우
> ㉥ 사업소와 사업소 사이의 이송배관이 ㉢ 내지 ㉤의 규정에 의한 경우 중 2 이상에 해당하는 경우
> ㉦ 「농어촌 전기공급사업 촉진법」에 따라 설치된 자가발전시설에 사용되는 위험물을 이송하는 경우

17 **위험물판매취급소에 대한 설명으로 적절하지 않은 것은?**

① 지정수량의 40배 이하의 위험물을 취급할 수 있다.

② 점포에서 위험물을 용기에 담아 판매하기 위한 취급소이다.

③ 이동저장탱크에 위험물을 주입하기 위한 주입설비를 설치할 수 없다.

④ 취급할 수 있는 위험물의 종류는 휘발유·등유 및 경유 외의 위험물이다.

> **해설** 취급위험물에 대한 제한은 없다(영 별표 3 제2호 참조). 다만, 판매취급소에서는 도료류, 제1류 위험물 중 염소산염류 및 염소산염류만을 함유한 것, 유황 또는 인화점이 38℃ 이상인 제4류 위험물을 배합실에서 배합하는 경우 외에는 위험물을 배합하거나 옮겨 담는 작업을 할 수 없도록 하여 배합하거나 옮겨 담는 위험물을 제한하고 있다(規 별표 18).

16 ④　17 ④　**정답**

18 위험물을 제조 외의 목적으로 취급하기 위한 시설 중 다른 취급소에 해당하지 않는 것은 어떤 취급소로 구분되는가?

① 일반취급소   ② 저장취급소

③ 이송취급소   ④ 주유취급소

> **해설** 일반취급소에 대한 설명이다. 「소방법」상의 정의(위험물을 사용하여 일반제품을 생산·가공 또는 세척하거나 버너 등에 소비하기 위하여 1일에 지정수량 이상의 위험물을 취급·저장하는 시설을 한 위험물취급소)와는 완전히 달라졌음을 유의하여야 한다.

19 위험물저장소 중 창고에 위험물을 저장하는 시설은?

① 옥내저장소   ② 옥내탱크저장소

③ 지하탱크저장소   ④ 간이탱크저장소

20 「위험물안전관리법」상 위험물저장소의 종류에 해당하지 않는 것은?

① 암반탱크저장소   ② 선박탱크저장소

③ 간이탱크저장소   ④ 지하탱크저장소

> **해설** 「소방법」상의 선박탱크저장시설은 위법에서는 삭제되었다(영 별표 2 참조).

21 위험물취급소의 종류에 해당하는 것은?

① 이송취급소   ② 저장취급소

③ 석유판매취급소   ④ 특수위험물판매취급소

> **해설** 취급소는 주유취급소·판매취급소(1종 판매취급소, 2종 판매취급소)·이송취급소 및 일반취급소로 구분된다(영 별표 3 참조).

22 판매취급소에서 취급할 수 있는 위험물의 양은 지정수량의 몇 배인가?

① 5배 이하   ② 30배 이하

③ 40배 이하   ④ 50배 이하

> **해설** 1종 판매취급소에서는 20배 이하, 2종 판매취급소에서는 40배 이하까지 취급할 수 있다.

23 소방법규에서 사용되는 용어의 정의에 대한 설명으로 적절하지 않은 것은?

① "소방대상물"이라 함은 건축물, 차량, 선박, 선박건조구조물, 산림 그 밖의 공작물 또는 물건을 말한다.

② "소방시설"이라 함은 소화설비·경보설비·피난설비·소화용수설비 그 밖에 소화활동설비로서 대통령령이 정하는 것을 말한다.

③ "위험물"이라 함은 대통령령이 정하는 인화성·발화성 또는 폭발성 등의 물품을 말한다.

④ "관계지역"이라 함은 소방대상물이 있는 장소 및 그 이웃지역으로서 소방상 필요한 지역을 말한다.

> **해설** 「소방기본법」제2조,「화재예방, 소방시설 설치유지 및 안전관리에 관한 법률」제2조 및 「위험물안전관리법」제2조 참조
> "위험물"은 인화성 또는 발화성 등의 성질을 가지는 것으로서 대통령령이 정하는 물품을 말한다.

24 소방관계 법규에 따른 용어의 정의 중 틀린 것은?

① "관계인"이라 함은 소방대상물의 소유자, 관리자 또는 점유자를 말한다.

② "소방대"라 함은 화재진압, 구조·구급활동 등을 위하여 소방공무원, 의무소방원 또는 의용소방대원으로 구성된 조직체를 말한다.

③ "위험물"은 대통령령으로 정하는 인화성, 폭발성 또는 발화성 물품을 말한다.

④ "관계지역"은 소방대상물이 있는 장소 및 그 이웃지역으로서 소방상 필요한 지역을 말한다.

> **해설** 위험물의 정의와 폭발성 물품은 직접적인 관계가 없다.

25 소방법규상 관계인에 해당하지 않는 자는?

① 건축물을 임차하여 사용하는 자

② 위험물을 운송 중인 차량의 운전자

③ 관광버스 안에 승차 중인 승객

④ 물건의 보관을 전문으로 하는 창고의 주인

> **해설** 소방법규상 관계인이란 대상물의 소유자, 점유자 또는 관리자를 말하며, 대상물의 안전관리와 법적 책임 주체가 되는 것이다.
> 따라서, 일시적 이용자는 이에 해당하지 않는다.

26 **주유취급소에 대한 설명으로 옳지 않은 것은?**

① 고정된 주유설비에 의하여 자동차·항공기 또는 선박 등의 연료탱크에 직접 주유하기 위하여 위험물을 취급하는 시설이다.

② 「석유 및 석유대체연료 사업법」에 의한 유사석유제품에 해당하는 물품을 취급할 수 없다.

③ 위험물을 용기에 채우거나 차량에 고정된 3,000L 이하의 탱크에 주입하기 위한 고정급유설비만을 설치하여도 주유취급소에 해당한다.

④ 항공기에 주유하기 위한 주유취급소에서는 차량에 설치된 주유설비를 이용하여 주유할 수도 있다.

> **해설** 고정급유설비를 주유취급소에 병설할 수는 있으나 고정급유설비만 있으면 주유취급소가 아니라 일반취급소에 해당한다.

27 **옥외저장소에 저장할 수 있는 위험물이 아닌 것은?**

① 황화린 ② 인화성 고체

③ 제1석유류 ④ 알코올류

> **해설** 옥외저장소에는 다음의 위험물만 저장할 수 있다.
> ㉠ 제2류 위험물 중 유황 또는 인화성 고체(인화점이 0℃ 이상인 것에 한한다)
> ㉡ 제4류 위험물 중 제1석유류(인화점이 0℃ 이상인 것에 한한다)·알코올류·제2석유류·제3석유류·제4석유류 및 동식물유류
> ㉢ 제6류 위험물
> ㉣ 보세구역 안에 저장하는 경우에 한하여 제1류 또는 제2류 위험물 중 조례로 정하는 위험물
> ㉤ 「국제해사기구에 관한 협약」에 의하여 설치된 국제해사기구가 채택한 「국제해상위험물규칙」(IMDG Code)에 적합한 용기에 수납된 위험물 〈2006. 5. 25. 신설〉

28 **지정수량에 대한 설명으로 적절하지 않은 것은?**

① 위험물의 종류별로 지정된 수량으로서 위험성이 클수록 작아진다.

② 위험물시설의 허가 등에 있어서 기준이 되는 수량이다.

③ 동일한 품명의 위험물은 그 지정수량도 같다.

④ 둘 이상의 위험물을 같은 장소에 저장하는 경우에는 각 위험물의 수량을 그 위험물의 지정수량으로 각각 나누어 얻은 수의 합이 1 이상이면 당해 위험물은 지정수량 이상으로 본다.

> **해설** 위험물의 품명이 동일하더라도 그 위험성에 따라 지정수량이 다를 수 있다.

29 위험물의 임시저장·취급 등에 대한 설명으로 적절하지 않은 것은?

① 소방본부장 또는 소방서장에게 신고하여야 한다.

② 저장·취급기간은 원칙적으로 90일 이내의 기간이다.

③ 임시저장·취급에 관한 기준은 시·도의 조례로 정한다.

④ 군부대가 군사목적으로 위험물을 임시로 저장·취급하는 경우에는 신고 또는 승인이 필요없다.

> **해설** 지정수량 이상의 위험물을 임시 저장·취급하는 경우에는 소방서장의 승인을 받아야 한다. 다만, 군부대가 군사목적으로 위험물을 임시로 저장·취급하는 경우에는 승인을 요하지 않으며, 저장·취급기간에 대한 명시적인 제한이 없다.

30 지정수량 이상의 위험물을 90일 이내의 기간동안 임시로 저장 또는 취급하기 위한 조치로서 옳은 것은?

① 시·도지사의 허가를 받는다.

② 소방서장의 허가를 받는다.

③ 소방본부장 또는 소방서장에게 신고한다.

④ 소방서장의 승인을 받는다.

> **해설** 문제 29의 해설 참조

31 다음 중 위험물의 저장·취급기준이나 시설기준의 규정(법 형식)이 다른 하나는?

① 임시저장·취급기준

② 지정수량 이상 위험물의 취급기준 및 시설기준

③ 주택의 난방시설을 위한 저장소 또는 취급소의 시설기준

④ 농예용·축산용 또는 수산용 난방시설 또는 건조시설을 위한 지정수량 20배 이하의 저장소의 시설기준

> **해설** ①은 조례로 정하고, ②, ③, ④는 모두 「위험물안전관리법 시행규칙」으로 정한다.
> 위법에서 조례에 위임하고 있는 기준은 다음과 같다.
> ㉠ 지정수량 미만 위험물의 저장·취급에 관한 기술기준(법 4)
> ㉡ 임시저장·취급기준과 그 위치·구조 및 설비의 기준(승인 규정 포함)(법 5 Ⅱ 후단)
> ㉢ 법 제4조 및 제5조 제2항 후단의 규정에 따른 조례 위반에 대한 200만 원 이하의 과태료(법 39 Ⅵ)

32 위험물을 상시적으로 저장·취급하는 경우에 대한 설명으로 옳지 않은 것은?

① 지정수량 이상 위험물의 저장은 저장소에서만 하여야 한다.

② 지정수량 이상 위험물의 취급은 제조소, 저장소 또는 취급소에서 하여야 한다.

③ 제조소 또는 취급소에는 지정수량 미만의 위험물을 저장할 수 없다.

④ 지정수량 이상 위험물의 저장·취급기준은 중요기준과 세부기준으로 되어 있다.

> **해설** 법 제5조 제1항에서 지정수량 이상의 위험물은 저장소가 아닌 장소에 저장할 수 없도록 하고 있을 뿐이므로, 지정수량 미만의 위험물을 제조소 또는 취급소에서 저장하는데 대한 제한은 없다.

33 지정수량 이상 위험물의 저장·취급기준에 대한 설명으로 적합하지 않은 것은?

① 화재 등 위해의 예방과 응급조치에 있어서 큰 영향을 미치는 기준은 중요기준이다.

② 위반하는 경우 직접적으로 화재를 일으킬 가능성이 큰 기준은 중요기준이다.

③ 위험물의 안전관리에 필요한 표시와 서류·기구 등의 비치에 관한 기준을 포함한다.

④ 저장·취급기준을 위반하는 경우에는 벌칙이 적용된다.

> **해설** 중요기준을 위반하는 경우에만 벌칙이 적용되고, 세부기준을 위반하는 경우에는 과태료가 부과된다.

34 지정수량 이상 위험물의 임시저장·취급기준에 대한 설명으로 옳은 것은?

① 군부대는 군사목적을 위해서만 임시저장·취급을 할 수 있다.

② 공사장의 경우에는 공사가 끝나는 날까지 저장·취급할 수 있다.

③ 임시저장·취급기간은 원칙적으로 180일 이내에서 할 수 있다.

④ 임시저장·취급에 관한 기준은 시·도별로 다르게 정할 수 있다.

> **해설** 지정수량 이상의 위험물을 임시로 저장·취급하는 경우에는 소방서장의 승인을 받아야 한다. 다만, 군부대가 군사목적으로 위험물을 임시로 저장·취급하는 경우에는 승인을 요하지 않으며, 저장·취급기간에 대한 명시적인 제한이 없다.
> ① 명문의 규정은 없으나 군사목적이 아닌 경우에는 군부대도 소방서장의 승인을 받아 임시저장·취급을 할 수 있다.
> ② 공사장에 대한 예외규정은 위법에서 삭제되었다.
> ③ 임시저장·취급기간은 원칙적으로 90일 이내이다.
> ④ 임시저장·취급에 관한 기준은 조례로 정하므로 시·도마다 다를 수 있다.

35 **위험물제조소등의 허가는 누가 하도록 되어 있는가?**

① 소방서장
② 소방본부장
③ 시·도지사 또는 소방서장
④ 소방본부장 또는 소방서장

해설 법률상 위험물제조소등의 허가청은 시·도지사이지만, 법 제30조 및 영 제21조의 규정에 의하여 허가청은 결국 시·도지사와 소방서장이 된다.
시·도지사가 허가청이 되는 제조소등은 2 이상 소방서장의 관할구역에 걸쳐 설치되는 이송취급소가 유일하고, 나머지 제조소등에 대한 허가청은 모두 소방서장이다.

36 **다음 중 위험물제조소등의 변경허가를 받아야 하는 경우는?**

① 계량장치 또는 안전장치의 변경
② 소화설비의 종류를 변경하는 경우
③ 환기·배출설비의 교체 또는 정비
④ 전동기구 또는 펌프설비의 교체

해설 소화기구의 종류 변경은 허가사항이 아니지만 다른 소화설비로의 종류 변경은 허가사항이다.
53번 문제의 해설 참조

37 **위험물제조소등의 설치허가와 완공검사 등에 대한 설명으로 적절하지 않은 것은?**

① 설치허가청은 시·도지사 또는 소방서장이다.
② 제조소등이 시설기준에 적합할 때는 허가증을 교부하여야 한다.
③ 제조소등의 일부를 대상으로 하는 부분완공검사도 가능하다.
④ 위험물탱크안전성능검사는 소방서장 또는 한국소방산업기술원이 실시한다.

해설 ① 시·도지사는 일부 이송취급소에 대한 설치허가청이고, 나머지에 대하여는 소방서장이 설치허가청이 되므로 맞는 설명이다.
② 완공검사결과 적합하다고 인정될 때에는 허가증이 아니라 완공검사필증을 교부하게 된다. 그리고 허가요건에는 다음의 세 가지가 있다.
㉠ 제조소등이 시설기준에 적합할 것
㉡ 공공의 안전유지 또는 재해방지에 지장이 없다고 인정될 것
㉢ 한국소방산업기술원의 기술검토결과 적합하다고 인정될 것(일부 시설에만 적용)
④ 위법에서는 탱크안전성능검사와 탱크안전성능시험을 구분하고 있으며 탱크안전성능시험자는 탱크안전성능검사 기관에 해당하지 않는다.

35 ③ 36 ② 37 ② **정답**

38 100만L 이상 옥외탱크저장소에 대한 탱크안전성능검사 방법으로 옳은 것은?

① 기초·지반검사와 충수검사

② 기초·지반검사와 수압검사

③ 충수·수압검사와 용접부검사

④ 기초·지반검사, 용접부검사 및 충수·수압검사

> 해설　100만L 이상의 옥외탱크저장소에는 기초·지반검사, 용접부검사 및 충수·수압검사를 병행한다.

39 위험물탱크안전성능검사에 대한 설명으로 맞는 것은?

① 위험물탱크를 변경하는 때에도 탱크안전성능검사를 받아야 한다.

② 시·도지사와 소방서장은 탱크안전성능검사기관이다.

③ 암반탱크 및 지중탱크는 한국소방산업기술원으로부터 탱크안전성능검사를 받아야 한다.

④ 위험물을 취급하는 탱크는 탱크안전성능검사를 받지 않아도 된다.

> 해설
> ① 원칙적으로 맞는 설명이다.
> ② 탱크안전성능검사기관에는 소방서장과 한국소방산업기술원이 있고, 시·도지사는 탱크안전성능검사기관이 아니다(이송취급소에는 위험물탱크가 있을 수 없다).
> ③ 지중탱크는 옥외저장탱크의 일종으로서 100만L 이상의 액체위험물탱크에 해당할 경우에만 한국소방산업기술원으로부터 탱크안전성능검사를 받게 된다. 한국소방산업기술원이 성능검사를 하여야 하는 액체위험물탱크는 다음의 세 종류이다.
> ㉠ 100만L 이상의 탱크
> ㉡ 암반탱크
> ㉢ 이중벽탱크
> ④ 액체위험물 취급탱크도 지정수량 이상의 것은 탱크안전성능검사의 대상이다.

40 위험물제조소등의 위험물의 품명을 변경하는 경우에 제출하여야 할 첨부서류는?

① 제조소등의 구조설비명세표

② 품명을 변경하는 사유서

③ 제조소등의 설치허가증

④ 제조소등의 완공검사필증

> 해설　제조소등의 품명, 수량 또는 지정수량 배수의 변경신고서에는 완공검사필증을 첨부한다. 위법상 제조소등의 설치허가증은 따로 있지 않으므로 완공검사필증을 교부하도록 하고 있다.

41 제조소등의 완공검사신청서는 누구에게 제출해야 하는가?

① 시·도지사

② 소방서장

③ 한국소방산업기술원

④ 시·도지사·소방서장 또는 한국소방산업기술원

> **해설** 위험물시설에 따라 완공검사기관(시·도지사·소방서장 또는 한국소방산업기술원)에 직접 제출한다. 완공검사기관별 검사대상은 다음과 같다.
> ㉠ 시·도지사 : 이송취급소가 2 이상 소방서장의 관할에 걸쳐 있는 경우(유일함)
> ㉡ 검정공사 : 지정수량의 3,000배 이상의 위험물을 취급하는 제조소 또는 일반취급소
> ㉢ 소방서장 : 그 밖의 제조소등

42 완공검사를 한국소방산업기술원에 신청하여야 하는 제조소등은?

① 지정수량 3천 배 이상의 위험물을 취급하는 제조소 또는 일반취급소

② 10만L 이상의 위험물을 저장하는 옥외탱크저장소 및 암반탱크저장소

③ 지정수량 3천 배 이상의 위험물을 취급하는 제조소·이송취급소 및 일반취급소

④ 지정수량 3천 배 이상의 제조소·옥외탱크저장소·암반탱크저장소 및 일반취급소

> **해설** 지정수량 3천 배 이상의 위험물을 취급하는 제조소·일반취급소, 50만L 이상의 옥외탱크저장소 또는 암반탱크저장소에 대한 완공검사는 전문성 확보를 위하여 한국소방산업기술원에 위탁하고 있다.

43 완공검사를 실시한 한국소방산업기술원은 검사결과 등을 기재한 완공검사업무대장을 얼마 이상의 기간 동안 보관하여야 하는가?

① 1년

② 3년

③ 5년

④ 10년

> **해설** 기술원은 검사대상명·접수일시·검사일·검사번호·검사자·검사결과 및 검사결과서 발송일 등을 기재한 완공검사업무대장을 작성하여 10년간 보관하여야 한다.

44 위험물제조소등의 용도폐지신고와 관련한 설명 중 적절하지 않은 것은?

① 폐지 후 14일 이내에 신고하여야 한다.

② 완공검사필증을 첨부한 용도폐지신고서를 제출하는 방법으로 신고한다.

③ 소방서장 등은 용도폐지에 필요한 안전조치가 되었는지를 확인하여야 한다.

④ 전자문서로 된 용도폐지신고서를 제출하는 경우에는 완공검사필증을 첨부하거나 제출하지 않아도 된다.

> **해설** 용도폐지신고를 하고자 하는 자는 신고서(전자문서로 된 신고서를 포함)에 제조소등의 완공검사필증을 첨부하여 시·도지사 또는 소방서장에게 제출하도록 하고 있으므로, 전자문서로 된 신고서를 제출하는 경우에도 완공검사필증을 제출하여야 하는 것으로 해석된다. 그리고 신고서를 접수한 시·도지사 또는 소방서장은 용도폐지에 필요한 안전조치가 되었다고 인정하는 경우에는 신고서의 사본에 수리 사실을 표시하여 통보하여야 한다.

45 한국소방산업기술원으로부터 탱크안전성능검사를 받아야 하는 액체위험물탱크가 아닌 것은?

① 이중벽탱크

② 암반탱크

③ 50만L 용량의 옥외저장탱크

④ 100만L 용량의 지하저장탱크

> **해설** 소방산업기술원이 탱크안전성능검사를 하는 액체위험물탱크는 ㉠ 용량 100만L 이상의 액체위험물저장탱크, ㉡ 암반탱크 및 ㉢ 이중벽탱크이다. 한편, 위험물취급탱크는 용량이 100만L 이상이더라도 소방산업기술원의 검사대상이 아님을 유의해야 한다.

46 위험물탱크안전성능검사의 종류별 검사의 신청시기가 옳지 않은 것은?

① 기초·지반검사 : 위험물탱크의 기초 및 지반에 관한 공사의 개시 전

② 충수·수압검사 : 위험물탱크에 배관 그 밖의 부속설비를 부착하기 전

③ 용접부검사 : 탱크본체에 배관 그 밖의 부속설비를 부착하기 전

④ 암반탱크검사 : 암반탱크의 본체에 관한 공사의 개시 전

> **해설** 용접부검사는 탱크본체에 관한 공사를 개시하기 전에 신청하여야 한다. 용접작업공정의 특성 때문에 용접부검사는 탱크건설(용접작업) 과정에서 실시하게 된다.

정답 44 ④ 45 ③ 46 ③

47 위험물제조소등의 지위승계에 관한 설명 중 적절하지 않은 것은?

① 양도·상속·합병도 승계 사유가 된다.

② 경매나 환가에 의해서도 지위승계가 가능하다.

③ 압류재산의 매각이나 이에 준하는 절차에 의해서도 승계가 가능하다.

④ 지위승계의 사유가 있는 날로부터 14일 이내에 승계신고를 하여야 한다.

해설 승계신고는 30일 이내에 하여야 한다.

보충 **위험물의 저장·취급과 관련한 각종 신청 등**

종류 \ 내용	절 차	근거	비 고
임시저장·취급	소방서장의 승인(군용은 제외)	法 5	저장·취급 전
제조소등의 설치 또는 변경	시·도지사(소방서장)의 허가(군용위험물시설은 협의)	法 6	공사착공 전
위험물의 품명, 수량 또는 지정수량의 변경	시·도지사(소방서장)에게 신고	法 6	위치, 구조, 설비의 변경을 수반하지 않는 경우에 한하여 변경 1일 전
탱크안전성능검사	소방서장 또는 공사의 검사	法 8	완공검사 전의 소정의 시기
완공검사	시·도지사(소방서장 등)의 검사	法 9	사용개시 전의 소정의 시기
제조소등의 승계	시·도지사(소방서장)에게 신고	法 10	양도·인도를 받은 자가 30일 이내
제조소등의 폐지	시·도지사(소방서장)에게 신고	法 11	폐지 후 14일 이내
안전관리자 선임	소방본부장 또는 소방서장에게 신고	法 15	선임 후 14일 이내
탱크시험자 등록	시·도지사에게 등록	法 16	등록사항 변경 후 30일 이내 변경신고
예방규정 제출	시·도지사(소방서장)에게 제출	法 17	사용개시 전
안전관리대행기관 지정	소방청장이 지정	規 57	지정사항 변경 후 14일 이내 변경신고 휴·폐업, 재개업은 14일 전에 신고

48 위험물제조소등을 용도폐지한 경우 몇 일 이내에 신고하여야 하는가?

① 7일   ② 10일

③ 14일   ④ 20일

해설 제조소등의 용도폐지 신고는 용도폐지한 날부터 14일 이내에 신고하여야 한다.

49 위험물저장소를 승계한 사람은 몇 일 이내에 승계신고를 하여야 하는가?

① 7일   ② 15일

③ 30일   ④ 60일

50 위험물제조소등의 허가취소 또는 사용정지의 사유에 해당되지 않는 것은?

① 위험물안전관리자를 선임하지 아니한 때

② 위험물안전관리자가 직무를 태만히 한 때

③ 완공검사를 받지 아니하고 제조소등을 사용한 때

④ 변경허가를 받지 않고 제조소등의 위치·구조 또는 설비를 변경한 때

> **해설** 허가취소 또는 사용정지의 사유는 ①, ③, ④와 다음과 같다.
> ㉠ 수리개조 또는 이전의 명령을 위반한 때
> ㉡ 위험물안전관리자의 대리자를 지정하지 아니한 때
> ㉢ 정기점검을 하지 아니한 때
> ㉣ 정기검사를 받지 아니한 때
> ㉤ 저장·취급기준 준수명령을 위반한 때

51 14일 이내에 소방서장 등에게 신고하여야 하는 사항은?

① 제조소등의 용도폐지   ② 위험물의 임시저장·취급

③ 위험물의 품명변경신고   ④ 제조소등의 지위승계신고

> **해설** 제조소등의 용도폐지신고는 14일 이내에 하여야 한다.

52 위험물제조소등의 설치허가를 반드시 받아야 하는 경우는?

① 지정수량 이상의 위험물을 90일간 야적하는 경우

② 주택의 난방시설에 공급하기 위한 2만L 용량의 등유용 지하탱크저장소를 설치하는 경우

③ 원예용 비닐하우스의 난방시설에 공급하기 위한 2만L 용량의 경유용 옥외탱크저장소를 설치하는 경우

④ 양계장의 난방을 위하여 지정수량 이상의 경유를 취급하는 보일러시설을 설치하는 경우

> **해설** ① 임시저장·취급은 최장 90일까지 가능하다.
> ④ 축산용 난방시설이지만 취급소에 해당하므로 허가 제외 대상에 해당하지 않는다. 지정수량 이상의 위험물을 상시적으로 저장 또는 취급하기 위한 제조소등은 허가를 받아야 하지만, 예외적으로 다음의 제조소등은 허가대상에서 제외된다.
> ㉠ 주택의 난방시설(공동주택의 중앙난방시설을 제외한다)을 위한 저장소 또는 취급소
> ㉡ 농예용·축산용 또는 수산용의 난방시설 또는 건조시설을 위한 지정수량 20배 이하의 저장소

53 다음 중 주유취급소의 변경허가 대상에 해당하지 않는 것은?

① 지하 위험물탱크에 직경이 200mm인 맨홀을 신설하는 경우
② 수소충전설비를 설치한 주유취급소에서 인화성 액체를 원료로 하여 수소를 제조하기 위한 개질장치(改質裝置)를 신설하는 경우
③ 위험물 지하배관 35m를 철거하는 경우
④ 셀프용이 아닌 고정주유설비를 셀프용 고정주유설비로 변경하는 경우

해설 주유취급소의 변경허가 대상은 다음과 같다.
① 지하에 매설하는 탱크의 변경 중 다음의 어느 하나에 해당하는 경우
  ㉠ 탱크의 위치를 이전하는 경우
  ㉡ 탱크전용실을 보수하는 경우
  ㉢ 탱크를 신설·교체 또는 철거하는 경우
  ㉣ 탱크를 보수(탱크본체를 절개하는 경우에 한한다)하는 경우
  ㉤ 탱크의 노즐 또는 맨홀을 신설하는 경우(노즐 또는 맨홀의 직경이 250mm를 초과하는 경우에 한함)
  ㉥ 특수누설방지구조를 보수하는 경우
② 옥내에 설치하는 탱크의 변경 중 다음의 어느 하나에 해당하는 경우
  ㉠ 탱크의 위치를 이전하는 경우
  ㉡ 탱크를 신설·교체 또는 철거하는 경우
  ㉢ 탱크를 보수(탱크본체를 절개하는 경우에 한한다)하는 경우
  ㉣ 탱크의 노즐 또는 맨홀을 신설하는 경우(노즐 또는 맨홀의 직경이 250mm를 초과하는 경우에 한함)
③ 고정주유설비 또는 고정급유설비를 신설 또는 철거하는 경우
④ 고정주유설비 또는 고정급유설비의 위치를 이전하는 경우
⑤ 건축물의 벽·기둥·바닥·보 또는 지붕을 증설 또는 철거하는 경우
⑥ 담 또는 캐노피를 신설 또는 철거(유리를 부착하기 위하여 담의 일부를 철거하는 경우 포함)하는 경우
⑦ 주입구의 위치를 이전하거나 신설하는 경우
⑧ 별표 13 Ⅴ 제1호 각 목에 따른 시설과 관계된 공작물(바닥면적이 4m² 이상인 것에 한함)을 신설 또는 증축하는 경우
⑨ 별표 13 ⅩⅥ에 따른 개질장치(改質裝置), 압축기(壓縮機), 충전설비, 축압기(蓄壓器) 또는 수입설비(受入設備)를 신설하는 경우
⑩ 자동화재탐지설비를 신설 또는 철거하는 경우
⑪ 셀프용이 아닌 고정주유설비를 셀프용 고정주유설비로 변경하는 경우
⑫ 주유취급소 부지의 면적 또는 위치를 변경하는 경우
⑬ 300m(지상에 설치하지 않는 배관의 경우에는 30m)를 초과하는 위험물의 배관을 신설·교체·철거 또는 보수(배관을 자르는 경우만 해당함)하는 경우
⑭ 탱크의 내부에 탱크를 추가로 설치하거나 철판 등을 이용하여 탱크 내부를 구획하는 경우

54 위험물제조소등의 허가요건 중 기술검토에 대한 설명으로 옳지 않은 것은?

① 기술검토기관은 한국소방산업기술원으로 유일하다.

② 옥외탱크저장소 또는 암반탱크저장소 중 용량이 50만L 이상인 것을 대상으로 한다.

③ 옥외탱크저장소는 탱크의 기초·지반, 탱크본체 및 소화설비에 관한 사항만을 검토한다.

④ 기술검토는 제조소등의 허가신청을 하기 전에 미리 받을 수도 있다.

> **해설** 암반탱크저장소는 용량에 관계없이 전체가 기술검토의 대상시설이다.

55 군용위험물시설의 설치 또는 변경에 관한 협의제도에 대한 설명으로 옳지 않은 것은?

① 군용위험물시설이란 군사 목적 또는 군부대시설을 위한 제조소등을 말한다.

② 군용위험물시설을 설치 또는 변경하고자 하는 군부대장은 미리 허가청과 협의하여야 하고 협의를 한 경우에는 당해 위험물시설에 대한 허가를 받은 것으로 본다.

③ 협의를 한 군부대장은 당해 제조소등에 대한 탱크안전성능검사와 완공검사를 자체적으로 실시할 수 있고, 그 검사결과를 허가청에 통보하여야 한다.

④ 군용위험물시설의 설치 또는 변경에 관한 협의를 하는 군부대장이 제조소등의 공사에 관한 설계도서의 제출을 생략하면 허가청은 설계도서와 관계서류의 보완요청을 할 수 없다.

> **해설** 군부대장은 국가안보상 중요하거나 국가기밀에 속하는 제조소등의 공사에 관한 설계도서의 제출을 생략할 수 있으나 허가청은 군부대장이 정당한 이유 없이 설계도서의 제출을 생략한 경우에는 설계도서와 관계서류의 보완요청을 할 수 있고, 보완요청을 받은 군부대의 장은 특별한 사유가 없는 한 이에 응하여야 한다.

56 군용위험물시설의 설치 또는 변경에 관한 협의를 한 군부대장이 탱크안전성능검사와 완공검사를 자체적으로 실시한 후에 지체없이 허가청에 통보하여야 하는 사항이 아닌 것은?

① 제조소등의 착공일 및 완공일

② 탱크안전성능검사의 결과

③ 완공검사의 결과

④ 안전관리자 선임계획

> **해설** ① 제조소등의 완공일 및 사용개시일이 맞다. 그 밖에 예방규정도 통보사항에 포함된다.

57 위험물의 품명·수량 또는 지정수량 배수의 변경신고에 대한 설명으로 옳지 않은 것은?

① 신고로 위험물의 품명·수량 또는 지정수량의 배수를 변경하는 경우에는 제조소등의 위치·구조 또는 설비의 변경이 없어야 한다.

② 위험물의 품명·수량 또는 지정수량의 배수를 모두 변경할 때에도 신고로 가능하다.

③ 변경신고는 변경한 날로부터 1일 이내에 완공검사필증을 첨부하여 신고하여야 한다.

④ 허가를 받은 제조소등은 물론 협의를 한 군용위험물시설의 경우에도 적용된다.

> 해설 변경하고자 하는 날의 1일 전까지 허가청에 신고하여야 한다.

58 탱크안전성능검사에 관한 설명으로 옳은 것은?

① 검사자로는 소방서장, 한국소방산업기술원 또는 탱크안전성능시험자가 있다.

② 한국소방산업기술원은 엔지니어링 사업자, 탱크안전성능시험자 등이 실시하는 시험의 과정 및 결과를 확인하는 방법으로도 검사를 할 수 있다.

③ 이중벽탱크에 대한 수압검사는 탱크의 제작지를 관할하는 소방서장도 할 수 있다.

④ 탱크의 종류에 따라 기초·지반검사, 충수·수압검사, 용접부검사 또는 암반탱크검사 중에서 어느 하나의 검사를 실시한다.

> 해설 ① 탱크시험자는 검사자에 해당하지 않는다.
> ② 특히, 기초·지반검사, 이중벽탱크에 대한 수압검사, 용접부검사 및 암반탱크검사에 있어서 탱크시험자 등이 실시하는 시험을 확인하는 방법으로 할 수 있음을 명시하고 있다.
> ③ 충수검사 또는 수압검사는 위험물탱크의 제작지를 관할하는 소방서장도 할 수 있으나, 이중벽탱크는 한국소방산업기술원으로부터 검사를 받아야 하는 탱크이다.
> ④ 탱크안전성능검사 중 기초·지반검사와 용접부검사는 완전한 검사가 아니며, 충수·수압검사도 다른 검사와 병행되는 경우가 있다.

59 위험물제조소등을 사용하기 위한 조치에 관한 설명으로 옳지 않은 것은?

① 제조소등의 설치 또는 변경을 마친 때에도 완공검사를 받아 합격하지 않으면 사용할 수 없는 것이 원칙이다.

② 변경허가의 신청 시에 화재예방에 관한 조치사항을 기재한 서류를 제출하면 완공검사 전에도 변경공사에 관계된 부분을 미리 사용할 수 있으며, 이를 "가사용"이라 한다.

③ 제조소등의 일부에 대한 설치 또는 변경을 마친 후 그 일부를 미리 사용하고자 하는 경우에는 그 일부에 대하여 완공검사를 받을 수 있다.

④ ②의 가사용과 ③의 부분완공검사는 모두 제조소등의 일부분을 사용하는 점에 공통점이 있다.

> 해설 "가사용"은 전체 시설이나 변경공사에 관계된 부분을 사용하는 것이 아니라 변경공사에 관계된 부분 외의 부분으로서 안전상 지장이 없는 부분을 사용하는 것을 말한다.

57 ③ 58 ② 59 ② 정답

60 **제조소등의 완공검사에 대한 설명으로 옳지 않은 것은?**

① 완공검사는 시·도지사, 소방서장 또는 한국소방산업기술원이 실시한다.

② 지정수량 3,000배 이상의 제조소 또는 일반취급소에 대한 완공검사는 한국소방산업기술원이 소방서장의 의뢰를 받아 실시한다.

③ 전체 공사를 완료하기 전에 완공검사를 신청하여야 하는 제조소등도 있다.

④ 탱크안전성능검사에 관련된 기술기준에 적합한지에 대하여는 검사하지 않는다.

> **해설** 지정수량 3,000배 이상의 제조소 또는 일반취급소에 대한 완공검사는 한국소방산업기술원이 직접 신청을 받아 실시한다. 「소방법」상의 완공검사 의뢰제도는 폐지되었다.

61 **완공검사의 신청시기로서 옳은 것은?**

① 지하탱크가 있는 제조소등은 당해 지하탱크를 제작한 후에 신청한다.

② 이동탱크저장소는 이동저장탱크를 완공한 후에 신청한다.

③ 전체 공사의 완료 후에 시험을 실시하기 곤란한 설비 또는 배관이 있는 경우에는 당해 설비 등에 대한 기밀시험 등을 실시하는 시기에 신청한다.

④ 이송취급소는 전체의 이송배관 공사를 완료한 후에 신청한다.

> **해설** **완공검사의 신청시기**
>
> | ㉠ 지하탱크가 있는 제조소등 | 당해 지하탱크를 매설하기 전 |
> |---|---|
> | ㉡ 이동탱크저장소 | 이동저장탱크를 완공하고 상치장소를 확보한 후 |
> | ㉢ 이송취급소 | 이송배관 공사의 전체 또는 일부를 완료한 후
다만, 지하·하천 등에 매설하는 이송배관의 공사의 경우에는 이송배관을 매설하기 전 |
> | ㉣ 전체 공사의 완료 후에는 완공검사를 실시하기 곤란한 경우 | 다음에 정하는 시기
• 위험물설비 또는 배관의 설치가 완료되어 기밀시험 또는 내압시험을 실시하는 시기
• 배관을 지하에 설치하는 경우는 시·도지사, 소방서장 또는 공사가 지정하는 부분을 매몰하기 직전
• 공사가 지정하는 부분의 비파괴시험을 실시하는 시기 |
> | ㉤ ㉠ 내지 ㉣에 해당하지 않는 제조소등 | 제조소등의 공사를 완료한 후 |

62 완공검사를 신청할 때에 첨부하여야 하는 서류에 관한 설명으로 옳지 않은 것은?

① 첨부서류는 완공검사를 신청할 때에 반드시 제출하여야 한다.

② 내압시험, 비파괴시험 등을 하여야 하는 배관이 있는 경우에는 내압시험 등에 합격하였음을 증명하는 서류를 첨부하여야 한다.

③ 완공검사를 실시할 소방서장이 탱크안전성능검사를 실시한 경우에는 당해 검사의 탱크검사필증을 제출하지 않아도 된다.

④ 이중벽탱크가 있는 제조소등의 경우에는 이중벽탱크의 재료성능을 증명하는 서류를 첨부하여야 한다.

> **해설** 첨부서류는 완공검사를 실시할 때까지, 즉 검사 현장에서 제출하여도 된다. 시·도지사, 소방서장 또는 한국소방산업기술원에 완공검사를 신청할 때 첨부하여야 하는 서류는 다음과 같다.
> ⓐ 배관에 관한 내압시험, 비파괴시험 등에 합격하였음을 증명하는 서류(내압시험 등을 하여야 하는 배관이 있는 경우에 한함)
> ⓑ 소방서장, 공사 또는 탱크시험자가 교부한 탱크검사필증 또는 탱크시험필증(해당 위험물탱크의 설치장소를 관할하는 소방서장이 탱크안전성능검사를 실시한 경우를 제외함)
> ⓒ 재료의 성능을 증명하는 서류(이중벽탱크에 한함)

63 제조소등의 완공검사와 완공검사필증에 대한 설명으로 옳지 않은 것은?

① 소방서장 등은 완공검사 신청일로부터 5일 이내에 검사결과를 통보하여야 한다.

② 완공검사 결과 기술기준에 적합하면 완공검사필증을 교부한다.

③ 완공검사를 실시한 한국소방산업기술원은 완공검사결과서를 소방서장에게 송부하여야 하고, 소방서장은 그 결과가 기술기준에 적합하면 완공검사필증을 교부한다.

④ 완공검사필증을 분실하여 재교부를 받은 제조소등의 관계인이 분실한 완공검사필증을 발견한 경우에는 10일 이내에 이를 허가청에 제출하여야 한다.

> **해설** 한국소방산업기술원도 완공검사 실시 후 직접 완공검사필증을 교부한다. 그리고 완공검사결과서에 설계도면을 첨부하여 소방서장에게 송부하고, 검사대상명·접수일시·검사일·검사번호·검사자·검사결과 및 검사결과서발송일 등을 기재한 완공검사업무대장을 작성하여 10년간 보관하여야 한다.

64 제조소등 안전관리대행기관 및 탱크시험자에 대한 행정처분의 일반기준으로 옳지 않은 것은?

① 사용정지 또는 업무정지의 처분기간 중에 사용정지 또는 업무정지에 해당하는 새로운 위반행위가 있는 때에는 종전의 처분기간 만료일의 다음 날부터 새로운 위반행위에 따른 사용정지 또는 업무정지의 행정처분을 한다.

② 차수에 따른 행정처분기준은 최근 1년간 같은 위반행위로 행정처분을 받은 경우에 적용한다.

③ 사용정지 또는 업무정지의 처분기간이 완료될 때까지 위반행위가 계속되는 경우에는 사용정지 또는 업무정지의 행정처분을 다시 한다.

④ 위반행위의 동기·내용·횟수 또는 그 결과 등을 고려할 때 사용정지 또는 업무정지의 기간을 감경하는 것이 합리적이라고 인정되는 경우에는 그 처분기준의 1/2 기간까지 경감하여 처분할 수 있다.

해설 ② 차수에 따른 행정처분기준은 최근 2년간 같은 위반행위로 행정처분을 받은 경우에 적용한다. 이 경우 기준 적용일은 최근의 위반행위에 대한 행정처분일과 그 처분 후에 같은 위반행위를 한 날을 기준으로 한다.
나머지 일반기준은 "위반행위가 2 이상인 때에는 그 중 중한 처분기준(중한 처분기준이 동일한 때에는 그 중 하나의 처분기준을 말한다. 이하 이 호에서 같다)에 의하되, 2 이상의 처분기준이 동일한 사용정지이거나 업무정지인 경우에는 중한 처분의 1/2까지 가중처분할 수 있다."이다.

65 「위험물안전관리법」상의 과징금제도에 대한 설명으로 옳지 않은 것은?

① 제조소등의 사용정지 또는 탱크시험자의 업무정지 처분에 대신하여 부과한다.

② 과징금은 2억 원 이하에서 부과할 수 있다.

③ 과징금의 징수절차에 관하여는 「국고금관리법 시행규칙」을 준용한다.

④ 과징금을 납부기한까지 납부하지 아니한 때에는 지방세체납처분의 예에 따라 징수한다.

해설 제조소등에 대한 사용의 정지가 그 이용자에게 심한 불편을 주거나 그 밖에 공익을 해칠 우려가 있는 때에 한하여 사용정지처분에 갈음하여 2억 원 이하의 과징금을 부과할 수 있다.

66 위험물안전관리자의 선임 등에 대한 설명으로 적절하지 않은 것은?

① 원칙적으로 「국가기술자격법」에 의한 자격취득자를 선임하여야 한다.

② 안전관리자를 해임한 때에는 30일 이내에 다시 선임하여야 한다.

③ 일정한 대상에 대하여는 강습수료자를 안전관리자로 선임할 수 있다.

④ 위험물안전관리자를 선임한 때는 7일 이내에 신고하여야 한다.

해설 안전관리자를 선임한 때에는 14일 이내에 신고하여야 한다.

정답 64 ② 65 ① 66 ④

67 위험물안전관리자를 국가기술자격자로만 선임하여야 하는 대상은?

① 판매취급소

② 제1류 위험물을 취급하는 제조소

③ 보일러에 공급하기 위한 위험물을 저장하는 저장소

④ 제4류 위험물을 저장하는 지정수량 5배의 옥외탱크저장소

해설 안전관리자를 국가기술자격자가 아닌 사람(교육이수자 또는 소방공무원경력자)으로 선임할 수 있는 제조소는 제4류 위험물만을 취급하는 지정수량 5배 이하의 것에 한한다.

68 안전관리자교육이수자를 위험물안전관리자로 선임할 수 있는 대상이 아닌 것은?

① 주유취급소

② 지정수량의 10배의 위험물을 취급하는 제조소

③ 4류 위험물 중 제1석유류를 판매하는 판매취급소

④ 버너로 지정수량의 50배의 제2석유류를 소비하는 일반취급소

해설 시행령 별표 6 참조

69 안전관리자가 질병·출장 기타 사유로 인하여 그 직무를 수행할 수 없는 경우의 직무대행에 대한 설명으로 적절하지 않은 것은?

① 그 기간은 2주 범위 이내이다.

②「국가기술자격법」에 의한 위험물의 취급에 관한 자격취득자도 대리자가 될 수 있다.

③ 위험물안전에 관한 교육을 받으면 대리자가 될 수 있다.

④ 안전관리자를 지휘·감독하는 직위에 있는 자도 대리자가 될 수 있다.

해설 대리할 수 있는 기간은 30일 범위 내이다. 따라서 그 기간보다 더 길 때는 새로운 안전관리자를 선임하여야 하는 것으로 해석된다.

보충 ① 대리자를 지정하여야 하는 경우
　　ㄱ 안전관리자가 여행·질병 등의 사유로 일시적으로 직무를 수행할 수 없는 경우
　　ㄴ 안전관리자의 해임 또는 퇴직과 동시에 다른 안전관리자를 선임하지 못하는 경우
② 대리자의 자격(規 54)
　　ㄱ「국가기술자격법」에 의한 위험물의 취급에 관한 자격취득자
　　ㄴ 위험물안전에 관한 기본지식과 경험이 있는 자로서 다음의 1에 해당하는 자
　　　• 법 제28조 제1항의 규정에 의한 안전교육을 받은 자로서 제조소등에서 위험물안전관리에 관한 업무에 1년 이상 종사한 경력이 있는 자
　　　• 제조소등에서 위험물안전관리에 관한 업무에 1년 이상 종사한 경력이 있는 자로서 법 제28조 제1항의 규정에 의한 안전교육을 받은 자
　　　• 제조소등의 위험물안전관리 업무에 있어서 안전관리자를 지휘·감독하는 직위에 있는 자

67 ② 68 ② 69 ① 정답

70 안전관리자를 해임한 후 몇 일 이내에 후임자를 선임하여야 하는가?

① 7일
② 14일
③ 20일
④ 30일

71 탱크안전성능시험자가 반드시 갖추어야 할 장비는?

① 진공누설시험기
② 기밀시험장치
③ 수직측정기
④ 초음파두께측정기

> **해설** 탱크안전시험자의 필수장비는 자기탐상시험기, 초음파두께측정기 및 다음 ㉠ 또는 ㉡ 중 어느 하나이다.
> ㉠ 영상초음파탐상기
> ㉡ 방사선투과시험기 및 초음파탐상시험기

72 예방규정을 정하여야 할 제조소등은?

① 지정수량 10배 이상의 제조소
② 지정수량 100배 이상의 옥내저장소
③ 지정수량 150배 이상의 옥외탱크저장소
④ 지정수량 50배 이상의 옥외저장소

> **해설** **예방규정을 정하여야 할 제조소등**
> ㉠ 지정수량 10배 이상의 제조소
> ㉡ 지정수량 150배 이상의 옥내저장소
> ㉢ 지정수량 200배 이상의 옥외탱크저장소
> ㉣ 지정수량 100배 이상의 옥외저장소
> ㉤ 암반탱크저장소
> ㉥ 이송취급소
> ㉦ 지정수량 10배 이상의 일반취급소. 다만, 제4류 위험물(특수인화물을 제외한다)만을 지정수량의 50배 이하로 취급하는 일반취급소(제1석유류 및 알코올류의 취급량이 지정수량의 10배 이하인 경우에 한한다)로서 다음의 어느 하나에 해당하는 것을 제외한다.
> • 보일러 · 버너 또는 이와 비슷한 것으로서 위험물을 소비하는 장치로 된 일반취급소
> • 위험물을 용기에 옮겨 담거나 이동저장탱크에 주입하는 일반취급소

73 제조소등의 관계자는 예방규정을 정하여 누구에게 제출하여야 하는가?

① 행정안전부장관
② 소방서장
③ 시 · 도지사 또는 소방서장
④ 소방안전원장

> **해설** 2 이상 소방서장의 관할구역에 걸쳐 설치되는 이송취급소에 대한 예방규정은 당해 시설의 허가청인 시 · 도지사에게 제출하고, 나머지 시설에 대한 예방규정은 소방서장에게 제출하게 된다.

74 예방규정을 정하여야 할 제조소등에 해당하는 것은?
① 지정수량의 10배 이상의 위험물을 취급하는 제조소
② 난방을 목적으로 지정수량 50배의 위험물을 취급하는 일반취급소
③ 지정수량 100배의 지하탱크저장소
④ 「광산보안법」에 의한 보안규정을 정하고 있는 제조소등

해설 예방규정을 정하여야 할 제조소등은 시행령 제15조에 정하고 있다.

75 예방규정을 정하여야 하는 위험물제조소의 위험물 취급수량은 지정수량의 몇 배 이상인가?
① 10 ② 20
③ 30 ④ 40

해설 제조소의 경우 지정수량의 10배 이상 취급하면 예방규정을 정해야 한다.

76 위험물제조소등(이동탱크저장소를 제외한다)의 정기점검(구조안전점검을 제외한다)에 있어서 점검자의 자격과 점검횟수가 바르게 나열된 것은?
① 한국소방산업기술원, 연 1회
② 안전관리자 또는 탱크시험자, 연 2회
③ 안전관리자 또는 탱크시험자, 연 1회
④ 한국소방산업기술원 또는 탱크시험자, 연 2회

해설 정기점검 실시자에는 안전관리자, 위험물운송자(이동탱크저장소에 한함) 및 탱크시험자가 있으며, 이 중 탱크시험자는 제조소등의 관계인으로부터 정기점검을 의뢰받아 실시하되 안전관리자의 입회하에 점검을 한다.

77 구조안전점검을 실시하여야 하는 시기에 대한 설명으로 틀린 것은?
① 설치허가에 따른 완공검사필증을 교부받은 날로부터 12년 이내에 실시하여야 한다.
② 최근의 정기검사를 받은 날로부터 원칙적으로 11년 이내에 실시하여야 한다.
③ 한국소방산업기술원에 구조안전점검시기 연장신청을 하여 안전조치의 적정성을 인정받은 경우에는 최근의 정기검사를 받은 날로부터 13년 이내에 실시할 수 있다.
④ 정기검사를 받을 때에 구조안전점검을 같이 실시할 수도 있다.

해설 구조안전점검의 실시시기는 ①, ②, ③과 같다. 그리고 구조안전점검을 실시하는 때에 정기검사를 실시하는 것은 가능하지만 정기검사를 받을 때에 구조안전점검을 실시할 수는 없다. 즉, 정기검사는 정기점검 사항을 확인하는 검사로 이해하는 것이 좋다.

74 ① 75 ① 76 ③ 77 ④ **정답**

78 최초의 구조안전점검은 설치허가에 따른 완공검사필증을 교부받은 날부터 몇 년 이내에 실시하여야 하는가?

① 10

② 11

③ 12

④ 13

 ① 구조안전점검(50만L 이상 옥외탱크저장소에 실시하는 특수한 정기점검)의 실시시기

　　⊙ 제조소등의 설치허가에 따른 완공검사필증을 교부받은 날로부터 12년 이내

　　ⓒ 최근의 정기검사를 받은 날로부터 11년 이내

　　ⓒ 특정옥외저장탱크에 안전조치를 한 후 한국소방산업기술원에 구조안전점검 시기 연장신청을 하여 안전조치의 적정성을 인정받은 경우에는 최근의 정기검사를 받은 날로부터 13년 이내

② 구조안전점검 시기의 연장 : ①의 ⊙ 내지 ⓒ의 기간 내에 구조안전점검을 실시하기가 곤란하거나 옥외저장탱크의 사용을 중단한 경우에는 관할 소방서장에게 구조안전점검의 실시기간 연장신청을 하여, 1년(옥외저장탱크의 사용을 중지한 경우에는 사용중지기간)의 범위 안에서 연장 가능

79 구조안전점검을 실시하여야 하는 제조소등은?

① 50만L 이상의 옥내탱크저장소

② 100만L 이상의 옥외탱크저장소

③ 200만L 이상의 지하탱크저장소

④ 1,000만L 이상의 옥외탱크저장소

해설　정확한 구조안전점검의 대상은 옥외탱크저장소 중 저장 또는 취급하는 액체위험물의 최대수량이 50만L 이상의 것, 즉 특정옥외탱크저장소 및 준특정옥외탱크저장소이다. 2017. 12. 29. 시행령이 개정되어 구조안전점검의 대상이 종전 100만L 이상에서 50만L 이상으로 확대되었다.

80 특정옥외탱크저장소에 대한 정기검사 시 검사하는 사항이 아닌 것은?

① 탱크의 수직도·수평도에 관한 사항

② 탱크의 밑판의 두께에 관한 사항

③ 탱크와 연결된 지상배관 및 지하배관의 누설시험

④ 탱크에 고정설치된 소화설비의 작동 성능에 관한 사항

해설　정기검사 사항은 다음과 같다.

　　⊙ 특정옥외저장탱크의 수직도·수평도에 관한 사항(지중탱크에 대한 것을 제외한다)

　　ⓒ 특정옥외저장탱크의 밑판의 두께에 관한 사항

　　ⓒ 특정옥외저장탱크의 용접부에 관한 사항 및 지하배관의 누설시험

　　② 특정옥외저장탱크의 지붕·옆판·부속설비의 외관

81 특정옥외탱크저장소의 정기검사에 대한 설명으로 적절하지 않은 것은?

① 설치허가에 따른 완공검사필증을 교부받은 날부터 12년 또는 최근의 정기검사를 받은 날부터 11년이 되는 날의 이내에 받는 것이 원칙이다.

② 정기검사는 구조안전점검을 실시하는 때에 함께 받을 수도 있다.

③ 구조안전점검 시에 정기검사 사항을 점검한 후에 정기검사를 신청하는 경우 그 사항에 대한 정기검사는 전체의 검사범위 중 임의의 부위를 발췌하여 검사하는 방법으로 실시한다.

④ 변경허가에 따른 탱크안전성능검사 시에 정기검사를 같이 실시하는 경우에는 검사범위가 중복되더라도 당해 검사범위에 대한 각각의 검사를 받아야 한다.

> **해설** 특정옥외탱크저장소의 변경허가에 따른 탱크안전성능검사의 기회에 정기검사를 같이 실시하는 경우에 있어서 검사범위가 중복되는 때에는 당해 검사범위에 대한 어느 하나의 검사를 생략한다.

82 자체소방대를 설치하여야 하는 대상의 기준으로 옳은 것은?

① 지정수량의 3천 배 이상의 위험물을 취급하는 제조소 또는 일반취급소

② 지정수량의 3천 배 이상의 제4류 위험물을 취급하는 제조소 또는 일반취급소

③ 지정수량의 3천 배 이상의 제4류 위험물을 취급하는 제조소 또는 일반취급소가 있는 사업소

④ 제조소 또는 일반취급소에서 취급하는 제4류 위험물의 최대수량의 합이 지정수량의 3천 배 이상인 사업소

> **해설** 자체소방대는 제조소 또는 일반취급소가 있는 위험물사업소를 대상으로 하는 유일한 규제이다. 즉, 자체소방대는 해당 제조소등에 두는 것이 아니라 해당 제조소등이 있는 사업소에 두는 것이다.

83 제조소와 일반취급소에서 취급하는 제4류 위험물의 최대수량의 합을 기준으로 하여 자체소방대에 두는 화학소방자동차와 소방대원의 숫자로 틀린 것은?

① 지정수량의 12만 배 미만인 사업소 : 1대, 5인

② 지정수량의 12만 배 이상 24만 배 미만인 사업소 : 2대, 10인

③ 지정수량의 24만 배 이상 48만 배 미만인 사업소 : 3대, 15인

④ 지정수량의 48만 배 이상인 사업소 : 5대, 25인

> **해설** ④의 경우에는 화학소방자동차 4대와 자체소방대원 20인을 두어야 한다.

84 자체소방대를 설치하여야 하는 대상이 아닌 것은?

① 지정수량의 3천 배의 제4류 위험물을 취급하는 제조소

② 지정수량의 3천 배의 제4류 위험물을 취급하는 일반취급소

③ 지정수량의 2천 배의 제4류 위험물을 각각 취급하는 제조소와 일반취급소가 있는 사업소

④ 지정수량의 2천 배의 제4류 위험물을 각각 저장 또는 취급하는 옥외탱크저장소와 일반취급소가 있는 사업소

> **해설** 자체소방대를 설치하여야 하는 대상은 제조소 또는 일반취급소에서 취급하는 제4류 위험물의 최대수량의 합이 지정수량의 3천 배 이상인 사업소이다.

85 자체소방대에 관한 설명으로 틀린 것은?

① 자체소방대의 설치는 위험물사업소를 대상으로 하는 규제이다.

② 자체소방대원은 화학소방자동차 1대당 5명을 두어야 한다.

③ 2개의 사업소가 상호 응원에 관한 협정을 체결하는 경우에는 어느 하나의 사업소에는 화학소방자동차를 두지 않을 수 있다.

④ 포수용액을 방사하는 화학소방자동차의 대수는 전체 화학소방자동차 대수의 2/3 이상으로 하여야 한다.

> **해설** 2 이상의 사업소가 상호 응원에 관한 협정을 체결하는 경우에는 2 이상 사업소를 하나의 사업소로 보고 화학소방차의 대수 및 자체소방대원을 정할 수 있다. 이 경우 상호 응원에 관한 협정을 체결하고 있는 각 사업소의 자체소방대에는 응원협정을 체결하지 않을 경우에 확보하여야 하는 화학소방차 대수의 1/2 이상의 대수와 화학소방차마다 5인 이상의 자체소방대원을 두어야 한다. 따라서, 응원협정을 체결하더라도 화학소방차를 두지 않을 수는 없다.

86 정기점검 대상에 해당하는 제조소와 일반취급소는 취급하는 위험물의 양이 지정수량의 몇 배 이상인가?

① 1배   ② 10배

③ 100배   ④ 2만 배

> **해설** 정기점검의 대상은 다음과 같으며, 제조소와 일반취급소는 예방규정 작성대상과 동일하게 지정수량의 10배 이상이면 정기점검 대상에 해당될 수 있다.
> ㉠ 예방규정을 정하여야 하는 제조소등(영 제15조 각 호의 1에 해당하는 제조소등)
> ㉡ 지하탱크저장소
> ㉢ 이동탱크저장소
> ㉣ 위험물을 취급하는 지하에 매설된 탱크가 있는 제조소·주유취급소 또는 일반취급소

정답   84 ④   85 ③   86 ②

87 취급하는 위험물의 최대수량이 지정수량의 10만 배인 위험물제조소가 있는 사업소에 두어야 하는 화학소방자동차의 대수와 소방대원의 수로 맞는 것은?

① 1대, 5명

② 2대, 10명

③ 3대, 15명

④ 10대, 2명

해설 지정수량의 12만 배 미만의 제조소는 화학소방차 1대와 소방대원 5명을 두어야 한다.

88 위험물시설의 안전을 담당하는 자를 따로 두는 제조소등에 있어서 안전관리자가 그 담당자에게 지시하여야 하는 업무에 해당하지 않는 것은?

① 위험물의 취급에 관한 일지의 작성·기록

② 제조소등의 구조 또는 설비의 이상을 발견한 경우 관계자에 대한 연락 및 응급조치

③ 화재가 발생하거나 화재발생의 위험성이 현저한 경우 소방관서 등에 대한 연락 및 응급조치

④ 제조소등의 위치·구조 및 설비를 기술기준에 적합하도록 유지하기 위한 점검과 점검상황의 기록·보존

해설 위험물시설의 안전을 담당하는 자를 따로 두는 제조소등의 경우 안전관리자는 그 담당자에게 ②, ③, ④의 업무와 다음의 업무를 지시하여야 하고, 그렇지 않은 제조소등의 경우에는 안전관리자가 직접 당해 업무를 하여야 한다.
ⓐ 제조소등의 계측장치·제어장치 및 안전장치 등의 적정한 유지·관리
ⓑ 제조소등의 위치·구조 및 설비에 관한 설계도서 등의 정비·보존 및 제조소등의 구조 및 설비의 안전에 관한 사무의 관리

89 예방규정의 작성 등에 관한 설명으로 적절하지 않은 것은?

① 예방규정은 「산업안전보건법」에 의한 안전보건관리규정과 통합하여 작성할 수 있다.

② 제조소등의 관계인과 종업원은 예방규정을 준수하여야 할 의무가 있다.

③ 예방규정을 작성만 하고 소방서장 등에게 제출하지 않는다면 법적으로 예방규정을 정한 것으로 인정될 수 없다.

④ 소방서장 등은 제출받은 예방규정이 위험물의 저장·취급기준에 부적합하더라도 예방규정을 반려할 수는 없다.

해설 시·도지사 또는 소방서장은 예방규정이 위험물의 저장·취급기준에 적합하지 아니하거나 화재예방이나 재해발생 시의 비상조치를 위하여 필요하다고 인정하는 때에는 이를 반려하거나 그 변경을 명할 수 있다.

87 ① 88 ① 89 ④ **정답**

90 다음 중 위험물시설의 유지관리상황에 대한 확인에 있어서 그 성격이 다른 하나는?

① 위험물시설의 전체에 대한 유지·관리 의무의 이행을 위한 확인

② 특정의 위험물시설에 대한 정기점검

③ 이송취급소에서 위험물의 이송 전과 이송 중에 하는 안전점검

④ 50만L 이상 액체위험물의 옥외탱크저장소에 대한 정기검사

> **해설** 위험물법령상 위험물시설의 유지관리상황에 대한 확인을 관계인의 판단으로 하는 경우에는 지문의 ①,
> ②, ③과 위험물의 운송개시 전에 설비 등을 점검하는 경우가 있고, 감독청의 판단으로 하는 경우에는
> 출입검사(소방검사)와 정기검사가 있다.

91 위험물취급자격자와 취급할 수 있는 위험물이 바르게 연결되지 않은 것은?

① 위험물기능장 – 제1류 내지 제6류의 모든 위험물

② 위험물산업기사 – 제1류 내지 제6류의 모든 위험물

③ 안전관리자교육 이수자 – 제4류 위험물 및 제6류 위험물

④ 소방공무원으로 3년 이상 근무한 경력이 있는 자 – 제4류 위험물

> **해설** 안전관리자교육 이수자는 제4류 위험물만 취급할 수 있다. 한편 위험물기능사도 제1류 내지 제6류의
> 위험물을 모두 취급할 수 있게 되었다(영 별표 5).

92 동일인이 설치한 다수의 제조소등에 대하여 1인의 안전관리자를 중복하여 선임할 수 있는 경우에 해당하지 않는 것은?

① 위험물을 소비하는 보일러로 이루어진 7개 이하의 일반취급소와 그 일반취급소에 공급하기 위한 위험물을 저장하는 저장소가 모두 동일 구내에 있는 경우

② 위험물을 차량에 고정된 탱크 또는 운반용기에 옮겨 담기 위한 5개 이하의 일반취급소(일반취급소 간의 보행거리가 300m 이내인 경우에 한한다)와 그 일반취급소에 공급하기 위한 위험물을 저장하는 저장소가 모두 동일 구내에 있는 경우

③ 동일 구내에 있거나 상호 보행거리 100m 이내의 거리에 있는 20개 이하의 옥내저장소

④ 선박주유취급소의 고정주유설비에 공급하기 위한 위험물을 저장하는 저장소와 당해 선박주유취급소

> **해설** ③의 경우 옥내저장소는 10개 이하이어야 한다. 1인의 안전관리자를 중복선임할 수 있는 경우는 지문의 경우 외에 다음과 같다. 여기서 "동일 구내"라 함은 같은 건물 안 또는 같은 울 안을 말한다.
>
> **참고** ① 동일 구내에 있거나 상호 100m 이내의 거리에 있는 다음의 저장소를 동일인이 설치한 경우(종류가 다른 저장소 상호간은 이 규정에 의해서는 중복선임 불가)
> ㉠ 10개 이하의 옥내저장소
> ㉡ 30개 이하의 옥외탱크저장소

ⓒ 옥내탱크저장소

ⓔ 지하탱크저장소

ⓜ 간이탱크저장소

ⓗ 10개 이하의 옥외저장소

ⓢ 10개 이하의 암반탱크저장소

② 다음의 기준에 모두 적합한 5개 이하의 제조소등을 동일인이 설치한 경우

ⓖ 각 제조소등이 동일 구내에 위치하거나 상호 100m 이내의 거리에 있을 것

ⓛ 각 제조소등에서 저장 또는 취급하는 위험물의 최대수량이 지정수량의 3천 배 미만일 것. 다만, 저장소의 경우에는 그러하지 아니하다.

93 동일인이 설치한 저장소 중에서 동일 구내에 있거나 상호 보행거리 100m 이내의 거리에 있더라도 1인의 안전관리자를 중복하여 선임할 수 없는 것은?

① 10개 이하의 옥내저장소

② 30개 이하의 옥외탱크저장소

③ 10개 이하의 옥외저장소

④ 30개 이하의 암반탱크저장소

해설 암반탱크저장소는 10개 이하일 때 가능하다. 그 밖에 동일인이 설치한 옥내탱크저장소, 지하탱크저장소 또는 간이탱크저장소는 동일 구내에 있거나 상호 보행거리 100m 이내의 거리에 있으면 그 수에 관계없이 가능하다.

94 다수의 제조소등에 1인의 안전관리자를 중복하여 선임하였을 때 안전관리자의 보조자를 지정하여야 하는 제조소등과 그 보조자에 대한 설명으로 정확하지 않은 것은?

① 제조소 또는 이송취급소에는 그 규모에 관계없이 보조자를 지정하여야 한다.

② 보일러·버너 등으로 이루어진 일반취급소와 위험물을 용기에 옮겨 담거나 이동저장탱크에 주입하는 일반취급소에는 보조자를 지정하지 않아도 된다.

③ 보조자로 지정된 자는 각 제조소등에서 안전관리자를 보조하는 역할을 한다.

④ 보조자의 자격은 안전관리자의 부재시에 지정하는 안전관리대리자와 같다.

해설 ②는 인화점이 38℃ 이상인 제4류 위험물만을 지정수량의 30배 이하로 취급하는 경우에만 적합한 설명이다.

95 위험물안전관리자 업무의 대행제도에 관한 설명으로 옳은 것은?

① 안전관리자의 업무를 외부의 대행기관에 위탁할 수 있도록 하는 제도로서 근거 법률은 「위험물안전관리법」이다.

② 누구든지 기술인력·시설 및 장비에 관한 지정기준을 갖추어 시·도지사로부터 대행기관으로 지정받을 수 있다.

③ 안전관리대행기관은 지정받은 사항의 변경이 있는 때에는 그 사유가 있는 날부터 14일 이내에 휴업·재개업 또는 폐업을 하고자 하는 때에는 그 날의 14일 전에 지정권자에게 신고하여야 한다.

④ 지정권자는 안전관리대행기관에 대한 업무정지 명령에 대신하여 2억 원 이하의 과징금을 부과할 수 있다.

해설 ① 위험물안전관리 대행제도의 근거 법률은 「기업활동 규제 완화에 관한 특별조치법」이다.
② 대행기관으로 지정받을 수 있는 자는 ㉠ 탱크시험자로 등록한 법인과 ㉡ 다른 법령에 의하여 안전관리업무를 대행하는 기관으로 지정·승인 등을 받은 법인에 한정되고, 지정권자는 시·도지사가 아니라 소방청장이다.
④ 소방청장은 안전관리대행기관이 소정의 위반행위를 한 때에 그 지정을 취소하거나 6월 이내의 기간을 정하여 그 업무의 정지를 명하거나 시정하게 할 수 있을 뿐, 과징금을 부과할 수는 없다. 한편, 안전관리대행기관의 지정·업무정지 또는 지정취소를 한 때에는 이를 관보에 공고하여야 하고, 지정을 취소한 때에는 지정서를 회수하여야 한다.

96 위험물안전관리 대행기관의 지정을 반드시 취소하여야 하는 사유가 아닌 것은?

① 허위 그 밖의 부정한 방법으로 등록을 한 때

② 다른 사람에게 지정서를 대여한 때

③ 안전관리대행기관의 지정기준에 미달되는 때

④ 탱크시험자의 등록 또는 다른 법령에 의한 안전관리업무대행기관의 지정·승인 등이 취소된 때

해설 ①, ②, ④는 필요적 취소사유이고, ③ 및 다음의 세 가지(㉠, ㉡, ㉢)는 3차 위반 시에 비로소 취소할 수 있는 사유이다.
㉠ 소방청장의 지도·감독에 정당한 이유없이 따르지 아니한 때
㉡ 지정받은 사항의 변경 등의 신고를 연간 2회 이상 하지 아니한 때
㉢ 안전관리대행기관의 기술인력이 안전관리업무를 성실하게 수행하지 아니한 때

97 위험물안전관리 대행업무의 수행방법에 대한 설명으로 옳지 않은 것은?

① 안전관리대행기관이 안전관리자의 업무를 위탁받는 경우에는 소속 기술인력을 해당 제조소 등의 안전관리자로 지정하여 안전관리자의 업무를 하게 하여야 한다.

② 안전관리자의 업무를 안전관리대행기관에 위탁한 제조소등의 관계인은 안전관리대행기관 소속의 기술인력을 안전관리자로 신고하여야 한다.

③ 안전관리대행기관은 안전관리자로 지정된 안전관리대행기관의 기술인력이 여행·질병 그 밖의 사유로 인하여 일시적으로 직무를 수행할 수 없는 경우에는 다른 기술인력을 안전관리 자로 지정하여 안전관리자의 책무를 계속 수행하게 하여야 한다.

④ 안전관리대행기관이 안전관리자로 지정한 기술인력은 대행업무의 특성상 위험물의 취급 현 장에는 참여하지 않아도 된다.

> **해설** 기본적으로 안전관리대행기관이 안전관리자로 지정한 기술인력의 책무와 제조소등의 관계인이 직접 선임한 안전관리자의 책무에는 차이가 없으며, 위험물을 취급하는 현장에 입회(참여)하여 필요한 지시 와 감독을 하는 일은 안전관리자의 가장 중요한 업무이다. 다만, 기술인력이 위험물의 취급작업에 참여 하지 아니하는 경우에 기술인력은 제조소등의 위치·구조 및 설비에 대한 점검과 위험물의 취급과 관 련된 작업의 안전에 관하여 필요한 감독을 매월 4회(저장소의 경우에는 매월 2회) 이상 실시하여야 한다.

98 위험물안전관리 대행기관의 기술인력 1인을 다수 제조소등의 안전관리자로 중복하여 지정 하는 방법 등에 대한 설명으로 옳은 것은?

① 대행기관은 제조소등의 관계인이 직접 1인의 안전관리자를 다수의 제조소등에 중복하여 선 임하는 경우와 동일한 방법으로도 안전관리자를 중복하여 지정할 수 있다.

② 대행기관은 안전관리자의 업무를 성실히 대행할 수 있는 범위 내에서는 25개 이하의 제조소 등에 대하여 안전관리자를 중복하여 지정할 수 있다. 이 경우 각 제조소등은 동일인이 설치 한 것이어야 한다.

③ 안전관리자를 중복하여 지정한 제조소등 중 지정수량 20배 이하의 저장소 외의 것에 대해서 는 안전관리대행기관이 안전관리원을 지정하여 안전관리자의 업무를 보조하게 하여야 한다.

④ ③의 안전관리원은 제조소등에서 위험물안전관리에 관한 업무에 1년 이상 종사한 경력이 있 는 자 또는 안전교육을 받은 자 중에서 지정하여야 한다.

> **해설** ② 대행기관이 1인의 기술인력을 다수의 제조소등의 안전관리자로 중복하여 지정하는 것은 ① 또는 ②의 방법에 의할 수 있으나 ②의 경우에는 각 제조소등의 설치자에 대한 제한(동일인)이 없다.
> ③ 안전관리원 지정의무는 제조소등의 관계인에게 있다.
> ④ 안전관리원은 ⊙ 위험물의 취급에 관한 국가기술자격자 또는 ⓒ 법 제28조 제1항에 따른 안전교육 을 받은 자 중에서 지정하여야 한다.

99 위험물탱크안전성능시험자에 대한 설명으로 적절하지 않은 것은?

① 허가청 또는 제조소등의 관계인을 위하여 「위험물안전관리법」에 의한 검사 또는 점검을 단독으로 완전하게 할 수 있다.

② 탱크안전성능시험자가 되고자 하는 자는 필요한 기술능력·시설 및 장비를 갖추어 시·도지사에게 등록하여야 한다.

③ 영업소 소재지, 기술능력, 대표자, 상호 또는 명칭을 변경한 경우에는 30일 이내에 변경신고를 하여야 한다.

④ 피한정후견인은 탱크시험자로 등록하는 것은 물론 탱크시험자의 업무에 종사할 수도 없다.

> **해설** ① 탱크시험자는 허가청 또는 제조소등의 관계인을 위하여 「위험물안전관리법」에 의한 검사 또는 점검의 일부를 할 수 있으며, 특히 검사를 단독으로 할 수 있는 경우는 없다.
> ④ 탱크시험자 등록 또는 탱크시험자의 업무 종사 결격사유는 법 제16조 제4항 참조

100 다음 중 예방규정을 정하여야 하는 일반취급소의 기준은? (단, 제3류 위험물을 취급하는 경우임.)

① 지정수량의 10배 이상

② 지정수량의 20배 이상

③ 지정수량의 30배 이상

④ 지정수량의 100배 이상

> **해설** 제3류를 취급하는 일반취급소는 지정수량의 10배 이상인 경우 예방규정을 정해야 한다.

101 위험물탱크안전성능시험자의 등록을 반드시 취소하여야 하는 사유가 아닌 것은?

① 허위 그 밖의 부정한 방법으로 등록을 한 경우

② 등록의 결격사유에 해당하게 된 경우

③ 다른 자에게 등록증을 빌려 준 경우

④ 탱크안전성능시험 또는 점검을 허위로 한 경우

> **해설** ①, ②, ③은 필요적 취소사유이고, 등록기준에 미달하게 된 경우와 탱크안전성능시험 또는 점검을 허위로 하거나 위법에 의한 기준에 맞지 않게 탱크안전성능시험 또는 점검을 실시하는 경우 등 탱크시험자로서 적합하지 아니하다고 인정하는 경우는 3차 위반 시에 등록을 취소하는 사유이다.

102 다음 중 자체소방대를 설치하여야 하는 사업소의 기준과 관계가 있는 일반취급소는?

① 보일러, 버너 그 밖에 이와 유사한 장치로 위험물을 소비하는 일반취급소

② 도장, 인쇄 또는 도포를 위한 위험물을 취급하는 일반취급소

③ 이동저장탱크 그 밖에 이와 유사한 것에 위험물을 주입하는 일반취급소

④ 유압장치, 윤활유순환장치 그 밖에 이와 유사한 장치로 위험물을 취급하는 일반취급소

> **해설** 자체소방대의 설치와 관계없는 일반취급소에는 ①, ③, ④와 용기에 위험물을 옮겨 담는 일반취급소 및 「광산보안법」의 적용을 받는 일반취급소가 있다. ②의 분무도장작업 등의 일반취급소는 완화특례를 적용받을 수 있음에도 자체소방대 설치대상에서 제외되는 사업소가 아니다.

103 위험물의 운반 규제에 대한 설명으로 적절하지 않은 것은?

① 운반 규제는 위험물의 운반용기, 적재방법 및 운반방법을 그 내용으로 한다.

② 운반 규제는 위험물의 유별(類別)·품명·종류 또는 용도와 위험등급에 따라 다르다.

③ 지정수량의 1/2을 초과하는 위험물을 적재하는 경우에는 유별을 달리하는 위험물 간의 혼재를 금지하는 규제가 있다.

④ 위험물의 운반기준은 위반 시 벌칙이 적용되는 중요기준과 위반 시 과태료가 부과되는 세부기준으로 분류된다.

> **해설** 지정수량의 1/10을 초과하는 위험물을 적재할 때 혼재금지에 관한 제한이 있다.

104 지정수량 이상의 위험물을 운반하는 경우에 부가적으로 적용되는 운반방법에 관한 기준이 아닌 것은?

① 위험물차량에 「위험물」 표지를 설치할 것

② 운반하는 위험물에 적응하는 소형수동식소화기를 차량에 비치할 것

③ 휴식·고장 등으로 차량을 일시정지시킬 때에는 안전한 장소를 택할 것

④ 운반 도중 재난발생의 우려가 있는 경우에는 응급조치를 하고 가까운 소방관서 등에 통보할 것

> **해설** ④는 운반하는 위험물의 양에 관계없이 적용되는 기준이다.

CHAPTER **01**

CHAPTER **02**

CHAPTER **03**

CHAPTER **04**

부록

102 ② 103 ③ 104 ④ **정답**

105 운반용기 검사제도에 대한 설명으로 옳지 않은 것은?

① 검사기관은 한국소방산업기술원이다.

② 원칙적으로 모든 운반용기의 제작자 등은 검사를 받아야 한다.

③ 국제해상위험물규칙에 의한 기준에 따라 관련 검사를 받은 용기는 검사가 면제된다.

④ 검사기관은 운반용기가 용기기준에 적합하고 위험물의 운반상 지장이 없다고 인정될 때 용기검사필증을 교부한다.

해설 기계에 의하여 하역하는 구조로 된 대형 운반용기는 그 사용 또는 유통을 위하여 검사를 꼭 받아야 하지만, 그 밖의 운반용기는 제작자 등이 필요에 따라 검사를 받을 수 있다.

106 이동탱크저장소에 의한 위험물의 운송에 대한 규제로서 적절하지 않은 것은?

① 위험물의 운송은 위험물운송자의 자격이 있는 자가 하여야 한다.

② 알킬알루미늄등, 아세트알데히드등 및 히드록실아민등을 운송하는 경우에는 운송책임자의 감독 또는 지원을 받아야 한다.

③ 이동탱크저장소에 승차하는 위험물운송자는 국가기술자격증 또는 안전교육을 수료한 자이어야 한다.

④ 위험물의 운송 중에 준수하여야 하는 기준은 위반 시 벌칙이 적용되는 중요기준과 위반 시 과태료가 부과되는 세부기준으로 분류된다.

해설 ② 알킬알루미늄등을 운송하는 경우에만 운송책임자의 감독 또는 지원을 받는다.
④ 운송기준에는 중요기준과 세부기준의 구분이 없으며, 위반 시에는 모두 과태료를 부과받는다.

107 위험물운송자에 관한 설명으로 옳지 않은 것은?

① 위험물운송자에는 운송책임자와 이동탱크저장소의 운전자가 있다.

② 운송책임자는 위험물의 운송에 대한 감독 또는 지원을 하는 자를 말한다.

③ 위험물운송자의 자격은 위험물의 취급에 관한 국가기술자격자 또는 위험물의 운송에 관한 안전교육을 받은 자이다.

④ 알킬알루미늄등의 운송에 대한 감독·지원을 하는 운송책임자는 알킬알루미늄등을 취급할 수 있는 국가기술자격자로 하여야 한다.

해설 알킬알루미늄등을 운송하는 경우의 운송책임자는 국가기술자격자 또는 운송교육을 받은 자 중에서 다음과 같이 관련 업무에 관한 경력이 필요하다.
㉠ 당해 위험물의 취급에 관한 국가기술자격을 취득 후 관련 업무에 1년 이상 종사한 경력
㉡ 위험물의 운송에 관한 안전교육을 수료 후 관련 업무에 2년 이상 종사한 경력이 있는 자

정답 105 ② 106 ②, ④ 107 ④

108 운송책임자의 감독 또는 지원을 받아 운송하여야 하는 위험물에 해당하지 않는 것은?

① 알킬리튬
② 알킬알루미늄
③ 아세트알데히드
④ 알킬알루미늄을 함유하는 위험물

> **해설** 운송책임자의 감독 또는 지원을 받아 운송하여야 하는 위험물은 ① 알킬알루미늄, ② 알킬리튬, ③ 알킬알루미늄 또는 알킬리튬을 함유하는 위험물에 한한다.

> **보충** **감독 또는 지원의 방법** : 다음의 ㉠, ㉡ 중에서 선택할 수 있다.
> ㉠ 운송책임자가 이동탱크저장소에 동승하여 운전자를 감독 또는 지원을 하는 방법
> 다만, 운전자가 운송책임자의 자격이 있는 경우에는 자격이 없는 자를 동승시킬 수 있다.
> ㉡ 운송의 감독 또는 지원을 위하여 마련한 별도의 사무실에 운송책임자가 대기하면서 일정한 사항을 이행하는 방법

109 위험물운송자는 일부 예외의 경우를 제외하고는 장거리 운송을 하는 때에는 2명 이상의 운전자로 하는 것이 원칙이다. 그 예외로서 적합하지 않은 것은?

① 알킬알루미늄등의 운송을 감독 또는 지원하기 위한 운송책임자를 동승시킨 경우
② 운송 도중에 2시간 이내마다 20분 이상씩 휴식하는 경우
③ 운송하는 위험물이 제2류 위험물 또는 제3류 위험물인 경우
④ 운송하는 위험물이 제4류 위험물(특수인화물을 제외한다)인 경우

> **해설** 제3류 위험물 중에서는 칼슘 또는 알루미늄의 탄화물과 이것만을 함유한 것을 운송하는 경우를 예외로 하고 있다. 설문에서 "장거리"라 함은 고속국도에 있어서는 340km 이상, 그 밖의 도로에 있어서는 200km 이상을 말한다.

110 이동탱크저장소에 의한 위험물의 운송과정에서 지켜야 할 사항으로 옳지 않은 것은?

① 위험물안전카드는 위험물을 운송하게 하는 자가 위험물운송자에게 휴대하게 하여야 한다.
② 위험물운송자는 위험물의 운송기준 외에 위험물의 저장·취급기준도 준수해야 한다.
③ 제4류 위험물 중 제1석유류를 운송하는 위험물운송자는 위험물안전카드를 휴대하지 않아도 된다.
④ 위험물운송자는 위험물안전카드에 기재된 내용에 따라야 하지만, 재난발생 등 불가피한 이유가 있는 경우에는 그 내용에 따르지 않을 수 있다.

> **해설** 제4류 중 특수인화물 및 제1석유류와 다른 모든 위험물(제1류, 제2류, 제3류, 제5류, 제6류)의 운송 시에는 위험물안전카드를 휴대하여야 한다. 즉, 위험물안전카드를 휴대하지 않아도 되는 경우의 위험물은 제4류의 알코올류, 제2석유류, 제3석유류, 제4석유류 및 동식물유류 뿐이다.

108 ③　**109** ③　**110** ③　**정답**

111 위험물제조소등의 설치자에 대하여 필요한 자료를 제출하도록 명령하는 허가청의 법상 권한을 무엇이라 하는가?

① 제조소등의 감독
② 위험물시설 허가
③ 위험물시설 설치승인
④ 제조소등의 사무관리 행정지도

해설 제조소등의 설치자에게 자료제출명령을 하는 것도 허가청의 감독권한에 속한다.

112 소방공무원이 제조소등을 검사할 때의 검사내용이 아닌 것은?

① 제조소등의 위치
② 제조소등의 구조
③ 제조소등의 설비
④ 제조소등의 용도

해설 검사를 위하여 출입한 장소의 위치·구조·설비 및 위험물의 저장·취급상황에 대하여 검사하도록 하고 있으므로 ④를 정답으로 선택한다. 그러나 위험물의 저장·취급상황에는 제조소등의 용도가 포함된다고 볼 수 있어 정답 시비가 있을 수 있는 기출문제이다.

113 화재예방을 위한 검사사항이 아닌 것은?

① 위험물안전관리자의 업무수행에 관한 사항
② 소방대의 긴급통행에 관한 사항
③ 소방시설 자체점검 결과에 관한 사항
④ 위험물제조소등의 안전유지에 관한 사항

해설 소방대의 긴급통행에 관한 사항은 화재대응에 관한 것이다.

114 위험물제조소등의 관계인에 대하여 감독상 필요한 때 소방서장 등이 행하는 감독행위로 볼 수 있는 것은?

① 소방교육
② 위험물시설에 대한 예방규정의 작성요구
③ 자료제출명령
④ 자체소방대 편성안 확인

해설 시·도지사, 소방본부장 또는 소방서장은 위험물의 저장 또는 취급에 따른 화재의 예방 또는 진압대책을 위하여 필요한 때에는 위험물을 저장 또는 취급하고 있다고 인정되는 장소의 관계인에 대하여 ⊙ 필요한 보고를 하도록 명령(보고징수명령)하거나, ⓒ 자료제출명령을 할 수 있으며, ⓒ 관계공무원으로 하여금 출입검사를 하도록 할 수 있다. 출입검사의 내용으로는 ㉮ 당해 장소의 위치·구조·설비 및 위험물의 저장·취급상황에 대한 검사, ㉯ 관계인에 대한 질문, ㉰ 시험에 필요한 최소한의 위험물 또는 위험물로 의심되는 물품의 수거가 있다.

115 「위험물안전관리법」상 출입검사에 관한 설명으로 옳지 않은 것은?

① 중앙 119 구조본부장도 출입검사 권한이 있다.

② 화재예방 또는 진압대책을 위하여 필요한 경우에 발동한다.

③ 국가경찰공무원도 도로상 주행 중인 이동탱크저장소를 정지시켜 운전자에게 관련 위험물 관련 국가기술자격증의 제시를 요구할 수 있다.

④ 소방공무원이 제복을 입고 출입검사를 하는 경우에는 증표 제시 의무가 없다.

해설　출입검사를 하는 공무원은 제복 착용 여부에 관계없이 증표를 제시하여야 한다.

116 위험물을 저장 또는 취급하고 있다고 인정되는 장소에 대한 관계공무원의 출입검사에 대한 설명으로 옳지 않은 것은?

① 개인의 주거는 화재발생의 우려가 커서 긴급한 필요가 있더라도 관계인의 승낙을 얻지 않으면 출입할 수 없다.

② 출입검사는 당해 장소의 공개시간이나 근무시간 내 또는 주간에 행하는 것이 원칙이다.

③ 관계인의 승낙을 얻은 경우 또는 화재발생의 우려가 커서 긴급한 필요가 있는 경우에는 야간에도 출입검사를 행할 수 있다.

④ 출입검사 시에는 시험에 필요한 최소한의 위험물 또는 위험물로 의심되는 물품을 수거할 수도 있다.

해설　개인의 주거에 출입할 수 있는 경우는 ㉠ 관계인의 승낙을 얻은 경우 또는 ㉡ 화재발생의 우려가 커서 긴급한 필요가 있는 경우이다.

117 주행 중인 이동탱크저장소의 정지명령 등에 대한 설명으로 틀린 것은?

① 정지명령은 소방공무원 또는 경찰공무원이 할 수 있다.

② 정지명령은 위험물의 운송에 따른 화재의 예방을 위하여 필요한 경우에 할 수 있다.

③ 정지명령 등을 행할 때 소방공무원과 경찰공무원은 긴밀히 협력하여야 한다.

④ 정지명령의 주목적은 이동탱크저장소의 위치·구조·설비 및 위험물의 저장·취급상황을 검사하는 것이다.

해설　주행 중인 이동탱크저장소를 정지시키는 주목적은 원칙적으로 운송 관련 자격 유무를 확인하는 것이며, 그 과정상 부수적으로 이동탱크저장소의 위치·구조·설비 및 위험물의 저장·취급상황에 위법행위가 있는지 여부를 확인하는 것이다. 한편 이동탱크저장소의 위치·구조·설비 및 위험물의 저장·취급상황의 검사는 상치장소 등에 주·정차 중인 이동탱크저장소에 대하여 하는 것이 원칙이다.

118 탱크시험자에 대한 시·도지사 등의 감독권한에 대한 설명으로 적절하지 않은 것은?

① 시·도지사, 소방본부장 또는 소방서장은 필요한 보고 또는 자료제출을 명할 수 있다.

② 시·도지사 등은 관계공무원으로 하여금 당해 사무소에 출입하여 업무의 상황·시험기구·장부·서류와 그 밖의 물건을 검사하게 할 수 있다.

③ 시·도지사 등은 관계공무원으로 하여금 당해 사무소에 출입하여 관계인에게 질문하게 할 수 있다.

④ 시·도지사, 소방본부장 또는 소방서장은 탱크시험자가 당해 업무를 적정하게 실시하게 하기 위하여 필요하다고 인정하는 때에 보고명령 또는 자료제출명령을 행한다.

> **해설** 시·도지사, 소방본부장 또는 소방서장은 보고명령·자료제출명령, 출입검사 또는 질문을 통하여 탱크시험자가 당해 업무를 적정하게 실시하는지를 판단하고 당해 업무를 적정하게 실시하게 하기 위하여 필요한 때에 감독상 필요한 명령을 하게 되므로, ④는 정확한 설명으로 볼 수 없다.

119 무허가장소의 위험물에 대한 조치명령에 대한 설명으로 부적절한 것은?

① 명령권자는 시·도지사, 소방본부장 또는 소방서장이다.

② 명령의 내용은 무허가 위험물 및 시설의 제거, 위험물취급의 제한 또는 금지 등이다.

③ 허가청과 협의를 하지 않고 지정수량 이상의 위험물을 군사목적으로 저장·취급하는 군부대의 장에 대하여는 명령을 할 수 없다.

④ 무허가시설 등의 적발은 보고명령, 자료제출명령, 출입검사 등을 통하여 할 수 있다.

> **해설** "무허가장소"에서의 "허가"는 군용위험물시설의 설치를 위한 협의를 포함하는 개념이다. 즉, 협의대상인 군용위험물시설을 협의 없이 설치하였다면 허가를 받지 않는 경우에 포함된다.

120 제조소등에 대한 긴급사용정지명령 또는 긴급사용제한명령에 대한 설명으로 옳지 않은 것은?

① 명령권자는 시·도지사, 소방본부장 또는 소방서장이다.

② 공공의 안전을 유지하거나 재해의 발생을 방지하기 위하여 긴급한 필요가 있다고 인정되는 때에 발동할 수 있다.

③ 제조소등의 관계인에 대하여 당해 제조소등의 사용을 일시정지하거나 그 사용을 제한할 것을 긴급히 명령하는 것이다.

④ 당해 제조소등에 위험요인 또는 귀책사유가 없는 경우에는 발동할 수 없다.

> **해설** 제조소등에 대한 긴급사용정지명령 또는 긴급사용제한명령의 특징은 위험의 원인이 당해 제조소등에 있는지 여부에 관계없이 발동할 수 있는 점이다.

121 위험물의 저장·취급기준 준수명령에 대한 설명으로 적절하지 않은 것은?

① 명령권자는 시·도지사, 소방본부장 또는 소방서장이다.

② 제조소등의 관계인에 대하여 위험물의 저장·취급기준에 따라 위험물을 저장 또는 취급하도록 하는 명령이다.

③ 이동탱크저장소의 관계인에 대하여도 저장·취급기준 준수명령을 할 수 있다.

④ 이동탱크저장소에서의 위험물의 저장 또는 취급이 저장·취급기준에 위반되는 것을 발견한 소방서장 등은 직접 저장·취급기준 준수명령을 할 수 없으므로 그 사실을 당해 이동탱크저장소를 허가한 소방서장 등에게 통지하여야 한다.

> **해설** 허가청이 아닌 소방서장 등도 이동탱크저장소의 관계인에게 직접 저장·취급기준 준수명령을 할 수 있고 그 명령을 한 경우에 당해 이동탱크저장소를 허가한 소방서장 등에게 그 취지를 통지하도록 되어 있다.

122 제조소등의 관계인의 응급조치의무와 응급조치명령 등에 대한 설명으로 부적절한 것은?

① 응급조치란 위험물의 유출 및 확산의 방지, 유출된 위험물의 제거 그 밖에 재해의 발생방지를 위한 조치를 말한다.

② 제조소등의 관계인은 위험물의 유출 그 밖의 사고가 발생한 때에는 지속적으로 응급조치를 강구하여야 한다.

③ 제조소등의 응급사태를 발견한 자는 즉시 그 사실을 소방서 등에 통보하여야 하고, 통보하지 않으면 벌칙을 적용받게 된다.

④ 소방본부장 또는 소방서장은 제조소등(관할구역에 있는 이동탱크저장소를 포함한다)의 관계인에게 응급조치를 강구하도록 명할 수 있다.

> **해설** ③ 통보의무 불이행에 대한 벌칙은 없다.

123 위험물안전관리자가 되고자 하는 자를 대상으로 한 강습교육의 교과목에 반드시 포함하는 내용으로서 적절하지 않은 것은?

① 연소 및 소화에 관한 기초이론

② 모든 위험물의 유별 공통성질과 화재예방 및 소화의 방법

③ 위험물안전관리법령 및 위험물의 안전관리에 관계된 법령

④ 제4류 위험물 및 제6류 위험물의 품명별 일반성질, 화재예방 및 소화의 방법

> **해설** 안전관리자교육이수자는 제4류 위험물만을 취급할 수 있는 위험물취급자격자이므로, 교육과정에서도 제4류 위험물에 대하여만 품명별 일반성질, 화재예방 및 소화의 방법을 포함하도록 하고 있다.

보충 안전관리자 강습교육 및 위험물운송자 강습교육의 과목에는 각 강습교육별로 다음 표에 정한 사항을 포함하여야 한다.

교육과정	교육과목	
안전관리자 강습교육	제4류 위험물의 품명별 일반성질, 화재예방 및 소화의 방법	• 연소 및 소화에 관한 기초이론 • 모든 위험물의 유별 공통성질과 화재예방 및 소화의 방법
위험물운송자 강습교육	• 이동탱크저장소의 구조 및 설비 작동법 • 위험물운송에 관한 안전기준	• 위험물안전관리법령 및 위험물의 안전관리에 관계된 법령

124 다음의 안전교육 대상자 중에서 관련 안전교육의 실시기관을 달리하는 어느 하나는?

① 소방안전관리자 ② 위험물안전관리자

③ 위험물운송자 ④ 탱크시험자의 기술인력

해설 ④에 대한 교육은 한국소방산업기술원이, 나머지 셋에 대한 교육은 소방안전원이 담당한다.

125 「위험물안전관리법」에 의한 안전교육에 대한 설명으로 옳지 않은 것은?

① 안전관리자, 탱크시험자의 기술인력 및 위험물운송자는 안전교육을 받을 의무가 있다.

② 제조소등의 관계인은 교육대상자에 대하여 안전교육을 받게 할 의무가 있다.

③ 소방서장 등은 교육대상자가 교육을 받지 아니한 때에는 그 자격을 정지하거나 취소할 수 있다.

④ 안전교육의 과정은 강습교육과 실무교육으로 구분되나, 탱크시험자의 기술인력에 대하여는 실무교육과정만 있다.

해설 시·도지사, 소방본부장 또는 소방서장은 교육대상자가 교육을 받을 때까지 「위험물안전관리법」에 의하여 그 자격으로 행하는 행위를 제한할 수 있을 뿐이고, 그 자격을 취소할 수는 없다.

126 다음의 처분 중에서 반드시 청문절차를 거쳐야 하는 것이 아닌 것은?

① 「위험물안전관리법」에 의한 탱크시험자의 등록취소

② 「위험물안전관리법」에 의한 위험물제조소등 설치허가의 정지

③ 「화재예방, 소방시설 설치유지 및 안전관리에 관한 법률」에 의한 소방시설관리사의 자격취소

④ 「화재예방, 소방시설 설치유지 및 안전관리에 관한 법률」에 의한 소방시설관리업의 등록취소

해설 「위험물안전관리법」에 의하여 청문을 반드시 거쳐야 하는 처분은 제조소등 설치허가의 취소와 탱크시험자의 등록취소가 있다.

정답 124 ④ 125 ③ 126 ②

127 다음 중 소방서장의 권한에 속하는 것은?

① 이중벽탱크에 대한 탱크안전성능검사
② 군용위험물시설의 설치에 관한 군부대장과의 협의
③ 100만L 이상의 옥외탱크저장소에 대한 정기검사
④ 지정수량의 3천 배의 위험물을 취급하는 제조소의 설치에 따른 완공검사

해설 ①, ③, ④는 한국소방산업기술원의 권한에 속한다. 그리고 「위험물안전관리법」에 의한 다음의 권한은 시·도지사로부터 소방서장에게 위임되었으므로 소방서장의 권한에 속한다. 다만, 동일한 시·도에 있는 2 이상 소방서장의 관할구역에 걸쳐 설치되는 이송취급소에 관련된 권한은 위임되지 않았으므로 그대로 시·도지사의 권한에 속한다.
 ㉠ 제조소등의 설치허가 또는 변경허가
 ㉡ 위험물의 품명·수량 또는 지정수량의 배수의 변경신고의 수리
 ㉢ 군사목적 또는 군부대시설을 위한 제조소등을 설치하거나 그 위치·구조 또는 설비의 변경에 관한 군부대의 장과의 협의
 ㉣ 탱크안전성능검사(공사에 위탁하는 것을 제외한다)
 ㉤ 완공검사(공사에 위탁하는 것을 제외한다)
 ㉥ 제조소등의 설치자의 지위승계신고의 수리
 ㉦ 제조소등의 용도폐지신고의 수리
 ㉧ 제조소등의 설치허가의 취소와 사용정지
 ㉨ 과징금처분
 ㉩ 예방규정의 수리·반려 및 변경명령

128 다음 중 한국소방산업기술원의 업무에 해당될 수 없는 것은?

① 탱크안전성능시험자의 등록접수
② 용량 90만L의 옥외탱크저장소에 대한 기술검토
③ 용량 100만L의 지하저장탱크에 대한 탱크안전성능검사
④ 지정수량의 3천 배의 위험물을 취급하는 일반취급소의 변경에 따른 완공검사

해설 탱크시험자의 등록청은 시·도지사이다. 한편, 「위험물안전관리법」에 의한 다음의 권한은 소방청장, 시·도지사, 소방본부장 또는 소방서장으로부터 한국소방산업기술원에 위탁되었으므로 한국소방산업기술원의 권한에 속한다.
 ㉠ 용량 100만L 이상의 액체위험물탱크, 암반탱크 및 이중벽탱크에 대한 탱크안전성능검사
 ㉡ 지정수량의 3천 배 이상의 위험물을 취급하는 제조소 또는 일반취급소의 설치 또는 변경(사용 중인 제조소 또는 일반취급소의 보수 또는 부분적인 증설을 제외한다)에 따른 완공검사
 ㉢ 용량 50만L 이상의 옥외탱크저장소에 대한 정기검사
 ㉣ 운반용기검사
 ㉤ 탱크시험자의 기술인력으로 종사하는 자에 대한 안전교육

129 다음의 허가·등록·지정 등의 업무를 담당하는 행정청이 나머지 셋과 다른 하나는?

① 소방시설관리업의 등록

② 탱크안전성능시험자의 등록

③ 위험물안전관리 대행기관의 지정

④ 2 이상 소방서장의 관할구역에 걸쳐 설치된 이송취급소의 용도폐지신고

해설   ③의 지정기관은 소방청장이고, 나머지는 시·도지사의 업무이다.

130 다음 중 형법상 뇌물죄의 적용에 있어 공무원으로 의제되는 자가 아닌 자는?

① 탱크안전성능시험자의 업무에 종사하는 자

② 안전관리대행기관의 업무에 종사하는 임원 및 직원

③ 안전관리자에 대한 안전교육업무에 종사하는 한국소방안전원의 임원 및 직원

④ 위험물탱크의 시험 또는 검사업무에 종사하는 한국소방산업기술원의 임원 및 직원

해설   「위험물안전관리법」상 벌칙 적용 시 공무원으로 의제되는 자는 다음과 같다.
ⓐ 탱크의 시험업무에 종사하는 한국소방산업기술원의 임·직원
ⓑ 탱크안전성능시험자의 업무에 종사하는 자
ⓒ 위탁규정에 의하여 위탁받은 업무에 종사하는 한국소방산업기술원 또는 한국소방안전원의 임·직원

131 위험물제조소등의 관계인이 예방규정을 제출하지 아니하였을 때 받는 형은?

① 300만 원 이하의 벌금

② 1,500만 원 이하의 벌금

③ 1년 이하의 징역 또는 300만 원 이하의 벌금

④ 1년 이하의 징역 또는 500만 원 이하의 벌금

해설   법 개정(2017. 3. 21.)에 의해 종전 법 제36조의 처벌규정이 벌금 500만 원에서 1,500만 원으로 상향되었고, 법 제37조의 처벌규정이 벌금 300만 원에서 1,000만 원으로 상향되었다. 이는 물가변동을 반영할 뿐 아니라 위험물 안전질서 강화를 위한 것이다.

132 위험물의 운반과 관련한 운반용기, 적재방법 또는 운반방법에 대한 중요기준에 따르지 아니한 자에 대한 벌금은?

① 300만 원 이하

② 500만 원 이하

③ 1,000만 원 이하

④ 1,500만 원 이하

해설 위험물의 운반에 관한 기술기준에는 중요기준과 세부기준이 있으며, 중요기준 위반 시에는 1,000만 원 이하의 벌금에 처하고, 세부기준 위반 시에는 200만 원 이하의 과태료를 부과한다.

133 「위험물안전관리법」의 벌칙에 규정된 법정형에 해당하지 않는 것은?

① 1년 이상 10년 이하의 징역

② 500만 원 이하의 벌금

③ 무기징역 또는 5년 이상의 징역

④ 1억 원 이하의 벌금

해설 법 개정(2017. 3. 21.)에 의해 처벌규정에 벌금 500만 원은 없어졌다.

134 1,000만 원 이하의 벌금에 처해지는 자가 아닌 자는?

① 위험물안전관리자의 참여 없이 위험물을 취급한 자

② 변경한 예방규정을 제출하지 않은 자

③ 자격 없이 위험물을 운송한 자

④ 무허가로 지정수량 이상 저장하는 위험물시설을 설치한 자

해설 ④는 5년 이하의 징역 또는 1억 원 이하의 벌금에 처해진다(법 제34조의 2).

135 1,000만 원 이하의 벌금에 처해지는 자가 아닌 자는?

① 소방검사업무를 수행하면서 알게 된 비밀을 누설한 자

② 위험물안전관리자의 대리자가 참여하지 않은 상태에서 위험물을 취급한 자

③ 위험물 운반에 관한 중요기준에 따르지 아니한 자

④ 위험물제조소등에 대한 수리·개조 또는 이전의 명령에 따르지 아니한 자

해설 ④는 1,500만 원 이하의 벌금에 처해지는 죄이다.

136 다음의 죄 중에서 그 법정형이 나머지 셋과 다른 하나는?

① 탱크시험자로 등록하지 않고 시험업무를 한 자

② 100만L 이상 옥외탱크저장소의 정기검사를 받지 않은 자

③ 위험물의 저장 또는 취급에 관한 중요기준을 따르지 아니한 자

④ 위험물제조소등에 대한 긴급사용정지명령 또는 긴급사용제한명령을 위반한 자

> **해설** ③ 1,500만 원 이하의 벌금, 나머지는 1년 이하의 징역 또는 1천만 원 이하의 벌금

137 다음의 죄 중에서 그 형이 가장 낮은 것은?

① 변경허가를 받지 않고 제조소등을 변경한 자

② 위험물안전관리자를 선임하지 아니한 자

③ 변경한 예방규정을 제출하지 않은 자

④ 소방공무원의 정지명령을 거부한 이동탱크저장소 운송자

> **해설** ①, ② 및 ④ 1,500만 원 이하의 벌금
> ③ 1,000만 원 이하의 벌금

138 위험물안전관리자를 선임하지 않고 위험물의 취급개시를 하였을 경우의 형은?

① 1,000만 원 이하의 벌금

② 1,500만 원 이하의 벌금

③ 3,000만 원 이하의 벌금

④ 1년 이하의 징역 또는 1,000만 원 이하의 벌금

> **해설** 안전관리자 선임의무를 위반한 경우에는 1,500만 원 이하의 벌금에 처해진다(법 제36조 제6호).

139 「위험물안전관리법」상 과태료의 부과·징수권자가 아닌 사람은?

① 시·도지사 　　　　　② 소방본부장

③ 소방서장 　　　　　④ 소방청장

> **해설** 과태료의 부과·징수권자는 시·도지사, 소방본부장 또는 소방서장이다.

140 **과태료 부과대상자가 아닌 자는?**

① 안전관리자 선임신고를 하지 아니한 자
② 위험물 임시저장·취급신고를 하지 아니한 자
③ 위험물제조소등의 용도폐지신고를 하지 아니한 자
④ 위험물제조소등의 정기점검을 실시하지 아니한 자

해설 ④의 경우는 1년 이하의 징역 또는 1천만 원 이하의 벌금에 처해진다. 「위험물안전관리법」에 의한 과태료부과 대상자와 절차 등은 다음과 같다.

① 200만 원 이하의 과태료에 처하는 자는 다음과 같다.
  ㉠ 위험물의 임시저장·취급의 승인을 받지 아니한 자
  ㉡ 위험물의 저장 또는 취급에 관한 세부기준을 위반한 자
  ㉢ 위험물의 품명 등의 변경신고를 변경하고자 하는 날의 1일 전까지 하지 아니하거나 허위로 한 자
  ㉣ 지위승계신고를 30일 이내에 하지 아니하거나 허위로 한 자
  ㉤ 제조소등의 폐지신고 또는 안전관리자의 선임신고를 14일 이내에 하지 아니하거나 허위로 한 자
  ㉥ 등록사항의 변경신고를 30일 이내에 하지 아니하거나 허위로 한 탱크시험자
  ㉦ 정기점검의 결과를 기록·보존하지 아니한 자
  ㉧ 위험물의 운반에 관한 세부기준을 위반한 자
  ㉨ 위험물의 운송에 관한 기준을 따르지 아니한 자
② 과태료는 시·도지사, 소방본부장 또는 소방서장(이하 "부과권자"라 한다)이 부과·징수한다.
③ 과태료 부과절차 등 세부적인 것은 「질서위반행위 규제법」을 적용한다.
④ 조례에의 과태료 위임(200만 원 이하) : 지정수량 미만 위험물의 저장취급기준, 임시저장취급기준

141 **「위험물안전관리법」에 의한 과태료에 대한 설명으로 적절하지 않은 것은?**

① 부과권자는 시·도지사, 소방본부장 또는 소방서장이다.
② 위반행위별 과태료의 액수는 「위험물안전관리법 시행령」에 정하고 있다.
③ 지정수량 미만 위험물의 저장·취급기준, 위험물의 임시저장·취급기준을 정하는 조례에는 200만 원 이하의 과태료를 정할 수 있다.
④ 조례에 정한 과태료의 징수는 시·도지사 또는 소방본부장이 하며 소방서장은 할 수 없다.

해설 조례에 정한 과태료의 부과·징수권자도 시·도지사, 소방본부장 또는 소방서장이다.

142 과태료의 부과 및 징수에 대한 설명으로 옳지 않은 것은?

① 과태료 부과의 개별기준상 과태료 금액이 가장 낮은 액수는 30만 원이다.

② 부과권자는 위반행위의 동기·경위 및 결과를 참작하여 개별 과태료 기준액의 1/3까지 감경하여 부과할 수 있다.

③ 위반행위의 횟수에 따른 부과기준은 최근 1년간 같은 위반행위로 과태료 부과처분을 받은 경우에 적용한다.

④ 위반행위의 횟수에 따른 부과기준의 적용상 기간 산정은 과태료 부과처분을 한 날과 다시 위반행위를 적발한 날이다.

해설 ② 과태료 기준액의 1/2까지 감경 부과할 수 있다.

143 다음 중 과태료 부과금액이 가장 낮은 것은?

① 위험물 저장·취급의 세부기준을 1차 위반한 자

② 지위승계신고를 신고기한의 다음 날을 기산일로 하여 30일 이내에 신고한 자

③ 정기점검의 결과를 기록·보존 의무를 1차 위반한 자

④ 위험물의 운송에 관한 기준 1차 위반한 자

해설 ① 50만 원, ② 30만 원, ③ 50만 원, ④ 50만 원

144 위험물의 저장·취급에 관한 설명으로 옳지 않은 것은?

① 지정수량 이상의 위험물은 원칙적으로 제조소등이 아닌 장소에서 취급하여서는 아니된다.

② 지정수량 미만인 위험물의 저장 또는 취급은 시·도의 조례로 정하는 기술상의 기준에 의하여야 한다.

③ 항공기·선박·철도 및 궤도에 의한 위험물의 저장·취급은 시·도의 조례로 정하는 기술상의 기준에 의하여야 한다.

④ 관할소방서장의 승인을 받는 경우에는 제조소등이 아닌 장소에서 지정수량 이상의 위험물을 임시로 취급할 수 있다.

해설 항공기·선박·철도 및 궤도에 의한 위험물의 저장·취급 및 운반에 관하여는 「위험물안전관리법」을 적용하지 않으며, 시·도의 조례로 그 기술기준을 위임하고 있지도 않으므로 ③은 틀린 설명이다(법 제4조 및 제5조).

145 「위험물안전관리법」에 의한 위험물시설의 설치 등에 관한 설명으로 맞는 것은?

① 제조소등을 설치하고자 하는 자는 원칙적으로 그 설치장소를 관할하는 시·도지사 또는 소방서장의 허가를 받아야 한다.

② 제조소등의 설치허가를 받은 자는 제조소등의 설치를 마친 때부터 이를 사용할 수 있다.

③ 제조소등의 관계인은 당해 제조소등의 사용을 중지한 때에는 이를 시·도지사에게 신고하여야 한다.

④ 군부대시설을 위한 제조소등을 설치하고자 하는 군부대의 장은 제조소등의 소재지를 관할하는 시·도지사의 승인을 받아야 한다.

해설 ② 제조소등은 완공검사에 합격한 후에 사용할 수 있다.
③ 제조소등의 용도폐지에 대한 신고의무는 있으나 사용중지에 대한 신고의무는 없다.
④ 군용위험물시설의 설치를 위해서는 시·도지사와 협의하여야 한다(법 제6조·제7조·제9조 및 제11조).

146 「위험물안전관리법」에 의한 위험물시설의 안전관리에 관한 설명으로 옳은 것은?

① 제조소등의 관계인은 당해 제조소등의 위치·구조 및 설비가 기술기준에 적합하도록 유지·관리할 의무가 있다.

② 모든 제조소등의 관계인은 당해 제조소등의 화재예방과 화재 등 재해발생 시의 비상조치를 위하여 예방규정을 정하여야 한다.

③ 모든 제조소등의 관계인은 위험물의 안전관리에 관한 직무를 수행하게 하기 위하여 제조소등마다 위험물안전관리자를 선임하여야 한다.

④ 모든 제조소등의 관계인은 당해 제조소등이 기술기준에 적합한지의 여부를 정기적으로 점검하고 점검결과를 기록하여 보존하여야 한다.

해설 ②, ③ 및 ④의 의무는 일부 제조소등의 관계인에 대하여만 부과되는 의무이다(법 제14조·제15조·제17조 및 제18조).

147 탱크안전성능검사를 받지 않아도 되는 탱크는?

① 암반탱크

② 강화플라스틱제 이중벽탱크

③ 100만L 이상의 옥외저장탱크

④ 일반취급소에 설치된 지정수량 미만의 탱크

해설 제조소 또는 일반취급소에 설치된 탱크로서 지정수량 미만의 것은 충수·수압검사 대상에서 제외되며, 기초·지반검사, 용접부검사 또는 암반탱크검사의 대상에도 해당하지 않는다(영 제8조).

148 옥외저장소에 저장할 수 있는 위험물로서 정확하지 못한 것은?

① 제2류 위험물 중 유황 및 인화성 고체(인화점이 섭씨 0도 이상인 것에 한한다)

② 제4류 위험물 중 제1석유류·알코올류·제2석유류·제3석유류·제4석유류 및 동식물유류

③ 제6류

④ 위험물 「국제해사기구에 관한 협약」에 의하여 설치된 국제해사기구가 채택한 「국제해상위험물규칙」(IMDG Code)에 적합한 용기에 수납된 위험물

> **해설** 옥외저장소에 저장할 수 있는 제1석유류 위험물은 인화점이 섭씨 0도 이상인 것에 한정되므로 ②는 정확하지 못한 설명이다.

149 위험물운송자가 되고자 하는 자를 대상으로 한 강습교육의 교과목에 반드시 포함하여야 하는 내용이 아닌 것은?

① 연소 및 소화에 관한 기초이론

② 모든 위험물의 유별 공통성질과 화재예방 및 소화의 방법

③ 제4류 위험물의 품명별 일반성질, 화재예방 및 소화의 방법

④ 이동탱크저장소의 구조 및 설비작동법

> **해설** ③은 안전관리자 강습교육의 필수 교과목이다.

150 위험물제조소등의 허가에 관계된 설명으로 옳은 것은?

① 제조소등을 변경하고자 하는 경우에는 언제나 허가를 받아야 한다.

② 위험물의 품명을 변경하고자 하는 경우에는 언제나 허가를 받아야 한다.

③ 농예용으로 필요한 난방시설을 위한 지정수량 20배 이하의 저장소는 허가대상이 아니다.

④ 제조소등의 구조와 위험물의 품명을 함께 변경하고자 하는 경우에는 언제나 허가를 받아야 한다.

> **해설** 제조소등의 위치·구조 또는 설비 중 시행규칙에 정하는 사항을 변경하고자 하는 때에만 허가를 받으면 되고, 제조소등의 위치·구조 또는 설비의 변경을 초래하지 않는 위험물의 품명·수량 또는 지정수량 배수의 변경은 신고사항이다(법 6).
>
> **보충** 허가대상은 지정수량 이상의 위험물을 상시적으로 저장 또는 취급하기 위한 장소(제조소등)이다. 다만, 다음의 장소(제조소등)는 제외된다(법 6 Ⅰ·Ⅲ).
> ㉠ 주택의 난방시설(공동주택의 중앙난방시설은 제외)을 위한 저장소 또는 취급소
> ㉡ 농예용·축산용 또는 수산용으로 필요한 난방시설 또는 건조시설을 위한 지정수량 20배 이하의 저장소

151 정기점검을 하여야 하는 제조소등이 아닌 것은?

① 옥내탱크저장소

② 지하탱크저장소

③ 이동탱크저장소

④ 지정수량의 200배 이상의 위험물을 저장하는 옥외탱크저장소

> **해설** 정기점검 대상은 예방규정을 정하여야 하는 제조소등과 지하탱크저장소, 이동탱크저장소 및 지하에 매설된 위험물탱크가 있는 제조소·주유취급소 또는 일반취급소이므로 ①은 이에 해당되지 않는다(영 16).

152 「위험물안전관리법」에 의한 각종 신고의 기간에 관한 설명으로 틀린 것은?

① 안전관리자를 선임한 때에는 퇴직한 날부터 14일 이내에 신고하여야 한다.

② 제조소등의 설치자의 지위를 승계한 자는 승계한 날부터 30일 이내에 신고하여야 한다.

③ 제조소등의 용도를 폐지한 때에는 용도를 폐지한 날부터 14일 이내에 신고하여야 한다.

④ 위험물의 품명을 변경하고자 하는 자는 변경하고자 하는 날의 14일 전까지 신고하여야 한다.

> **해설** 법 제6조 제2항의 규정에 의하여 위험물의 품명·수량 또는 지정수량의 배수를 변경하고자 하는 자는 변경하고자 하는 날의 1일 전까지 신고하여야 하므로 ④는 틀린 설명이다(법 6 Ⅱ, 10, 11 및 15 Ⅲ).

153 위험물제조소등의 폐지신고를 태만히 한 자에 대한 과태료 금액으로 옳은 것은?

① 신고기한의 다음 날을 기산일로 하여 30일 이내에 신고한 자 : 50만 원

② 신고기한의 다음 날을 기산일로 하여 31일 이후에 신고한 자 : 70만 원

③ 허위로 신고한 자 : 100만 원

④ 신고를 하지 아니한 자 : 100만 원

> **해설** ① 30만 원, ② 70만 원, ③, ④는 모두 200만 원이다.
> 여기서, 신고기한이란 폐지일의 다음 날을 기산일로 하여 14일이 되는 날을 말한다.

154 위험물제조소등의 허가청으로서 설치, 변경 등에 관한 민원업무를 처리한 후 관계 행정기관에 통보하여야 하는 내용으로 옳은 것은?

① 시·도지사가 지위승계신고를 접수하고 처리한 경우 그 신고서와 첨부서류의 원본 및 처리결과를 관할소방서장에게 송부하여야 한다.

② 시·도지사가 용도폐지신고를 접수하고 처리한 경우 그 신고서와 첨부서류의 사본 및 처리결과를 관할소방서장에게 송부하여야 한다.

③ 시·도지사 또는 소방서장이 가사용 승인신청을 접수하고 처리한 경우 그 신청서의 사본 및 처리결과를 관할시장·군수·구청장에게 송부하여야 한다.

④ 시·도지사 또는 소방서장은 민원처리의 결과만 시장·군수·구청장에게 통보하면 되고 구조설비명세표 등의 서류를 첨부하지 않아도 된다.

> **해설** ① 신고서와 첨부서류의 사본 및 처리결과를 송부하여야 한다.
> ② 시·도지사가 그 신청서 또는 신고서와 첨부서류의 사본 및 처리결과를 관할소방서장에게 송부하여야 하는 신청, 신고 등은 군용위험물시설의 설치·변경 관련 서류 제출, 설치허가신청, 변경허가신청, 품명 등의 변경신고, 완공검사신청, 가사용 승인신청, 지위승계신고 또는 용도폐지신고이다.
> ③ 가사용 승인은 시장·군수·구청장에게 처리결과를 통보할 대상업무에 해당하지 않는다.
> ④ 신청서 또는 신고서와 구조설비명세표(설치허가신청 또는 변경허가신청에 한한다)의 사본 및 처리결과를 송부하여야 한다(規 24 Ⅱ, Ⅲ, 2006. 8. 3. 개정).

155 안전관리대행기관의 업무수행방법에 관한 설명으로 옳은 것은?

① 1인의 기술인력을 다수의 제조소등의 안전관리자로 중복하여 지정하는 경우에도 안전관리자의 업무를 성실히 대행할 수 있는 범위 내에서 관리하는 제조소등의 수가 10을 초과하지 아니하도록 하여야 한다.

② 1인의 기술인력을 다수의 제조소등의 안전관리자로 중복하여 지정할 수 있는 경우에는 안전관리자의 업무를 보조하는 자를 별도로 두지 않아도 된다.

③ 기술인력이 제조소등의 위치·구조 및 설비에 대한 점검과 위험물의 취급과 관련된 작업의 안전에 관하여 필요한 감독을 매월 4회(저장소의 경우에는 매월 2회) 이상 실시하는 경우에는 위험물의 취급작업에 참여하지 않을 수 있다.

④ 안전관리대행기관은 안전관리자로 지정된 안전관리대행기관의 기술인력이 일시적으로 직무를 수행할 수 없는 경우에는 안전관리원을 지정하여 안전관리자의 책무를 계속 수행하게 하여야 한다.

> **해설** ① 안전관리자의 업무를 성실히 대행할 수 있는 범위 내에서는 관리하는 제조소등의 수가 25를 초과하지 않으면 된다.
> ② 제조소등(지정수량 10배 이하의 저장소 제외)의 관계인은 대행기관이 지정한 안전관리자의 업무를 보조하도록 하기 위하여 안전관리원을 지정하여야 한다.

③ 기술인력이 위험물의 취급작업에 참여하지 아니하는 경우에 기술인력은 제조소등의 위치·구조 및 설비에 대한 점검과 위험물의 취급과 관련된 작업의 안전에 관하여 필요한 감독을 매월 4회(저장소의 경우에는 매월 2회) 이상 실시하여야 한다.

④ 안전관리대행기관은 기술인력이 여행·질병 그 밖의 사유로 인하여 일시적으로 직무를 수행할 수 없는 경우에는 안전관리대행기관에 소속된 다른 기술인력을 안전관리자로 지정하여야 한다.

156 탱크시험자 등록을 위한 신청서에 반드시 첨부하여야 하는 서류가 아닌 것은?

① 법인 등기부등본(법인의 경우에 한한다)

② 기술능력자 연명부 및 기술자격증

③ 안전성능시험장비의 명세서

④ 사무실의 확보를 증명할 수 있는 서류

> **해설** ① 담당공무원은 법인 등기부등본을 제출받는 것에 갈음하여 그 내용을 「전자정부 구현을 위한 행정업무 등의 전자화 촉진에 관한 법률」 제21조 제1항에 따른 행정정보의 공동이용을 통하여 확인하여야 한다.
>
> ②, ③, ④ 외의 첨부서류로는 보유장비 및 시험방법에 대한 기술검토 자료(공사로부터 기술검토를 받은 경우)와 「원자력법」에 의한 방사성 동위원소 이동사용허가증 또는 방사선 발생장치 이동사용허가증의 사본이 있다.

157 위험물안전관리자의 선임에 관한 설명으로 맞는 것은?

① 제조소등을 설치한 때에는 완공한 날부터 30일 이내에 선임하여야 한다.

② 선임한 때에는 30일 이내에 소방본부장 또는 소방서장에게 신고하여야 한다.

③ 안전관리자를 해임한 때에는 해임한 날부터 30일 이내에 새로운 안전관리자를 선임하여야 한다.

④ 안전교육이수자인 안전관리자가 퇴직한 때에는 소방서장에게 선임연기 신청을 하여 다음 번의 강습교육 시까지 선임을 연기할 수 있다.

> **해설** ① 최초의 선임은 위험물을 저장 또는 취급하기 전까지만 할 수 있는 것으로 해석된다.
>
> ② 신고기간은 14일이다.
>
> ③ 안전관리자를 해임하였거나 안전관리자가 퇴직한 때에는 그 날로부터 30일 이내에 새로운 안전관리자를 선임하면 된다.
>
> ④ 소방안전관리자와 달리 위험물안전관리자의 선임연기신청제도는 마련되어 있지 않다.

MEMO

CHAPTER 02

제조소등의 위치·구조 및 설비의 기준

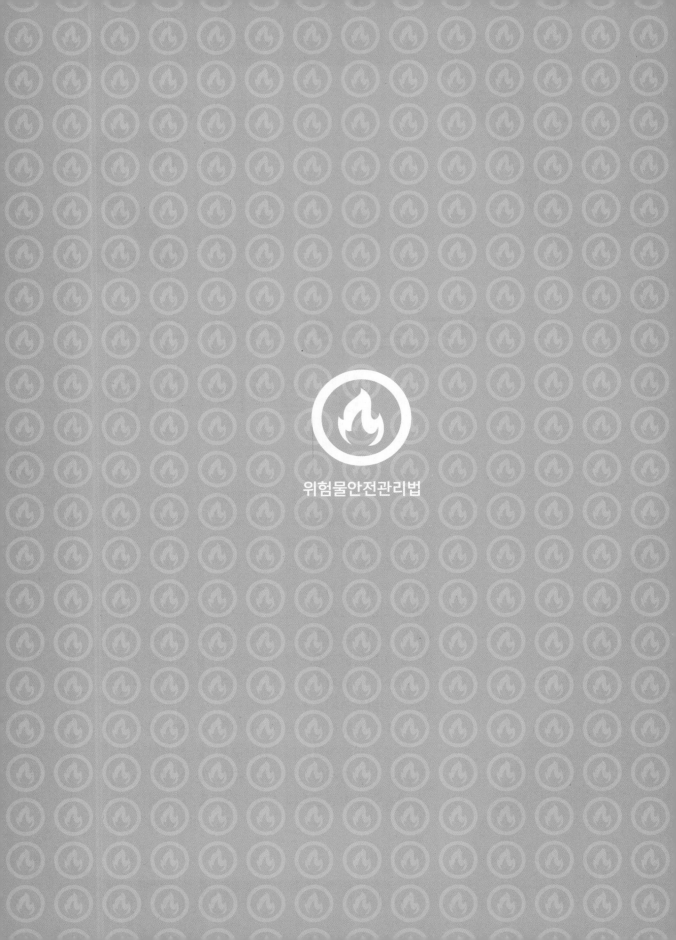
위험물안전관리법

01 기술기준에 관한 기본 개념

1 위험물탱크

(1) 탱크의 구분

1) 제조소등의 구분에 따른 구분

위험물탱크는 옥외탱크저장소, 옥내탱크저장소, 지하탱크저장소, 이동탱크저장소, 암반탱크저장소 등의 각종의 탱크저장소에 설치될 뿐만 아니라 제조소, 주유취급소 및 일반취급소에도 설치될 수 있다.

2) 탱크의 용도에 따른 구분(저장탱크와 취급탱크)

① 저장탱크 : 위험물을 저장하기 위한 목적으로 설치하는 탱크로서 옥외탱크저장소, 옥내탱크저장소, 지하탱크저장소, 간이탱크저장소, 이동탱크저장소 및 암반탱크 저장소의 각 탱크가 이에 해당한다.

② 취급탱크 : 위험물을 취급하기 위한 목적으로 설치하는 탱크로서 제조소 또는 일반취급소에서 사용되고 있다. 이러한 취급탱크는 그 설치위치에 따라 옥외에 있는 취급탱크, 옥내에 있는 취급탱크 및 지하에 있는 취급탱크로 구분되고 있다. 그런데 그 기술기준은 옥외탱크저장소, 옥내탱크저장소 및 지하탱크저장소의 기준을 대부분 준용하되, 제조소시설의 일부를 이루는 것이기에 안전거리, 보유공지, 표지 및 게시판에 관한 기준은 준용하지 않고 있다. 또한 옥외 또는 옥내에 있는 취급탱크는 방유제 또는 방유턱의 용량기준에서 탱크저장소와 차이가 있다.

3) 주유취급소 탱크의 구분

주유취급소에는 전용탱크, 폐유탱크 등 및 간이탱크가 있다. 이러한 탱크도 취급탱크의 일종이다.

① 전용탱크

　　㉠ 자동차 등에 주유하기 위한 고정주유설비에 직접 접속하는 50,000L(고속도로 주유취급소는 60,000L) 이하의 것

      ⓛ 고정급유설비에 직접 접속하는 전용탱크로서 50,000L(고속도로 주유취급소
       는 60,000L) 이하의 것

      ⓒ 보일러 등에 직접 접속하는 전용탱크로서 10,000L 이하의 것

  ② 폐유탱크 등 : 자동차 등을 점검·정비하는 작업장 등(주유취급소 안에 설치된 것에
   한한다)에서 사용하는 폐유·윤활유 등의 위험물을 저장하는 탱크로서 용량(2 이상
   설치하는 경우에는 각 용량의 합계를 말한다)이 2,000L 이하인 탱크를 말한다.

  ③ 간이탱크 : 고정주유설비 또는 고정급유설비에 직접 접속하는 3기 이하의 간이탱
   크를 말한다.

4) 법령에 의한 그 밖의 탱크 구분

  ① 특수 액체위험물탱크 : 지중탱크와 해상탱크를 말하며, 옥외저장탱크의 일종이다.
   지중탱크는 저부가 지반면 아래에 있고 상부가 지반면 이상에 있으며 탱크 내 위
   험물의 최고액면이 지반면 아래에 있는 원통종형식의 위험물탱크를 말하고, 해상
   탱크는 해상의 동일 장소에 정치(定置)되어 육상에 설치된 설비와 배관 등에 의하
   여 접속된 위험물탱크를 말한다.

  ② 특정옥외저장탱크와 준특정옥외저장탱크 : 옥외탱크저장소 중 그 저장 또는 취급하
   는 액체위험물의 최대수량이 100만L 이상의 것을 "특정옥외탱크저장소"라 하고,
   그 저장 또는 취급하는 액체위험물의 최대수량이 50만L 이상 100만L 미만의 것
   을 "준특정옥외탱크저장소"라 한다.

  ③ 이중벽탱크 : 지하저장탱크의 외면에 누설을 감지할 수 있는 틈(감지층)이 생기도
   록 강판 또는 강화플라스틱 등으로 피복한 지하탱크를 말하며, 저장탱크 및 피복
   의 재질에 따라 다음과 같이 구분할 수 있다.

> • 강제 이중벽탱크(S-S Tank)
> • 강제 강화플라스틱제 이중벽탱크(S-F Tank)
> • 강화플라스틱제 이중벽탱크(F-F Tank)

(2) 탱크의 용량 산정(規 5 및 告 25)

  ① 탱크의 용량 = 탱크의 내용적 − 탱크의 공간용적

🔧 예외

> 제조소 또는 일반취급소의 위험물을 취급하는 탱크 중 특수한 구조 또는 설비를 이용함에 따라
> 당해 탱크 내의 위험물의 최대량이 상기의 기준에 의한 용량 이하인 경우에는 당해 최대량을 용
> 량으로 한다.

  ② 탱크의 용량과 허가량 : 탱크의 용량은 법령상 최대로 저장·취급할 수 있는 위험
   물의 양, 즉 허가량이 된다.

2 안전거리

(1) 개념

안전거리란 위험물시설과 방호대상물(보호대상물)로 지정된 건축물 등과의 사이에 확보하여야 하는 수평거리를 말하며, 수평거리를 재는 기산점은 위험물시설 또는 방호대상물의 외벽 또는 이에 상당하는 공작물의 외측이다.

(2) 안전거리 규제를 받는 위험물시설과 방호대상물별 안전거리

안전거리 규제를 받는 위험물시설	안전거리 규제를 받는 방호대상물 및 해당 안전거리	안전거리 규제를 받지 않는 위험물시설
제조소 옥내저장소 옥외탱크저장소 옥외저장소 일반취급소	① 주거용도 건축물 등(제조소등이 있는 부지 내의 것을 제외) : 10m 이상 ② 학교·병원·극장 그 밖에 다수인을 수용하는 시설로서 다음의 어느 하나에 해당하는 것 : 30m 이상 　㉠ 학교(「초·중등교육법 및 고등교육법」) 　㉡ 병원급 의료기관(「의료법」) 　㉢ 공연장(「공연법」), 영화상영관(영화 및 비디오물의 진흥에 관한 법률) 그 밖에 이와 유사한 시설로서 3백 명 이상의 인원을 수용할 수 있는 것 　㉣ 아동복지시설(「아동복지법」), 노인복지시설(「노인복지법」), 장애인복지시설(「장애인복지법」), 한부모가족복지시설(「한부모가족지원법」), 어린이집(「영유아보육법」), 성매매 피해자 등을 위한 지원시설(「성매매 방지 및 피해자 보호 등에 관한 법률」), 정신보건시설(「정신보건법」), 보호시설(「가정폭력 방지 및 피해자 보호 등에 관한 법률」) 그 밖에 이와 유사한 시설로서 20명 이상의 인원을 수용할 수 있는 것 ③ 유형문화재와 기념물 중 지정문화재(「문화재보호법」) : 50m 이상 ④ 고압가스, 액화석유가스 또는 도시가스를 저장 또는 취급하는 시설로서 다음의 1에 해당하는 것 : 20m 이상(단, 당해 시설의 배관 중 제조소등이 있는 부지 내의 것은 제외) 　㉠ 「고압가스 안전관리법」의 규정에 의하여 허가를 받거나 신고를 하여야 하는 고압가스제조시설(용기에 충전하는 것을 포함한다) 또는 고압가스사용시설로서 1일 30m³ 이상의 용적을 취급하는 시설이 있는 것 　㉡ 「고압가스 안전관리법」의 규정에 의하여 허가를 받거나 신고를 하여야 하는 고압가스저장시설 　㉢ 「고압가스 안전관리법」의 규정에 의하여 허가를 받거나 신고를 하여야 하는 액화산소소비시설 　㉣ 「액화석유가스의 안전관리 및 사업법」의 규정에 의하여 허가를 받아야 하는 액화석유가스제조시설 및 액화석유가스저장시설 　㉤ 「도시가스사업법」 제2조 제5호의 규정에 의한 가스공급시설 ⑤ 사용전압이 7,000V 초과 35,000V 이하의 특고압가공전선 : 3m 이상 ⑥ 사용전압이 35,000V를 초과하는 특고압가공전선 : 5m 이상	옥내탱크저장소 지하탱크저장소 간이탱크저장소 이동탱크저장소 암반탱크저장소 주유취급소 판매취급소 이송취급소

※ 이 표에서 안전거리 규제를 받는 위험물시설이란 공통적인 보호대상물로부터 이격거리 규제를 적용받는 것을 말하며, 이동탱크저장소의 상치장소 또는 이송취급소의 경우 별도의 안전거리 이격 규제가 있다.

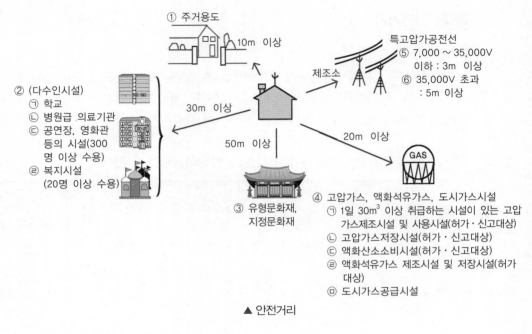

▲ 안전거리

(3) 안전거리의 기산점

안전거리를 재는 기산점은 안전거리 규제를 받는 위험물시설의 외벽 또는 이에 상당하는 공작물의 외측과 방호대상물의 외벽 또는 이에 상당하는 공작물의 외측이다. 그리고 위험물시설과 방호대상물의 사이에 안전거리의 적용을 받지 않는 건축물이나 공작물이 위치하는 것도 가능하다.

3 보유공지

(1) 개념

보유공지는 위험물을 저장 또는 취급하는 건축물 그 밖의 시설(위험물을 이송하기 위한 배관 그 밖에 이와 유사한 시설을 제외한다)의 주위에 그 저장·취급하는 위험물의 최대수량 등에 따라 보유하여야 하는 공지를 말한다.

보유공지는 위험물을 저장 또는 취급하는 시설에 화재가 난 경우 또는 그 주위의 건축물 등에 화재가 난 경우에 상호 연소를 저지하고 소방활동을 하기 위한 공간이다. 그 밖에 점검 및 보수와 피난을 위한 공간으로도 일부 기능한다고 할 수 있다. 따라서, 보유공지는 수평의 탄탄한 지반이어야 하고 당해 공지의 지반면 및 윗부분에는 원칙적으로 다른 물건 등이 없어야 한다. 또한 보유공지도 제조소등의 구성부분이기 때문에 원칙적으로 당해 시설의 관계인이 소유권, 지상권, 임차권 등의 권원을 가지고 있어야 한다. 안전거리와의 차이점은 다음 표와 같다.

안전거리	보유공지
보호대상물의 존재를 전제로 함	보호대상물의 존재를 전제로 하지 않음
보호대상물과의 거리 개념	위험물시설 주위의 공간 개념(공터 및 그 상공)

(2) 보유공지 규제를 받는 위험물시설

제조소등의 구분	해당 규정	보유공지의 폭
제조소	規 별표 4 Ⅱ	지정수량의 10배 미만의 것은 3m 이상, 10배 이상의 것은 5m 이상
옥내저장소	規 별표 5 Ⅰ ②	형태, 배수, 건물구조에 따라 각각 다름
옥외탱크저장소	規 별표 6 Ⅱ	
옥외에 설치된 간이탱크저장소	規 별표 9 ④	탱크의 주위에 1m 이상
옥외저장소	規 별표 11 Ⅰ ① 라	경계주위에 위험물의 배수에 따라 확보
일반취급소	規 별표 16 Ⅰ	제조소에 준하나 형태에 따라 다름

* 보유공지 기준은 제조소등의 종류, 저장·취급하는 위험물의 종류·최대수량 또는 건축물의 구조 등에 따라 달라진다. 한편, 주유취급소의 주유공지는 차량의 출입 및 주유작업에 필요한 것으로 보유공지와는 다른 성격의 것이며, 이송취급소의 경우 배관 주위의 보유공지 기준을 별도로 정하고 있다.

4 표지 및 게시판

(1) 표지

표지는 어떤 위험물시설이 존재한다는 것을 알리고 방화상의 주의를 환기시키기 위해 설치하는 것으로 제조소등별 표지의 규격 등은 다음과 같다.

1) 이동탱크저장소(規 별표 10 Ⅴ)

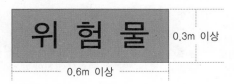

☞ 바탕 : 흑색
문자 : 황색(반사성)
규격 : 0.3m 이상×0.6m 이상의 횡형 사각형
※ 차량의 전면 및 후면의 상단

2) 이동탱크저장소 외의 제조소등

☞ 바탕 : 백색
문자 : 흑색
규격 : 0.3m 이상×0.6m 이상의 직사각형
※ 문자는 각각 「위험물 옥내저장소」,
「위험물 주유취급소」 등

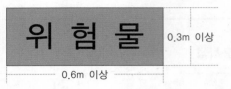

참고

지정수량 이상 위험물 운반차량의 표지(規 별표 19 Ⅲ)

위 험 물

0.3m 이상

0.6m 이상

☞ 바탕 : 흑색
문자 : 황색(반사성)
규격 : 0.3m 이상×0.6m 이상의 횡형 사각형
※ 지정수량 이상의 위험물을 운반하는 차량의
　　전면 및 후면의 보기 쉬운 위치

(2) 게시판

게시판에는 방화에 관하여 필요한 사항을 기재하는 게시판과 탱크주입구 및 펌프설비의 게시판이 있다. 방화상 필요한 사항을 기재하는 게시판에는 당해 시설에서 취급하는 위험물의 유별·품명, 최대저장수량(최대취급수량), 위험물안전관리자 성명 및 위험물에 대한 주의사항을 기재한다. 방화상 필요한 사항을 기재한 게시판은 내용상 시설개요의 게시판과 주의사항의 게시판으로 구분할 수 있다.

1) 시설개요 게시판

제조소등(이동탱크저장소 제외)에는 다음과 같이 제조소등의 시설개요에 관한 사항을 기재한 게시판을 설치하여야 한다.

0.6m(0.3m) 이상

유별 · 품명 저장(취급)최대수량 지정수량의 배수 안전관리자의 성명 또는 직명	0.3m(0.6m) 이상

• 바탕 : 백색
• 문자 : 흑색
• 규격 : 0.3m 이상×0.6m
　　이상의 직사각형

(실례)

위험물의 유별 : 제4류 위험물의 품명 : 제1석유류(휘발유) 저장최대수량 : 5,000L 위험물안전관리자 : 홍길동

2) 주의사항 게시판

제조소등(이동탱크저장소 제외)에는 저장 또는 취급하는 위험물에 따라 다음과 같이 주의사항을 표시한 게시판을 설치하여야 한다.

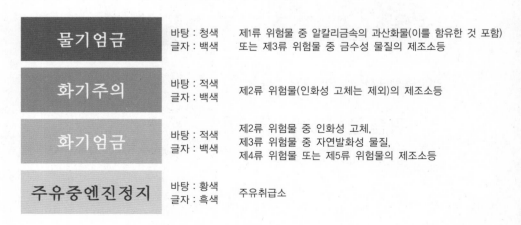

	바탕·글자	대상
물기엄금	바탕 : 청색 글자 : 백색	제1류 위험물 중 알칼리금속의 과산화물(이를 함유한 것 포함) 또는 제3류 위험물 중 금수성 물질의 제조소등
화기주의	바탕 : 적색 글자 : 백색	제2류 위험물(인화성 고체는 제외)의 제조소등
화기엄금	바탕 : 적색 글자 : 백색	제2류 위험물 중 인화성 고체, 제3류 위험물 중 자연발화성 물질, 제4류 위험물 또는 제5류 위험물의 제조소등
주유중엔진정지	바탕 : 황색 글자 : 흑색	주유취급소

3) 탱크주입구 및 펌프설비의 게시판

인화점이 21℃ 미만인 위험물을 저장하는 몇몇 탱크저장소의 탱크주입구와 인화점이 21℃ 미만인 위험물을 취급하는 펌프설비에는 보기 쉬운 곳에 다음의 기준에 의한 게시판을 설치하여야 한다. 다만, 소방본부장 또는 소방서장이 화재예방상 당해 게시판을 설치할 필요가 없다고 인정하는 경우에는 설치하지 않을 수 있다. 또한 이와 유사한 것으로서 주유취급소의 펌프실 등에 설치하여야 하는 표지와 게시판이 있다.

○○저장탱크 주입구 유별·품명 주의사항	0.3m (0.6m) 이상	○○저장탱크 펌프설비 유별·품명 주의사항
0.6m(0.3m) 이상		

〈색상〉
바탕 : 백색
문자 : 흑색
주의사항 : 적색
[내용은 앞 2)와 같음]

〈설치대상〉
옥외탱크저장소,
옥내탱크저장소 및 지하
탱크저장소의 탱크 주입구
및 펌프설비에 설치

※ 인화점 21℃ 미만의 것에 한함.

5 소방설비

(1) 소화설비

제조소등에는 화재발생 시 소화가 곤란한 정도에 따라 그 소화에 적응성이 있는 소화설비를 설치하여야 한다.

소화가 곤란한 정도는 제조소등의 규모, 저장 또는 취급하는 위험물의 품명 및 최대수량 등에 따라 「소화난이도 등급 Ⅰ」, 「소화난이도 등급 Ⅱ」 및 「소화난이도 등급 Ⅲ」으로 구분되며, 각 소화난이도 등급에 따라 요구되는 소화설비 중 소화적응성이 있는 것을 설치하여야 한다(規 41 및 별표 17).

소화난이도 구분	해당하는 제조소등의 예	설치하여야 하는 소화설비
소화난이도 등급 Ⅰ	연면적 1,000m² 이상의 제조소 또는 일반취급소	옥내소화전설비, 옥외소화전설비, 스프링클러설비 또는 물분무등소화설비 (+ 대형수동식소화기 + 소형수동식소화기)
소화난이도 등급 Ⅱ	연면적 600m² 이상의 제조소 또는 일반취급소	대형수동식소화기 + 소형수동식소화기
소화난이도 등급 Ⅲ	지하탱크저장소 이동탱크저장소	소형수동식소화기 2개

(2) 경보설비

지정수량의 10배 이상의 위험물을 저장 또는 취급하는 제조소등(이동탱크저장소를 제외)에는 화재발생 시 이를 알릴 수 있는 경보설비를 설치하여야 한다.

1) 경보설비의 종류

① 자동화재탐지설비

② 비상경보설비(비상벨장치 또는 경종 포함)

③ 확성장치(휴대용확성기 포함)

④ 비상방송설비

2) 자동화재탐지설비를 설치하여야 하는 제조소등

지정수량의 배수가 10 이상의 것으로서 다음과 같은 것(예)이 있다.

① 연면적이 500m² 이상인 제조소 및 일반취급소

② 지정수량의 100배 이상을 취급하는 옥내에 있는 제조소(고인화점 위험물만을 100℃ 미만으로 취급하는 것은 제외)

③ 처마높이가 6m 이상인 단층건물의 옥내저장소

④ 단층건물 외의 건축물에 설치된 옥내탱크저장소로서 소화난이도 등급 Ⅰ에 해당하는 것

⑤ 옥내주유취급소

3) 자동화재탐지설비, 비상경보설비, 확성장치 또는 비상방송설비 중 어느 하나 이상을 설치하여야 하는 제조소등

자동화재탐지설비 설치 대상인 제조소등 외의 것으로서 지정수량의 10배 이상인 것 (이동탱크저장소 및 이송취급소는 제외)

※ 이송취급소의 경보설비 설치기준은 규칙 별표 15 Ⅳ 제14호에 별도로 규정하고 있다.

(3) 피난설비

주유취급소 중 건축물의 2층 이상의 부분을 점포·휴게음식점 또는 전시장의 용도로 사용하는 것과 옥내주유취급소에는 피난설비로 유도등을 설치하여야 한다.

> **핵심 꼼꼼 체크**
>
> ① 소화설비는 제조소등의 구분, 위험물의 품명·최대수량 등에 따라 「소화난이도 등급 Ⅰ」, 「소화난이도 등급 Ⅱ」 및 「소화난이도 등급 Ⅲ」의 3가지 등급으로 나누어지고 각각의 구분에 따라 기준이 정해져 있다(規 41 및 별표 17).
> ② 지정수량의 10배 이상의 위험물을 저장 또는 취급하는 제조소등에는 화재가 발생한 경우에 이를 알릴 수 있는 경보설비를 설치하여야 한다(規 42 Ⅰ).
> ③ 위험물시설 중 일부 주유취급소에는 피난설비로서 유도등을 설치하여야 한다(規 42 Ⅱ).

02 제조소의 위치·구조 및 설비의 기준

1 개요

위험물을 제조하는 시설은 옥외에 설치되어 "플랜트"라고 불리는 시설을 형성하는 것, 옥외 및 옥내에 설치된 설비·장치·탑조류를 일체로 한 상태로 시설을 형성하는 것, 옥내에 설치된 설비·장치·탑조류로서 건축물 상태로 시설을 형성하는 것 등이 있다.

이 다양한 실태로부터 제조소의 위치·구조 및 설비의 기술상 기준은 건축물과 그 밖의 공작물을 포괄적으로 파악하는 기준으로서 건축물, 설비, 탑조류 등에 관계된 것을 정할 필요가 있게 된다.

2 일반기준

제조소에 관한 위치·구조 및 설비의 기준 중 주요한 사항은 다음과 같다.

① 위치에 관한 것 : 안전거리의 확보 및 보유공지의 보유
② 제조소의 건축물의 구조에 관한 것
③ 위험물의 취급안전상 건축물에 설치하여야 하는 설비에 관한 것
④ 위험물을 취급하는 설비·장치 등의 안전상 설치하여야 하는 설비·장치에 관한 것
⑤ 위험물을 취급하는 각종 탱크 및 배관의 위치·구조 및 설비에 관한 것
⑥ 위험물 취급의 규모, 태양 등에 따라 설치하여야 하는 소화설비 및 경보설비에 관한 것

3 특례기준

소정의 제조소에 대하여는 위치·구조 및 설비의 기준(規 별표 4 Ⅰ ~ Ⅹ)에 대하여 특례를 정하고 있는데, 이 특례의 대상으로 된 제조소와 특례기준은 다음 표와 같다. 이 중 ①의 기준은 본칙에 정한 기준의 완화특례, ②의 기준은 본칙에 정한 기준의 강화특례이다.

	시설의 태양	특례기준	비 고
①	고인화점 위험물(인화점이 100℃ 이상인 제4류 위험물)을 100℃ 미만의 온도에서 취급하는 제조소	規 별표 4 ⅩⅠ	완화특례
②	알킬알루미늄등, 아세트알데히드등 또는 히드록실아민등을 취급하는 제조소	規 별표 4 ⅩⅡ	강화특례

 1 개요

"옥내저장소"는 위험물을 용기에 수납하여 저장창고에서 저장하는 시설을 말하는 것으로, 소위 위험물 창고라 말할 수 있다.

옥내저장소에 있어서 위험물의 저장량은 저장창고의 크기에 달려 있지만, 저장창고에 대하여는 그 건축물의 면적, 층수 및 처마높이를 제한하는 등에 의하여 위험물의 저장에 수반되는 위험성의 증대를 억제하고 있다.

옥내저장소의 저장창고는 독립 전용의 단층건물로 하는 것을 기본으로 하되, 비교적 위험성이 낮다고 인정되는 위험물의 저장에 한하여 단층건물 외의 저장창고를, 또한 소규모 저장의 옥내저장소에 한하여 건축물 내의 부분설치를 인정하여 필요한 기준을 정하고 있다. 이러한 관계를 표로 정리하면 다음과 같다.

옥내저장소의 태양	필수요건	관계 규정
독립 전용 단층건물의 저장창고	–	規 별표 5 Ⅰ
독립 전용 다층건물의 저장창고	제2류 또는 제4류 위험물(인화성 고체 및 인화점 70℃ 미만의 제4류 위험물은 제외)만을 저장하는 것	規 별표 5 Ⅱ
건축물 내 부분설치의 저장창고	지정수량의 20배 이하의 것	規 별표 5 Ⅲ

2 일반기준

옥내저장소에 관한 위치·구조 및 설비의 기준 중 주요한 사항은 다음과 같다.

① 위치에 관한 것(부분설치의 옥내저장소를 제외한다) : 안전거리 및 보유공지
② 저장창고의 구조에 관한 것
③ 저장창고의 수납장에 관한 것
④ 위험물 저장의 안전상 저장창고에 설치하여야 하는 설비에 관한 것
⑤ 위험물 취급의 규모, 태양 등에 따라 설치하여야 하는 소화설비 및 경보설비에 관한 것

3 특례기준

소정의 옥내저장소에 대하여는 위치·구조 및 설비의 기준에 대하여 특례를 정하고 있는데, 이 특례의 대상이 되는 옥내저장소와 특례기준은 다음 표와 같다. 이 표에서 ① 및 ②의 ㉠ 기준은 규칙 별표 5 Ⅰ에 정한 기준(단층건물의 옥내저장소에 적용하는 기준)의 완화특례이고, ②의 ㉡ 기준은 규칙 별표 5 Ⅱ에 정한 기준(다층건물의 옥내저장소에 적용하는 기준)의 완화특례이며, ③의 기준은 규칙 별표 5 Ⅰ에 정한 기준의 강화특례이다.

시설의 태양			특례기준
①	저장위험물이 지정수량의 50배 이하인 옥내저장소(단층건물의 것)		規 별표 5 Ⅳ
②	고인화점 위험물(인화점 100℃ 이상 제4류 위험물)만 저장하는 옥내저장소	㉠ 저장창고가 단층건물인 것	規 별표 5 Ⅴ
		㉡ 저장창고가 다층건물인 것	規 별표 5 Ⅵ
		㉢ 저장위험물이 지정수량의 50배 이하인 것(단층건물의 것)	規 별표 5 Ⅶ
③	지정과산화물의 옥내저장소		規 별표 5 Ⅷ ②
	알킬알루미늄등의 옥내저장소		規 별표 5 Ⅷ ③
	히드록실아민등의 옥내저장소		規 별표 5 Ⅷ ④

03-2 옥외탱크저장소의 위치·구조 및 설비의 기준

1 개요

옥외탱크저장소는 옥외에 있는 탱크(지하저장탱크, 간이저장탱크, 이동저장탱크, 암반탱크를 제외)에 위험물을 저장하는 시설을 말하는 것으로, 위험물저장시설 중 다량의 위험물을 저장하는데 가장 많이 사용되고 있다.

이에 위험물 저장의 안전 확보를 위하여 액체위험물을 저장하는 100만L 이상의 옥외탱크저장소(특정옥외탱크저장소)와 50만L 이상 100만L 미만의 옥외탱크저장소(준특정옥외탱크저장소)는 다른 옥외탱크저장소에 비하여 위치·구조 및 설비를 상세하고 엄격하게 하고 있다.

또한, 옥외탱크저장소에는 일반적인 형태의 탱크 외에 특수한 형태의 탱크로서 지중탱크(탱크 저부가 지면 아래에 있고 탱크 윗부분이 지면 위에 있는 탱크)와 해상탱크(해상에 떠 있지만 동시에 동일 장소에 정치하는 조치를 하고 육상에 설치한 제설비와 배관 등에 접속한 탱크)가 있다. 이 특수한 형태의 탱크에 대하여는 일반적인 탱크와는 다른 위치·구조 및 설비의 기준을 정하고 있다.

2 일반기준

옥외탱크저장소에 관한 위치·구조 및 설비의 기준 중 주요한 사항은 다음과 같다.

① 위치에 관한 것 : 안전거리 및 보유공지
② 탱크의 기초·지반에 관한 것
③ 탱크의 구조에 관한 것
④ 탱크의 용접부시험에 관한 것

⑤ 탱크에 의한 위험물 저장의 안전상 옥외저장탱크에 설치하여야 하는 설비 등에 관한 것

⑥ 탱크에 부속하여 설치하는 배관·펌프 그 밖의 설비의 위치·구조 및 설비에 관한 것

⑦ 탱크의 방유제에 관한 것

⑧ 위험물의 저장규모 등에 따라 설치하여야 하는 소화설비에 관한 것

3 특례기준

소정의 옥외탱크저장소에 대하여는 위치·구조 및 설비의 기준에 대하여 특례를 정하고 있는데, 이 특례의 대상이 되는 옥외탱크저장소와 특례기준은 다음 표와 같다. 이 표에서 ①의 기준은 규칙 별표 6 Ⅰ 내지 Ⅸ에 정한 기준(일반옥외탱크저장소에 적용하는 기준)의 완화특례이고, ②의 기준은 일반옥외탱크저장소 기준의 강화특례이며, ③의 기준은 일반옥외탱크저장소 기준과는 별개의 특례이다.

시설의 태양		특례기준
①	고인화점 위험물(인화점 100℃ 이상 제4류 위험물)만을 100℃ 미만의 온도로 저장하는 옥외탱크저장소	規 別表 6 Ⅹ
②	특정 위험물의 옥외탱크저장소 (위험물의 성질에 따른 옥외탱크저장소)	알킬알루미늄등의 옥외탱크저장소	規 別表 6 ⅩⅠ
		아세트알데히드등의 옥외탱크저장소	規 別表 6 ⅩⅠ
		히드록실아민등의 옥외탱크저장소	規 別表 6 ⅩⅠ
③	지중탱크에 관계된 옥외탱크저장소	規 別表 6 ⅩⅡ
	해상탱크에 관계된 옥외탱크저장소	規 別表 6 ⅩⅢ

03-3 옥내탱크저장소의 위치·구조 및 설비의 기준

1 개요

옥내탱크저장소는 건축물 내에 설치하는 탱크(지하저장탱크, 간이저장탱크, 이동저장탱크를 제외)에 위험물을 저장하는 시설을 말하는 것으로, 옥외탱크저장소에 대응하는 저장시설이라 할 수 있다.

옥내탱크저장소는 저장탱크를 옥내에 설치하는 시설이라는 특수성으로부터 저장탱크 용량을 제한하는 등에 의하여 위험물의 저장에 따르는 위험성 증대를 억제하고 있다. 또한, 옥내탱크저장소는 단층건축물에 설치한 탱크전용실에 설치하는 것을 원칙적인 것으로 하고 비교적 위험성이 낮다고 인정되는 위험물의 저장에 한하여 탱크전용실을 단층 건물 외의 건축물에 설치할 수 있도록 하고 필요한 기준을 정하고 있다.

이러한 관계를 표로 나타내면 다음과 같다.

탱크전용실의 설치장소	저장하는 위험물	관계규정
단층건물의 건축물 내	모든 위험물	規 별표 7 I
단층건물 외의 건축물 내	제2류 위험물 중 황화린, 적린, 덩어리 유황 제3류 위험물 중 황린 제4류 위험물 중 인화점 40℃ 이상의 것 제6류 위험물 중 질산	規 별표 7 II

2 일반기준

옥내탱크저장소에 관한 위치·구조 및 설비의 기준 중 주요한 사항은 다음과 같다.

① 탱크의 용량 제한에 관한 것
② 탱크의 구조에 관한 것
③ 탱크에 의한 위험물 저장의 안전상 옥내저장탱크에 설치하여야 하는 설비 등에 관한 것
④ 탱크에 부속하여 설치하는 배관·펌프 그 밖의 설비의 위치·구조 및 설비에 관한 것
⑤ 탱크전용실의 구조에 관한 것
⑥ 탱크전용실에 설치하여야 하는 설비에 관한 것
⑦ 위험물의 저장규모 등에 따라 설치하여야 하는 소화설비에 관한 것

3 특례기준

소정의 위험물을 저장하는 옥내탱크저장소에 대하여는 위치·구조 및 설비의 기준(規 별표 7 I)에 대한 강화특례를 정하고 있는데, 알킬알루미늄등, 아세트알데히드등 및 히드록실아민등을 저장하는 옥내탱크저장소를 그 대상으로 하고 있다(規 별표 7 II).

03-4 지하탱크저장소의 위치·구조 및 설비의 기준

1 개요

지하탱크저장소는 지반면하에 매설하는 탱크에 위험물을 저장하는 시설을 말하는 것으로, 다른 탱크에 의한 저장시설에 비하여 화재에 대한 안전성은 가장 높은 저장시설이라 할 수 있다. 반면에 지중에 매설되는 탱크이므로 부식과 누설에 대한 감시조건이 다른 탱크에 비하여 취약하기 때문에 탱크의 구조 및 설비의 기준에 관하여 그 대책을 마련하고 있다.

이러한 현상에 따라 지하탱크저장소의 지하저장탱크는 위험물의 누설을 방지하는 관점에서 그 구조를 단일벽탱크와 이중벽탱크로 대별할 수 있으며, 단일벽탱크는 2가지 형태, 이중벽탱크는 3가지 형태로 분류하여 지반면하에 설치하는 여러 기술상의 기준을 정하고 있다.

(1) 단일벽탱크(강제탱크)

① 강제탱크를 방수조치를 한 철근콘크리트조의 탱크실 내에 설치한 것
② 강제탱크를 방수조치를 한 콘크리트로 직접 피복하여 둘러싼 것(특수누설방지구조)

(2) 이중벽탱크

① 강제탱크에 강판을 사이 틈이 생기도록 부착하고 위험물의 누설을 항상 감지하기 위한 설비를 설치한 것(강제 이중벽탱크)
② 강제탱크에 강화플라스틱을 사이 틈이 생기도록 부착하고 상기 ①과 같은 누설감지설비를 설치한 것(강제강화플라스틱제 이중벽탱크)
③ 강화플라스틱제 등의 탱크에 강화플라스틱을 사이 틈이 생기도록 부착하고 상기 ①과 같은 누설감지설비를 설치한 것(강화플라스틱제 이중벽탱크)

이들 각각에 대하여 그 위치·구조 및 설비의 기준을 정하고 있는데, 이러한 관계를 표로 나타내면 다음과 같다.

	지하저장탱크의 형태·명칭	관계규정	
단일벽 탱크	탱크실 내 설치탱크(탱크실 생략 탱크 포함)	規 별표 8 Ⅰ	
	콘크리트피복탱크(특수누설방지구조)	規 별표 8 Ⅲ	
이중벽 탱크	강제 이중벽탱크	規 별표 8 Ⅱ ② 가	吿 39·106
	강제 강화플라스틱제 이중벽탱크	規 별표 8 Ⅱ ② 나 1) 가) 등	吿 37·99·101~104
	강화플라스틱제 이중벽탱크	規 별표 8 Ⅱ② 나 1) 나) 등	吿 38·105

2 일반기준

지하탱크저장소에 관한 위치·구조 및 설비의 기준 중 주요한 사항은 다음과 같다.

① 탱크의 매설방법에 관한 것
② 탱크의 구조에 관한 것
③ 탱크에 의한 위험물 저장의 안전상 지하저장탱크에 설치하여야 하는 설비 등에 관한 것
④ 탱크에 부속하여 설치하는 배관·펌프 그 밖의 설비의 위치·구조 및 설비에 관한 것
⑤ 탱크전용실의 구조 등에 관한 것

3 특례기준

소정의 위험물을 저장하는 지하탱크저장소에 대하여는 위치·구조 및 설비의 기준(規 별표 8 Ⅰ~ Ⅲ)에 대한 강화특례를 정하고 있는데, 아세트알데히드등 및 히드록실아민등을 저장하는 지하탱크저장소를 그 대상으로 하고 있다(規 별표 8 Ⅳ).

03-5 간이탱크저장소의 위치·구조 및 설비의 기준

1 개요

간이탱크저장소는 소용량의 탱크에 위험물을 저장하는 시설을 말하는 것이며, 소용량 탱크인 간이저장탱크는 일반적으로 포터블탱크라고 부르기도 하는데 현실에서는 주로 바퀴를 부착한 소용량의 탱크로 있다.

간이탱크저장소는 탱크에 의한 위험물저장시설 중에서도 특히 소용량의 위험물을 저장 하는 경우에 설치할 수 있도록 하는 시설이기 때문에 탱크의 용량 및 기수에 대하여 제한 이 있다. 따라서, 간이탱크저장소의 위치·구조 및 설비는 다른 탱크저장시설에 비하여 그 기준이 간단한 것이 특징이다. 또한, 간이저장탱크는 옥외에 설치하는 것을 원칙으로 하지만 소정의 구조로 된 탱크전용실에 수납하는 경우에 한하여 옥내에 설치하는 것이 인정된다.

2 일반기준

간이탱크저장소에 관한 위치·구조 및 설비의 기준 중 주요한 사항은 다음과 같다.

① 간이탱크저장소의 설치장소에 관한 것
② 탱크의 용량, 기수에 관한 것
③ 탱크의 구조에 관한 것
④ 탱크에 부속하는 설비에 관한 것

03-6 이동탱크저장소의 위치·구조 및 설비의 기준

1 개요

이동탱크저장소는 차량(피견인자동차에 있어서는 앞차축을 갖지 아니하는 것으로서 당 해 피견인자동차의 일부가 견인자동차에 적재되고 당해 피견인자동차와 그 적재물의 중

량의 상당부분이 견인자동차에 의하여 지탱되는 구조의 것에 한한다)에 고정된 탱크에 위험물을 저장하는 시설을 말하는 것으로, 다른 저장시설과 달리 이동하는 특성이 있어 운송 중 차량의 전복 등으로 인한 위험물 재해를 방지하기 위한 대책을 특별히 강구할 필요가 있다.

이동탱크저장소는 저장형태, 위험물의 종류에 따라 법령상 기술기준의 적용이 달라진다. 저장형태에 따른 이동탱크저장소의 구분은 다음과 같다.

① 컨테이너식 외의 것
② 컨테이너식의 것 : 이동저장탱크를 차량 등에 옮겨 싣는 구조로 된 이동탱크저장소
③ 주유탱크차 : 항공기의 연료탱크에 직접 주유하기 위한 주유설비를 갖춘 것

2 일반기준

이동탱크저장소에 관한 위치·구조 및 설비의 기준 중 주요한 사항은 다음과 같다.

① 이동탱크저장소의 상치장소에 관한 것
② 탱크의 재질, 강도, 칸막이, 방파판 등 탱크의 구조에 관한 것
③ 탱크의 맨홀, 안전장치, 주입구 등 부속설비에 관한 것
④ 탱크 상부의 손상방지조치설비, 배출밸브, 주입호스, 결합금속구 등 부속설비에 관한 것

3 특례기준

컨테이너식 이동탱크저장소와 주유탱크차에 대하여는 그 저장형태에 따라 위치·구조 및 설비의 일반기준에 대하여 특례를 정하고 있는데, 일반기준의 적용을 제외하는 규정과 추가로 부가하는 규정이 혼합되어 있다(規 별표 10 Ⅷ Ⅸ).

또한, 소정의 위험물을 저장하는 이동탱크저장소에 대하여는 그 위험물의 성질에 따라 강화특례를 정하고 있는데, 알킬알루미늄등·아세트알데히드등 및 히드록실아민등을 저장하는 이동탱크저장소를 그 대상으로 하고 있다(規 별표 10 Ⅹ).

	시설의 태양	특례기준	비 고
①	컨테이너식 이동탱크저장소	規 별표 10 Ⅷ	
②	주유탱크차	規 별표 10 Ⅸ	
③	알킬알루미늄등, 아세트알데히드등 또는 히드록실아민등의 이동탱크저장소	規 별표 10 Ⅹ	강화특례

03-7 옥외저장소의 위치 · 구조 및 설비의 기준

1 개요

옥외저장소는 위험물을 용기에 수납하여 야외에 저장하는 야적시설을 말하는 것으로, 옥내저장소에 대응하는 저장시설이라 할 수 있다. 다만, 덩어리 상태의 유황에 있어서는 용기에 수납하지 않은 채로 지반면 위에 설치한 경계표시(경계담) 안에 저장할 수 있도록 되어 있다.

또한 이 저장시설은 용기에 수납한 위험물을 햇볕에 노출된 상태로 저장하기 때문에 위험물 저장의 안전을 위하여 저장할 수 있는 위험물은 다음의 것에 한정하고 있다.

① 제2류 위험물 중 유황 또는 인화성 고체(인화점이 0℃ 이상인 것에 한한다)
② 제4류 위험물 중 제1석유류(인화점이 0℃ 이상인 것에 한한다) · 알코올류 · 제2석유류 · 제3석유류 · 제4석유류 및 동식물유류
③ 제6류 위험물
④ 제2류 위험물 · 제4류 위험물 및 (제6류 위험물) 중 시 · 도의 조례에서 정하는 위험물(「관세법」제154조의 규정에 의한 보세구역 안에 저장하는 경우에 한함)
⑤ 「국제해사기구에 관한 협약」에 의하여 설치된 국제해사기구가 채택한 「국제해상위험물규칙」(IMDG Code)에 적합한 용기에 수납된 위험물

2 일반기준

옥외저장소에 관한 위치 · 구조 및 설비의 기준 중 주요한 사항은 다음과 같다.

① 위치에 관한 것
② 옥외저장소의 설치지반 등에 관한 것
③ 선반의 구조 등에 관한 것
④ 덩어리 상태의 유황을 저장하기 위한 경계표시(경계담)에 관한 것
⑤ 위험물의 저장규모, 태양 등에 따라 설치하여야 하는 소화설비 등에 관한 것

3 특례기준

소정의 옥외저장소에 대하여는 위치 · 구조 및 설비의 기준(規 별표 11 I)에 대하여 특례를 정하고 있는데, 이 특례의 대상이 되는 옥외저장소와 특례기준은 다음 표와 같다. 이 중 ①의 기준은 본칙에 정한 기준의 완화특례, ②의 기준은 본칙에 정한 기준의 강화특례이다.

	시설의 태양	특례기준	비 고
①	고인화점 위험물(인화점이 100℃ 이상인 제4류 위험물)만의 옥외저장소	規 별표 11 Ⅱ	완화특례
②	인화성 고체, 제1석유류 또는 알코올류의 옥외저장소	規 별표 11 Ⅲ	강화특례

03-8 암반탱크저장소의 위치·구조 및 설비의 기준

암반탱크저장소는 암반 내의 공간을 이용한 탱크에 액체의 위험물을 저장하는 저장시설을 말하는 것으로, 영에서는 별도의 저장소로 규정하고 있지만 옥외탱크저장소의 특수한 형태라 할 수 있다. 위험물저장시설 중 가장 많은 양을 저장할 수 있는 시설로서 주로 원유, 등유, 경유 또는 중유를 비축하는 목적으로 설치될 뿐, 그 설치 사례는 별로 없는 편이다.

암반탱크저장소에 관한 위치·구조 및 설비의 기준 중 주요한 사항은 다음과 같다.

① 암반탱크의 지질조건과 구조에 관한 것
② 암반탱크의 수리조건에 관한 것
③ 지하수위 등의 관측공에 관한 것
④ 지하수량 계량장치에 관한 것
⑤ 배수시설에 관한 것
⑥ 펌프설비의 설치위치에 관한 것

04-1 주유취급소의 위치·구조 및 설비의 기준

1 개요

"주유취급소"는 위험물인 연료를 소정의 주유설비로 자동차 등의 연료탱크에 주유하는 시설을 말하는 것으로, 가장 일반적인 시설로는 자동차용 주유소를 들 수 있다. 또한, 자동차 등의 연료를 주유하는 외에 등유, 경유를 용기에 채우거나 차량에 고정된 5,000L 이하의 탱크에 주입하기 위한 고정급유설비를 병설한 것도 이 시설에 포함된다.

주유취급소에서 주유하는 대상에는 자동차 외에 항공기, 선박 및 철도 또는 궤도에 의하여 운행하는 차량이 있지만, 자동차 외의 주유대상은 그 규모가 크지 않고 주유시설을 설치하는 장소도 지극히 특정된 곳에 한정되어 있다. 그렇기 때문에 자동차 주유취급소와는 별도로 그 위치·구조 및 설비의 기준을 정하고 있다. 또한, 가장 일반적인 형태로서 어디에서나 볼 수 있는 자동차 주유취급소는 그 주유시설의 설치형태가 옥외를 주체로 하고 있는 옥외주유취급소와 옥내를 주체로 하고 있는 옥내주유취급소로 나누어지며, 위치·구조 및 설비의 기준도 이러한 설치형태에 따라 정하여져 있다.

옥내주유취급소는 주유취급을 주로 건축물 내부에서 행하는 시설이기 때문에 화재안전의 관점에서 병원·노인복지시설·유치원 등 화재취약자가 다수 있는 시설이 있는 건축물에는 이를 설치할 수 없게 되어 있다. 또한, 옥내주유취급소에는 가연성 증기의 체류위험 배제, 화재 시 피난을 위하여 옥내주유취급소의 1층 부분의 2방향 개방 및 상층 등으로의 연소방지조치 등 옥외주유취급소의 기준에는 없는 기준이 정하여져 있다.

2 일반기준/옥외주유취급소

옥외주유취급소에 관한 위치·구조 및 설비의 기준 중 주요한 사항은 다음과 같다.

① 공지에 관한 것(자동차 등의 주유작업에 필요한 주유공지 및 등·경유를 용기에 채우거나 탱크차에 주입하는 작업에 필요한 급유공지의 보유에 관한 것)
② 주유취급소에 설치할 수 있는 탱크의 용도, 용량 및 설치형태에 관한 것
③ 탱크의 위치·구조 및 설비에 관한 것
④ 고정주유설비, 고정급유설비의 구조 및 설비에 관한 것
⑤ 건축물의 구조에 관한 것
⑥ 주유취급소의 주위에 설치하는 담에 관한 것
⑦ 주유업무에 필요한 부속설비에 관한 것
⑧ 주유취급소의 태양에 따라 설치하는 소화설비, 경보설비 및 피난설비에 관한 것

3 일반기준/옥내주유취급소

옥외주유취급소에 정리한 사항과 동일한 것을 제외한 그 밖의 주요한 사항은 다음과 같다.

① 옥내주유취급소의 설치장소에 관한 것
② 옥내주유취급소의 통풍 및 피난로 확보를 위한 벽의 2방향 개방에 관한 것
③ 상층이 있는 옥내주유취급소의 연소방지 등에 관한 것

4 특례기준

소정의 주유취급소에 대하여는 위치·구조 및 설비의 기준에 대한 특례를 정하고 있는데, 그 특례의 대상이 되는 주유취급소와 특례기준을 정리하면 다음 표와 같다.
표에서 ①의 시설은 항공기, 선박 및 철도차량 등에 대한 주유취급의 특수성에 따라 주로 본칙에 정한 기준(規 별표 13 Ⅰ~Ⅸ)을 조정하거나 부가하는 기준이 정하여져 있다.

②의 시설은 고객에게 주유를 하지 않는 자가용 주유라는 특수성에 따라 본칙으로 정하는 기준(規 별표 13 Ⅰ~Ⅸ)을 주로 완화하는 기준이 정하여져 있다.

③의 시설은 고객에게 직접 주유 등을 하게 하는 주유취급소라는 특수성에 따라 본칙으로 정하는 기준(規 별표 13 Ⅰ~Ⅸ)을 강화하는 기준이 정하여져 있다.

④의 시설은 압축수소충전설비가 설치된 주유취급소라는 특수성에 따라 본칙으로 정하는 기준(規 별표 13 Ⅰ~Ⅸ)을 강화하는 기준이 정하여져 있다.

	시설의 태양	관계규정
①	비행장에서 항공기와 비행장에 소속된 차량 등에 주유하는 주유취급소 (항공기주유취급소)	規 별표 13 Ⅹ
	철도 또는 궤도에 의하여 운행하는 차량에 주유하는 주유취급소(철도주유취급소)	規 별표 13 ⅩⅠ
	선박에 주유하는 주유취급소(선박취급소)	規 별표 13 ⅩⅣ
	고속국도 도로변에 설치된 주유취급소(고속도로주유취급소)	規 별표 13 Ⅻ
②	주유취급소의 소유자, 관리자 또는 점유자가 소유, 관리 또는 점유하는 자동차 등에 주유하는 주유취급소(자가용 주유취급소)	規 별표 13 ⅩⅢ
③	고객이 직접 자동차 등의 연료탱크 또는 용기에 위험물을 주입하는 셀프용 고정주유설비 또는 셀프용 고정급유설비를 설치한 주유취급소 (고객이 직접 주유하는 주유취급소)	規 별표 13 ⅩⅤ
④	전기를 원동력으로 하는 자동차 등에 수소를 충전하기 위한 설비를 설치한 주유취급소(압축수소충전설비 설치 주유취급소)	規 별표 13 ⅩⅥ

04-2 판매취급소의 위치 · 구조 및 설비의 기준

1 개요

판매취급소는 점포에서 위험물을 용기에 담은 채로 판매하는 시설을 말하는 것이다. 위험물의 취급량에 의하여 제1종 판매취급소와 제2종 판매취급소로 구분된다. 이러한 시설은 어느 것이나 주로 도료를 판매하는 점포 등이 대상시설이 되고 있다.

제1종 판매취급소는 지정수량의 배수가 20배 이하, 제2종 판매취급소는 지정수량의 20배 초과 40배 이하로 되어 있다. 하지만, 이러한 시설은 도심에 있는 통상의 점포가 위치하는 부분에 위험물시설로서 설치되는 것이 일반적이기 때문에 위험물의 안전 확보라는 측면에서 위험물의 취급도 용기에 수납한 채로 행하는 것을 원칙으로 하고, 위험물을 배합하는 실에 한하여 용기 밖에서 위험물을 취급할 수 있게 되어 있다. 이러한 실태로 인하여 판매취급소의 위치 · 구조 및 설비에는 판매취급소의 설치장소를 건축물의 1층으로 한정하는 기준, 상층으로의 연소방지구조로 하는 기준 및 배합실의 구조 · 설비의 기준 등이 정하여져 있다.

2 일반기준

판매취급소에 관한 위치 · 구조 및 설비의 기준 중 주요한 사항은 다음과 같다.

① 판매취급소의 설치장소에 관한 것
② 판매취급소 부분의 건축물 구조에 관한 것
③ 배합실의 구조 및 배합실에 설치하는 설비에 관한 것
④ 위험물의 취급 규모에 따라 설치하는 소화설비에 관한 것

04-3　이송취급소의 위치 · 구조 및 설비의 기준

1 개요

이송취급소는 배관 및 펌프와 이에 부속하는 설비에 의하여 위험물의 이송취급을 하는 시설을 말하는 것으로, 이른바 파이프라인이라 불리는 것이다.

이 시설은 유조선 등과 위험물 저장탱크와의 사이, 위험물 저장탱크 상호간 등을 연결하는 파이프라인시설이라고 말할 수 있지만, 이러한 시설 중 하나의 부지 내에만 그치는 시설은 각각의 저장시설 등에 부속하는 시설의 부분으로 될 뿐이고 파이프라인시설로서의 규제대상에서는 제외되고 있다. 따라서 이 규정을 적용 받는 파이프라인시설에 해당하는 이송취급소는 다른 위험물시설과 달리 그 시설의 대부분이 시설을 설치하는 사업소의 부지 밖에 부설되어 있으며, 그 위치 · 구조 및 설비의 기준도 다른 위험물시설에 부속하는 시설부분으로서의 배관 · 펌프 그 밖에 이에 부속하는 설비의 기준에 비하여 공공의 안전 확보라는 측면에서 보다 상세하고 엄격한 기준으로 되어 있다.

2 일반기준

이송취급소에 관한 위치 · 구조 및 설비의 기준 중 주요한 사항은 다음과 같다.

① 이송취급소의 설치장소의 금지에 관한 것
② 배관의 재료 · 구조 · 강도에 관한 것
③ 배관의 부식 등에 대한 안전조치에 관한 것
④ 배관의 부설장소별 설치방법에 관한 것
⑤ 위험물의 누설 확산 등의 방지조치에 관한 것
⑥ 용접부시험에 관한 것
⑦ 각종 안전설비에 관한 것
⑧ 각종 안전설비의 시험에 관한 것

⑨ 선박에 관계된 배관계의 안전설비에 관한 것
⑩ 펌프 등 송수유(送受油)관계설비에 관한 것
⑪ 소화설비의 설치에 관한 것

3 특례기준

이송취급소 중 다음의 ① 및 ②에 게재하는 이송취급소(특정이송취급소) 외의 것에 대하여는 본칙에 정한 기준(規 별표 15 Ⅰ ~ Ⅳ)에 대한 완화특례가 정해져 있다(規 별표 15 Ⅴ).

① 배관의 연장이 15km를 초과하는 것
② 배관의 최대상용압력이 0.95MPa 이상으로서 배관의 연장이 7km 이상인 것

04-4 일반취급소의 위치 · 구조 및 설비의 기준

1 개요

일반취급소는 주유취급소, 판매취급소 및 이송취급소에 해당하지 않는 위험물 취급을 하는 일체의 시설을 대상으로 하고 있어 그 실태가 매우 다양하게 되어 있다.
또한, 일반취급소는 제조소가 그 공정에서 취급하는 원료 등의 여하를 불문하고 최종의 공정에서 새로운 위험물을 제조하는 시설인데 비하여, 최종의 공정에서 새로운 위험물을 제조하지 않는 시설이다. 그렇지만 일반취급소와 제조소에 해당하는 화학공장 등의 시설은 위험물을 제조하는지 여부에 차이가 있을 뿐 혼합 · 용해 · 가열 · 냉각 · 가압 · 감압 · 증류 등의 각종 물리적 처리와 화합 · 축합 · 중합 · 분해 등의 화학적 처리를 하는 공정이 있는 시설로서, 기본적으로 각 시설에 있어서의 위치 · 구조 및 설비에 차이가 없다. 그러므로 일반취급소에 관한 위치 · 구조 및 설비의 기준은 제조소의 위치 · 구조 및 설비의 기준을 준용하도록 되어 있다. 다만, 일반취급소에 해당하는 시설에는 제조소와 같은 복합적인 공정으로 된 형태의 것이 있는 반면에 화학공장 등이 아닌 일반취급소에는 이러한 시설과는 공통성이 없는 시설도 있으며, 후자에 해당하는 일반취급소에 대하여는 그 취급의 실태를 유형적으로 분류하여 본칙의 기준에 대한 특례기준을 정하고 있다.

2 일반기준

일반취급소에 관한 위치 · 구조 및 설비의 기준 중 주요한 사항은 다음과 같다.

① 위치에 관한 것
② 일반취급소 건축물의 구조에 관한 것

③ 위험물 취급의 안전상 건축물에 설치하여야 하는 설비에 관한 것

④ 위험물을 취급하는 설비, 장치 등의 안전상 설치하여야 하는 설비, 장치에 관한 것

⑤ 위험물 취급에 쓰이는 각종 탱크 및 배관의 위치·구조 및 설비에 관한 것

⑥ 위험물 취급의 규모, 태양에 따라 설치하는 소화설비 및 경보설비에 관한 것

3 특례기준

소정의 주유취급소에 대하여는 위치·구조 및 설비의 기준에 대한 특례를 정하고 있는데, 이 특례의 대상이 되는 일반취급소와 특례기준을 정리하면 다음 표와 같다.

이 표에서 ① 및 ④의 시설은 취급위험물의 취급 태양의 특수성을 감안하여 본칙에 정한 기준(規 별표 16 Ⅰ)의 완화기준을, ②의 시설은 고인화점 위험물을 비교적 저온에서 취급하는 태양의 것에 한정하여 본칙에 정한 기준 및 다른 특례기준(規 별표 16 Ⅵ)의 완화기준을 정하고 있다. 또한, ③의 시설은 위험성이 높은 위험물을 취급하는 특수성 때문에 본칙에 정한 기준의 강화기준을 정하고 있다.

구분	시설의 태양	관계규정
①	도장, 인쇄 또는 도포를 위한 위험물을 취급하는 일반취급소로서 소정의 것(분무도장작업 등의 일반취급소)	規 별표 16 Ⅰ ②가·Ⅱ
	세정을 위한 제4류 위험물을 취급하는 일반취급소로서 소정의 것(세정작업의 일반취급소)	規 별표 16 Ⅰ ②나·Ⅲ
	열처리 또는 방전가공을 위한 위험물을 취급하는 일반취급소로서 소정의 것(열처리작업 등의 일반취급소)	規 별표 16 Ⅰ ②다·Ⅳ
	보일러, 버너 그 밖에 이와 유사한 장치로 위험물을 소비하는 일반취급소로서 소정의 것(보일러 등으로 위험물을 소비하는 일반취급소)	規 별표 16 Ⅰ ②라·Ⅴ
	이동저장탱크에 액체위험물을 주입하는 일반취급소로서 소정의 것(충전하는 일반취급소)	規 별표 16 Ⅰ ②마·Ⅵ
	고정급유설비에 의하여 위험물을 용기에 옮겨 담거나 이동저장탱크에 주입하는 일반취급소로서 소정의 것(옮겨 담는 일반취급소)	規 별표 16 Ⅰ ②바·Ⅶ
	위험물을 이용한 유압장치 또는 윤활유 순환장치를 설치하는 일반취급소로서 소정의 것(유압장치 등을 설치하는 일반취급소)	規 별표 16 Ⅰ ②사·Ⅷ
	절삭유로 위험물을 사용하는 절삭장치, 연삭장치 그 밖의 이와 유사한 장치를 설치하는 일반취급소로서 소정의 것(절삭장치 등을 설치하는 일반취급소)	規 별표 16 Ⅰ ②아·Ⅸ
	위험물 외의 물건을 가열하기 위하여 위험물을 이용한 열매체유 순환장치를 설치하는 일반취급소로서 소정의 것(열매체유 순환장치를 설치하는 일반취급소)	規 별표 16 Ⅰ ②자·Ⅹ
	화학실험을 위하여 위험물을 취급하는 일반취급소로서 소정의 것(화학실험의 일반취급소)	規 별표 16 Ⅰ ②차·Ⅹ의 2

구분	시설의 태양	관계규정
②	고인화점 위험물(인화점 100℃ 이상의 제4류 위험물)만을 100℃ 미만에서 취급하는 일반취급소(고인화점 위험물의 일반취급소)	規 별표 16 Ⅰ ③ · XⅠ
③	알킬알루미늄등, 아세트알데히드등 또는 히드록실아민등을 취급하는 일반취급소	規 별표 16 Ⅰ ④ · XⅡ
④	발전소 · 변전소 · 개폐소 기타 이에 준하는 장소의 일반취급소	規 별표 16 Ⅰ ⑤

05 소방설비의 기준

(1) 소화설비는 제조소등의 구분, 위험물의 품명·최대수량 등에 따라 「소화난이도 등급 Ⅰ」, 「소화난이도 등급 Ⅱ」 및 「소화난이도 등급 Ⅲ」의 3종류로 나누어지고 각각의 구분에 따라 기준이 정해져 있다(規 41 및 별표 17).

(2) 지정수량의 10배 이상의 위험물을 저장 또는 취급하는 제조소등에는 화재가 발생한 경우에 이를 알릴 수 있는 경보설비를 설치하여야 한다(規 42 Ⅰ).

(3) 위험물시설 중 일부 주유취급소에는 피난설비로서 유도등을 설치하여야 한다(規 42 Ⅱ).

(4) 기타
  ① 소방설비의 설치에 관하여 필요한 세부기준은 고시로 정하고 있다(規 44).
  ② 제조소등에 설치하는 소방설비의 기준은 위험물법령에 의하지만, 위험물법령에 규정하지 않은 공통적인 기준은 「화재예방, 소방시설 설치유지 및 안전관리에 관한 법률」에 의한 「화재안전기준」에 따른다(規 46).

01 위험물제조소의 표지 및 게시판에 대한 설명으로 틀린 것은?

① 표지는 한 변이 0.6m 이상, 다른 한 변이 0.3m 이상인 직사각형으로 하여야 한다.

② 게시판에는 취급하는 위험물의 유별 · 품명 및 최대수량과 허가번호를 기재한다.

③ 게시판의 바탕은 백색으로, 문자는 흑색으로 표시한다.

④ 제4류 위험물에 대한 "화기엄금" 문자는 백색으로 표시한다.

> **해설** 이동탱크저장소를 제외한 제조소등의 시설 개요에 관한 게시판에는 유별 · 품명, 저장 또는 취급하는 최대수량, 지정수량의 배수 및 안전관리자의 성명 또는 직명을 기재한다.

02 위험물제조소에 있어서 위험물의 유별 구분에 해당하는 성질 또는 품명과 그에 대한 주의 사항 게시판의 내용이 잘못 연결된 것은?

① 제1류 위험물 – 알칼리금속의 과산화물 – 화기엄금

② 제2류 위험물 – 인화성 고체 – 화기엄금

③ 제3류 위험물 – 자연발화성 물질 – 화기엄금

④ 제5류 위험물 – 자기반응성 물질 – 화기엄금

> **해설** 제1류 위험물 중 알칼리금속의 과산화물(이를 함유한 것을 포함)과 제3류 위험물 중 금수성 물질의 제조소의 주의사항 게시판의 내용은 "물기엄금"이다. 제조소등에 설치하는 주의사항 게시판은 다음과 같다.

주의사항	게시판의 색	해당 게시판을 설치하여야 하는 제조소등
물기엄금	바탕 : 청색 글자 : 백색	제1류 위험물 중 알칼리금속의 과산화물(이를 함유한 것 포함) 또는 제3류 위험물 중 금수성 물질의 제조소등
화기주의	바탕 : 적색 글자 : 백색	제2류 위험물(인화성 고체는 제외)의 제조소등
화기엄금	바탕 : 적색 글자 : 백색	• 제2류 위험물 중 인화성 고체 • 제3류 위험물 중 자연발화성 물질 • 제4류 위험물 또는 제5류 위험물의 제조소등
주유중 엔진정지	바탕 : 황색 글자 : 흑색	주유취급소

01 ② 02 ① **정답**

03 위험물제조소등의 위치에 관한 기준 중 안전거리에 대한 설명으로 틀린 것은?

① 안전거리를 재는 기산점은 위험물시설 또는 방호대상물의 외벽 또는 이에 상당하는 공작물의 외측이다.

② 안전거리를 두어야 하는 위험물시설과 방호대상물의 사이에는 다른 건축물이나 공작물이 위치해서는 안 된다.

③ 안전거리는 제조소등의 종류, 제조소등에서 저장·취급하는 위험물의 종류와 수량 및 방호대상물 종류에 따라 다르게 규제된다.

④ 주택, 학교·병원·극장, 문화재와의 안전거리는 불연재료로 된 방화상 유효한 담 또는 벽을 설치함으로써 단축할 수 있다.

> **해설** 안전거리는 공간적인 개념이 아니므로 위험물시설과 방호대상물의 사이에 안전거리의 적용을 받지 않는 다른 건축물 등이 위치하는 것이 가능하다. 안전거리는 방호대상물과의 거리를 말하는 것으로 반드시 방호대상물의 존재를 필요로 한다. 이에 따라 안전거리를 상대적 개념이라고도 표현하며 이와 다르게 보유공지는 공지(空地), 즉 빈 땅을 말하는 것으로 방호대상물의 존재와 관계없이 제조소등의 주위에 확보하여야 하는 것으로 절대적 개념이라고도 표현한다.

04 다음 중 병원, 극장 등의 방호대상물과의 사이에 안전거리를 두어야 하는 위험물시설은?

① 옥내저장소
② 옥내탱크저장소
③ 암반탱크저장소
④ 주유취급소

> **해설** 제조소, 옥내저장소, 옥외탱크저장소, 옥외저장소 및 일반취급소에 대하여 안전거리 규제가 있다.

05 위험물제조소등의 위치에 관한 기준 중 보유공지에 대한 설명으로 옳지 않은 것은?

① 위험물을 저장 또는 취급하는 건축물 그 밖의 시설의 주위에 보유하여야 하는 공지를 말한다.

② 보유공지의 폭은 제조소등의 종류, 저장·취급하는 위험물의 종류·최대수량, 건축물의 구조 등에 따라 달라진다.

③ 위험물을 이송하기 위한 배관이나 소화설비의 배관 등의 주위에는 보유하지 않아도 된다.

④ 보유공지는 제조소등의 구성부분은 아니기 때문에 원칙적으로 제3자의 토지나 도로 등으로 보유할 수 있다.

> **해설** 보유공지도 제조소등의 구성부분이기 때문에 원칙적으로 당해 시설의 관계인이 소유권, 지상권, 임차권 등의 권원을 가지고 있어야 한다.

06 위험물제조소와 다른 작업장과의 사이에 공지를 두지 않을 수 있는 조건에 대한 설명으로 적절하지 않은 것은?

① 제조소의 작업공정이 다른 작업장의 작업공과 연속되어 있어 제조소의 주위에 공지를 두게 되면 그 제조소의 작업에 현저한 지장이 생길 우려가 있을 것

② 당해 제조소와 다른 작업장 사이에 방화상 유효한 격벽을 설치할 것

③ 방화상 유효한 격벽은 불연재료 또는 내화구조로 하고 격벽에 두는 출입구에는 자동폐쇄식의 갑종방화문을 설치할 것

④ 방화상 유효한 격벽의 양단 및 상단이 외벽 또는 지붕으로부터 50cm 이상 돌출하도록 할 것

해설 취급위험물이 제6류 위험물인 경우에만 격벽을 불연재료로 할 수 있고, 그 밖의 경우에는 내화구조로 하여야 한다.

07 이송취급소 이외의 위험물시설에 설치하는 경보설비에 해당하지 않는 것은?

① 비상방송설비 ② 비상경보설비
③ 가스누설경보기 ④ 확성장치

해설 위험물제조소등(이동탱크저장소를 제외)에 설치하는 경보설비에는 ① 자동화재탐지설비, ② 비상경보설비(비상벨장치 또는 경종 포함), ③ 확성장치(휴대용확성기 포함) 및 ④ 비상방송설비가 있다.

08 위험물제조소등에 설치하는 피난설비에 대한 설명으로 옳지 않은 것은?

① 제조소등에 설치하여야 하는 피난설비는 유도등만 해당된다.

② 건축물의 2층 이상의 부분을 점포·휴게음식점 또는 전시장의 용도로 사용하는 주유취급소에는 피난설비를 설치하여야 한다.

③ 옥내주유취급소는 그 규모에 관계없이 피난설비를 설치하여야 한다.

④ 위험물제조소의 옥내로부터 직접 지상으로 통하는 출입구에는 피난구 유도등을 설치하여야 한다.

해설 피난설비(유도등)를 설치하여야 하는 제조소등은 ② 또는 ③에 해당하는 주유취급소 밖에 없다.

09 다음 중 위험물을 저장 또는 취급하는 건축물 그 밖의 공작물의 주위에 보유공지를 확보하여야 하는 위험물시설은?

① 일반취급소 ② 이동탱크저장소
③ 지하탱크저장소 ④ 판매취급소

해설 제조소, 옥내저장소, 옥외탱크저장소, 옥외의 간이탱크저장소, 옥외저장소 및 일반취급소에 대하여 보유공지 규제가 있다.

10 위험물시설의 위치에 관한 기준 중 안전거리 및 보유공지에 대한 기준이 전부 적용되는 것이 아닌 것은?

① 옥내저장소 ② 옥외탱크저장소
③ 옥외의 간이탱크저장소 ④ 옥외저장소

해설 보유공지 및 안전거리에 대한 규제를 전부 적용받는 위험물시설은 제조소, 옥내저장소, 옥외탱크저장소, 옥외저장소 및 일반취급소이고, 옥외의 간이탱크저장소는 보유공지 규제만을 적용 받는다.

11 제조소와 다른 작업장의 사이에 보유공지를 보유하지 않을 수 있는 경우와 그 조건에 대한 설명으로 옳지 않은 것은?

① 제조소와 다른 작업장이 바로 인접하고 있는 모든 경우에는 제조소와 다른 작업장의 사이에 방화상 유효한 격벽(방화벽)을 설치함으로써 공지를 보유하지 않을 수 있다.
② 방화벽은 내화구조로 할 것. 다만, 취급위험물이 제6류 위험물이면 불연재료로 할 수 있다.
③ 방화벽에 설치하는 출입구 및 창 등의 개구부는 가능한 한 최소로 하고, 출입구 및 창에는 자동폐쇄식의 갑종방화문을 설치하여야 한다.
④ 방화벽의 양단 및 상단이 외벽 또는 지붕으로부터 50cm 이상 돌출하도록 하여야 한다.

해설 제조소의 작업공정이 다른 작업장의 작업공정과 연속되어 있어 제조소의 건축물 그 밖의 공작물의 주위에 공지를 두게 되면 그 제조소의 작업에 현저한 지장이 생길 우려가 있는 경우에 비로소 소정의 방화상 유효한 격벽을 설치함으로써 공지를 보유하지 않을 수 있다.

12 제조소의 건축물의 구조 등에 관한 설명으로 틀린 것은?

① 위험물을 취급하지 않고, 다른 곳으로부터 위험물 또는 가연성의 증기가 흘러 들어갈 우려가 없는 구조로 된 지하층은 둘 수 있다.
② 연소의 우려가 있는 외벽은 출입구 외의 개구부가 없는 내화구조로 하여야 한다.
③ 연소의 우려가 있는 외벽에 설치하는 출입구에는 갑종방화문 또는 을종방화문을 설치하여야 한다.
④ 창 및 출입구에 유리를 이용하는 경우에는 망입유리로 하여야 한다.

해설 출입구와 「산업안전기준에 관한 규칙」에 의한 비상구에는 갑종방화문 또는 을종방화문을 설치하되, 연소의 우려가 있는 외벽에 설치하는 출입구에는 수시로 열 수 있는 자동폐쇄식의 갑종방화문을 설치하여야 한다.

13 제조소의 건축물의 지붕에 관한 기준으로 적절하지 않은 것은?

① 지붕은 가벼운 불연재료로 하는 것이 원칙이다.

② 작업공정상 제조기계시설 등이 2층 이상에 연결되어 설치된 경우에는 최상층의 지붕을 지붕으로 본다.

③ 제2류 위험물, 제4류 위험물 또는 제6류 위험물을 취급하는 건축물인 경우에는 지붕을 내화구조로 할 수 있다.

④ 발생 가능한 내부의 과압(過壓) 또는 부압(負壓)에 견딜 수 있는 철근콘크리트조로서 외부화재에 90분 이상 견딜 수 있는 구조로 된 밀폐형 건축물인 경우에는 지붕을 내화구조로 할 수 있다.

> **해설** 제2류 위험물(분상의 것과 인화성 고체를 제외한다), 제4류 위험물 중 제4석유류 · 동식물유류 또는 제6류 위험물을 취급하는 건축물인 경우에 지붕을 내화구조로 할 수 있다.

14 제조소의 건축물에 설치하는 채광 · 조명설비에 대한 기준으로 옳지 않은 것은?

① 채광설비가 설치되어 필요한 밝기가 확보되는 건축물에는 조명설비를 하지 않을 수 있다.

② 가연성 가스 등이 체류할 우려가 있는 장소의 조명등은 방폭등으로 하여야 한다.

③ 전선은 내화 · 내열전선으로 하여야 한다.

④ 스위치의 스파크로 인한 화재의 우려가 있는 경우에는 점멸스위치를 출입구 바깥부분에 설치하여야 한다.

> **해설** 조명설비가 설치되어 유효하게 조도가 확보되는 건축물에 채광설비를 하지 않을 수 있다(야간에는 채광설비의 기능이 유지될 수 없음을 이해)

15 제조소에 설치하는 환기설비의 기준으로서 옳지 않은 것은?

① 환기는 자연배기방식으로 한다.

② 급기구는 급기구가 설치된 실의 바닥면적 150m²마다 1개 이상 설치하여야 한다.

③ 급기구는 급기구가 설치된 실의 바닥면적이 150m² 미만인 경우에는 150cm² 이상의 크기로 하면 된다.

④ 급기구는 낮은 곳에 설치하고 가는 눈의 구리망 등으로 인화방지망을 설치하여야 한다.

> **해설** 급기구는 급기구가 설치된 실의 바닥면적 150m²마다 800cm² 이상의 크기로 하여야 하지만, 급기구가 설치된 실의 바닥면적이 150m² 미만인 경우에는 바닥면적에 따라 크기가 달라진다.
>
> | 바닥면적 | 급기구의 크기 | 바닥면적 | 급기구의 크기 |
> | --- | --- | --- | --- |
> | 60m² 미만 | 150cm² 이상 | 90m² 이상 120m² 미만 | 450cm² 이상 |
> | 60m² 이상 90m² 미만 | 300cm² 이상 | 120m² 이상 150m² 미만 | 600cm² 이상 |

13 ③ 14 ① 15 ③ 정답

16 제조소의 건축물에 설치하는 배출설비의 기준으로서 옳은 것은?

① 설비의 목적상 환기설비와 같이 설치하여야 한다.

② 위험물취급설비가 배관이음 등으로만 된 경우에는 국소방식으로 하여야 한다.

③ 국소방식 배출설비의 배출능력은 1시간당 배출장소 용적의 20배 이상이어야 한다.

④ 배출설비의 급기구는 낮은 곳에 설치하고, 배출구는 지상 2m 이상의 높이에 설치하여야 한다.

> **해설** ㉠ 배출설비는 증기 또는 미분을 옥외의 높은 장소로 강제적으로 배출하기 위한 설비이며, 건축물에 가연성 증기 또는 가연성의 미분이 체류할 우려가 있을 때에만 설치한다.
> ㉡ 배출설비는 국소방식으로 함이 원칙이지만, 위험물취급설비가 배관이음 등으로만 된 경우 또는 건축물의 구조·작업장소의 분포 등의 조건에 의하여 전역방식이 유효한 경우에는 전역방식으로 할 수 있다.
> ㉢ 전역방식의 경우에는 바닥면적 1m²당 18m³ 이상이다.
> ㉣ 급기구는 높은 곳에 설치하도록 하고 있다.

17 제조소의 옥외에 있는 액체위험물을 취급하는 설비로부터 위험물이 유출되는 것을 방지하기 위한 기준으로서 옳지 않은 것은?

① 바닥의 둘레에 높이 0.15m 이상의 턱을 설치하는 등 위험물이 외부로 흘러나가지 않도록 한다.

② 바닥은 위험물이 스며들지 않는 재료로 하고, 유출방지턱이 있는 쪽으로 경사지게 한다.

③ 바닥의 최저부에는 집유설비를 한다.

④ 수용성 위험물을 취급하는 설비에 있어서는 유분리장치를 설치하여야 한다.

> **해설** 유분리장치는 위험물이 직접 배수구에 흘러 들어가지 않도록 하는 것으로, 수용성 위험물에 대하여는 효과가 없으므로 설치하지 않으며, 비수용성 위험물(온도 20℃의 물 100g에 용해되는 양이 1g 미만인 것)을 취급하는 설비에 있어서만 설치하면 된다.

18 위험물을 취급하는 설비는 위험물이 새거나 넘치거나 비산하는 것을 방지할 수 있는 구조로 하거나, 당해 설비에 위험물의 누출 등으로 인한 재해를 방지할 수 있는 부대설비를 하여야 한다. 이 부대설비의 종류로 볼 수 없는 것은?

① 탱크·펌프 등의 되돌림관　　② 수막

③ 플로트스위치　　④ 안전밸브

> **해설** 부대설비로는 탱크·펌프 등의 되돌림관, 수막, 플로트스위치, 혼합장치, 교반장치 등의 덮개, 받침대, 방유턱 등이 있다.
> ④ 안전밸브는 안전장치의 일종이다.

19 제조소에서 위험물을 가압하는 설비 또는 그 취급하는 위험물의 압력이 상승할 우려가 있는 설비에는 압력계 및 안전장치를 설치하여야 한다. 그 안전장치로서 적당하지 않은 것은?

① 자동적으로 압력의 상승을 정지시키는 장치

② 가압측에 안전밸브를 부착한 감압밸브

③ 안전밸브를 병용하는 경보장치

④ 위험물의 성질 때문에 안전밸브의 작동이 곤란한 가압설비에 설치하는 파괴판

해설 감압밸브를 설치하는 경우 안전밸브의 부착위치는 감압측이다.

20 제조소와 방호대상물 사이에 확보하여야 하는 안전거리 기준으로 틀린 것은?

〈방호대상물인 건축물 등〉 〈안전거리〉

① 기념물 중 지정문화재 ·· 50m 이상

② 고압가스시설 ·· 20m 이상

③ 주택 등 주거용도로 사용하는 건축물 등 ···················· 10m 이상

④ 학교·병원·극장·아동복지시설 등 다수인 수용시설 ·········· 50m 이상

해설 학교·병원·극장·아동복지시설 등에 대한 안전거리는 30m 이상이다.

21 위험물을 취급함에 있어서 정전기가 발생할 우려가 있는 설비에 설치하는 정전기제거설비의 설치방법과 거리가 먼 것은?

① 접지에 의한 방법

② 공기 중의 상대습도를 70% 이상으로 하는 방법

③ 공기를 이온화하는 방법

④ 불활성 가스에 의한 봉인

해설 ④ 폭발성 분위기를 회피하여 정전기에 의한 화재발생을 방지하는 효과가 있으나 정전기를 제거하는 설비는 아니다.

22 제조소에 설치하는 피뢰설비에 대한 기준으로 옳지 않은 것은?

① 설치대상은 지정수량의 10배 이상의 위험물을 취급하는 제조소이다.

② 제6류 위험물을 취급하는 제조소에는 설치하지 않아도 된다.

③ 한국산업규격에 의한 피뢰침을 설치하여야 한다.

④ 제조소의 주위상황에 관계없이 제조소마다 피뢰설비를 설치하여야 한다.

해설 주위에 있는 자기소유시설(적법한 피뢰설비가 있는 경우에 한함)의 피뢰설비의 보호범위에 들어 있는 경우 등 주위의 상황에 따라 안전상 지장이 없는 경우에는 피뢰침을 설치하지 않을 수 있다.

19 ② 20 ④ 21 ④ 22 ④ 정답

23 제조소에 있는 위험물취급탱크에 대한 규제내용으로 옳지 않은 것은?

① 위험물취급탱크는 그 용량에 관계없이 동일한 규제를 받는다.

② 설치장소에 따라 옥외에 있는 취급탱크, 옥내에 있는 취급탱크 및 지하에 있는 취급탱크로 구별할 수 있다.

③ 옥외탱크저장소·옥내탱크저장소 또는 지하탱크저장소의 규정의 일부를 준용한다.

④ 취급탱크는 제조소의 설비에 해당하므로 그 주위에 별도의 보유공지를 둘 필요는 없다.

> **해설** 위험물·취급탱크에 대한 규제는 용량이 지정수량의 1/5 이상인 것만을 대상으로 한다.

24 제조소의 옥외에 있는 위험물취급탱크의 기준은 옥외탱크저장소의 기준 중 일부를 준용한다. 다음 중 준용하는 항목에 해당하는 것은?

① 안전거리   ② 보유공지

③ 표지 및 게시판   ④ 충수·수압시험

> **해설** 취급탱크는 제조소를 구성하는 하나의 설비에 불과하므로 제조소의 위치에 관계된 안전거리, 보유공지, 표지 및 게시판은 제조소의 전체 시설을 대상으로 적용하면 되고, 취급탱크에 따로 적용할 이유가 없다. 또한, 취급탱크에 대하여도 충수·수압검사는 받도록 되어 있다.
>
> **보충** 제조소의 옥외에 있는 위험물취급탱크에 그대로 준용하지 않는 옥외탱크저장소의 기준
> 안전거리, 보유공지, 표지 및 게시판, 특정옥외탱크저장소의 기초·지반, 용접부시험, 펌프설비, 전기설비, 피뢰설비, 방유제, 금수성 위험물탱크의 피복설비 및 이황화탄소탱크

25 제조소의 옥외에 있는 위험물취급탱크로서 액체위험물(이황화탄소 제외)을 취급하는 것의 주위에는 방유제를 설치하여야 한다. 방유제 안에 있는 3기의 취급탱크의 용량이 각각 10만L, 6만L, 4만L일 때 필요한 방유제의 용량은 얼마 이상인가?

① 5만L   ② 10만L

③ 6만L   ④ 20만L

> **해설** 하나의 취급탱크 주위에 설치하는 방유제의 용량은 당해 탱크용량의 50% 이상이고, 2 이상의 취급탱크 주위에 하나의 방유제를 설치하는 경우 그 방유제의 용량은 당해 탱크 중 용량이 최대인 것의 50%에 나머지 탱크용량 합계의 10%를 가산한 양 이상이다.
> 10만L × 1/2 + (6만L + 4만L) × 1/10 = 6만L
> 한편, 옥내에 있는 위험물취급탱크에 있어서는 탱크전용실을 설치하지 않을 수 있는 대신에 주위에 방유턱 등을 설치하여야 하는데, 방유턱은 당해 탱크에 수납하는 위험물의 양(하나의 방유턱 안에 2 이상의 탱크가 있는 경우는 당해 탱크 중 실제로 수납하는 위험물의 양이 최대인 탱크의 양)을 전부 수용할 수 있도록 하여야 한다.

---

26 제조소의 옥외에 있는 위험물취급탱크 또는 옥외탱크저장소의 방유제의 용량을 산정하는 방법에 대한 설명으로 틀린 것은?

① 방유제 안에 있는 용량이 최대인 탱크의 용적 중에서 방유제 높이 이하에 있는 부분용적은 방유제의 용량에 포함된다.

② 방유제 안에 있는 모든 탱크의 기초의 체적과 간막이둑의 체적은 방유제의 용량에서 제외된다.

③ 방유제 안에 있는 배관의 체적은 방유제의 용량에 포함된다.

④ 용량이 최대인 탱크를 제외한 나머지 탱크의 용적 중에서 방유제 높이 이하에 있는 부분용적은 방유제의 용량에서 제외된다.

해설 방유제 안에 있는 배관 등의 체적은 방유제의 용량에서 제외된다.
(방유제의 용량 = 당해 방유제 내부의 내용적 − 용량이 최대인 탱크 외의 탱크의 용적 중에서 방유제 높이 이하에 있는 부분용적 − 당해 방유제 내에 있는 모든 탱크의 기초의 체적 − 간막이둑의 체적 − 당해 방유제 내에 있는 배관 등의 체적)

방유제의 용량으로 산정되는 부분을 사선으로 표시하고 있다.
필요한 방유제의 용량은 60kL 이상이다. (100kL×1/2+(60kL+40kL)×1/10)

▲ 방유제 용량의 산정

27 제조소의 옥내에 있는 위험물취급탱크의 기준은 단층건축물의 1층에 설치하는 옥내탱크저장소의 기준 중 일부를 준용한다. 다음 중 준용하는 기준항목에 해당하는 것은?

① 탱크전용실　　　　　　　② 탱크 및 벽과의 간격

③ 탱크의 용량　　　　　　　④ 통기관 또는 안전장치의 설치

해설 옥내탱크저장소의 기준 중 옥내에 있는 위험물취급탱크에 준용하지 않는 기준항목은 탱크전용실 설치의무, 탱크 및 벽과의 간격, 표지 및 게시판, 탱크의 용량, 펌프설비, 탱크전용실의 구조 및 설비에 관한 것이다.

28 제조소의 지하에 있는 위험물취급탱크의 기준은 지하탱크저장소의 기준을 대부분 준용한다. 다음 중 지하에 있는 위험물취급탱크에 준용하는 기준이 아닌 것은?

① 탱크의 설치장소에 관한 사항　　　② 탱크 상호간의 간격

③ 주입구의 위치·구조 및 게시판　　　④ 펌프설비

해설 지하탱크저장소의 기준 중 지하에 있는 위험물취급탱크에 준용되지 않는 기준항목은 표지 및 게시판, 펌프설비 및 전기설비이다.

26 ③　27 ④　28 ④　**정답**

29 위험물제조소 내의 위험물을 취급하는 배관의 재질 및 구조로서 적합하지 않은 것은?

① 재질은 일정한 조건을 충족하는 배관 외에는 강관 또는 이와 유사한 금속성으로 하여야 한다.
② 배관에 걸리는 최대상용압력의 1.5배 이상의 압력으로 수압시험을 실시하여 누설 등의 이상이 없어야 한다.
③ ②의 수압시험은 물을 채우고 수압을 가하여 실시하는 시험만 인정된다.
④ 일정한 조건을 갖추면 유리섬유강화플라스틱, 고밀도폴리에틸렌 또는 폴리우레탄의 재질도 허용된다.

> **해설** 수압시험은 물을 채워 실시하는 시험 외에 불연성의 액체 또는 기체를 이용하여 실시하는 시험을 포함한다.

30 위험물제조소 내의 위험물을 취급하는 배관을 지상에 설치하거나 지하에 매설하는 기준으로 적합하지 않은 것은?

① 배관을 지상에 설치하는 경우에는 지면에 닿지 않도록 하고 배관의 외면에 부식방지도장을 하여야 한다. 다만, 불변강관 또는 부식 우려가 없는 재질의 경우에는 부식방지도장을 하지 않을 수 있다.
② 배관을 지하에 매설하는 경우 금속성 배관의 외면에는 부식방지를 위하여 도복장·코팅 또는 전기방식 등의 필요한 조치를 하여야 한다.
③ 지하에 설치하는 배관 중 지하실 내의 가공배관 및 피트 내의 배관(피트 내 유입하는 토사, 물 등에 의해 부식할 우려가 있는 것을 제외한다)은 지상에 설치하는 배관의 예에 의할 수 있다.
④ 용접에 의한 접합부 등 배관의 접합부분에는 위험물의 누설 여부를 점검할 수 있는 점검구를 설치하여야 한다.

> **해설** 용접에 의한 접합부분에는 누설점검구를 설치하지 않아도 된다.

31 고인화점 위험물제조소의 특례에 대한 기준으로 틀린 것은?

① 불활성 가스만을 저장 또는 취급하는 가스시설에 대하여는 안전거리를 확보하지 않아도 된다.
② 지하층의 설치제한, 정전기 제거설비와 피뢰설비의 설치 등에 대한 규제를 적용하지 않는다.
③ 위험물을 취급하는 건축물은 그 지붕을 불연재료로 하면 되고 가벼운 것으로 할 필요는 없다.
④ 보유공지는 취급하는 위험물의 수량에 따라 3m 또는 5m 이상으로 하여야 한다.

해설 보유공지는 취급하는 위험물의 수량에 관계없이 3m 이상이면 족하다. 고인화점 위험물제조소의 특례를 정리하면 다음과 같다.

① 고인화점 위험물(인화점이 100℃ 이상인 제4류 위험물)만을 100℃ 미만의 온도에서 취급하는 제조소를 대상으로 한다.

② 소정의 조치요건에 적합한 경우에는 일반제조소의 기준 중 안전거리, 보유공지, 지하층 설치제한, 지붕구조, 출입구·비상구, 망입유리 사용, 정전기제거설비, 피뢰설비 및 취급탱크 방유제의 높이에 관한 규정을 적용하지 않는다.

③ 소정의 조치요건은 다음과 같다.

　⑦ 안전거리 : 주거용 건축물 등과 10m 이상, 학교·극장 등 다수인 수용시설과 30m 이상, 문화재와 50m 이상, 가스시설(불활성 가스만을 저장 또는 취급하는 것을 제외)과 20m 이상 확보(다만, 주거용 건축물 등, 다수인 수용시설 또는 문화재에 불연재료로 된 방화상 유효한 담 또는 벽을 설치하는 경우에는 소방본부장 또는 소방서장이 안전하다고 인정하는 거리로 할 수 있다)

　ⓒ 보유공지 : 3m 이상 너비의 공지 보유(방화상 유효한 격벽을 설치하는 경우는 제외)

　ⓒ 지붕 : 불연재료

　ⓔ 창 및 출입구 : 을종방화문·갑종방화문 또는 불연재료나 유리로 만든 문을 달고, 연소의 우려가 있는 외벽에 두는 출입구에는 수시로 열 수 있는 자동폐쇄식 갑종방화문 설치

　ⓜ 유리 : 연소의 우려가 있는 외벽에 두는 출입구의 유리는 망입유리

32 알킬알루미늄등을 취급하는 제조소의 특례에 대한 설명으로 틀린 것은?

① 알킬알루미늄등은 제3류 위험물 중 알킬알루미늄·알킬리튬 또는 이 중 어느 하나 이상을 함유하는 것을 말한다.

② 알킬알루미늄등을 취급하는 설비의 주위에는 누설범위를 국한하기 위한 설비를 갖추어야 한다.

③ 알킬알루미늄등을 취급하는 설비의 주위에는 누설된 알킬알루미늄등을 안전한 장소에 설치된 저장실에 유입시킬 수 있는 설비를 갖추어야 한다.

④ 알킬알루미늄등을 취급하는 설비에는 연소성 혼합기체의 생성에 의한 폭발을 방지하기 위한 불활성 기체 또는 수증기를 봉입하는 장치를 갖추어야 한다.

해설 금수성 물질인 알킬알루미늄등을 취급하는 설비에는 불활성 기체를 봉입하는 장치를 갖추어야 하고, 수증기를 봉입하는 장치를 하여서는 안 된다.

④ 아세트알데히드등을 취급하는 설비에 대한 기준이다.

참고 알킬알루미늄은 물과 심하게 반응하고 폭발한다.

32 ④ **정답**

33 아세트알데히드등을 취급하는 제조소의 특례에 대한 설명으로 틀린 것은?

① 아세트알데히드등은 제4류의 특수인화물 중 아세트알데히드·산화프로필렌 또는 이 중 어느 하나 이상을 함유하는 것을 말한다.

② 아세트알데히드등을 취급하는 설비는 은·수은·동·마그네슘 또는 이들을 성분으로 하는 합금으로 만들지 않아야 한다.

③ 아세트알데히드등을 취급하는 탱크를 지하에 매설하는 경우에는 당해 탱크를 이중벽탱크로 하여야 한다.

④ 아세트알데히드등을 취급하는 탱크에는 냉각장치 또는 보랭장치 및 불활성 기체 봉입장치를 갖추어야 한다. 다만, 옥외 또는 옥내에 있는 취급탱크로서 그 용량이 지정수량의 1/5 미만인 것은 예외로 한다.

> **해설** 아세트알데히드등을 취급하는 탱크(단일벽의 강제탱크를 말함)를 지하에 매설하는 경우에는 당해 탱크를 탱크전용실에 설치하여야 한다.

34 아세트알데히드등을 취급하는 제조소의 특례에 있어서 아세트알데히드등을 취급하는 탱크에 설치하여야 하는 냉각장치 또는 보랭장치와 관련된 기준으로 적절하지 않은 것은?

① 아세트알데히드등을 취급하는 탱크 중 옥외 또는 옥내에 있는 탱크로서 그 용량이 지정수량의 1/5 미만의 것에 있어서는 냉각장치 또는 보랭장치 및 불활성 기체 봉입장치를 갖추지 않을 수 있다.

② 아세트알데히드등을 취급하는 지하에 있는 탱크가 아세트알데히드등의 온도를 저온으로 유지할 수 있는 구조인 경우에는 냉각장치 및 보랭장치를 생략할 수 있다.

③ 아세트알데히드등을 취급하는 비압력 탱크의 관리온도는 아세트알데히드와 그 함유물에 있어서는 15℃ 이하, 산화프로필렌과 그 함유물에 있어서는 30℃ 이하이다.

④ 냉각장치 또는 보랭장치는 2 이상 설치하거나 상용전력원의 고장 시에 자동으로 전환되어 가동되는 비상전원을 갖추어야 한다.

> **해설** ③ 아세트알데히드등이 끓는점이 낮은 점 때문에 저장·취급기준으로 정하고 있는 사항이다(끓는점 이상의 온도가 되면 다량의 폭발성 기체를 발생시키기 때문에 더욱 위험해진다).
> ④ 냉각장치 또는 보랭장치는 어느 하나의 것이 고장난 때에도 일정 온도를 유지하도록 하기 위하여 2 이상 설치하도록 하고 있으며, 비상전원도 필수적으로 갖추도록 하고 있다.

> **참고** 아세트알데히드등의 관리온도는 끓는점보다 5℃ 낮게 설정되어 있다.

물품명	끓는점	인화점	발화점	관리온도
아세트알데히드	20℃	− 39℃	175℃	15℃ 이하
산화프로필렌	35℃	− 37℃	449℃	30℃ 이하

정답 33 ③ 34 ④

35 히드록실아민등을 취급하는 제조소의 특례에 대한 설명으로 틀린 것은?

① 특례대상 위험물인 히드록실아민등은 제5류 위험물 중 히드록실아민·히드록실아민염류 또는 이 중 어느 하나 이상을 함유하는 것을 말한다.

② 히드록실아민등을 취급하는 제조소는 일반 제조소의 경우보다 강화된 안전거리를 모든 방호대상물과의 사이에 확보하여야 한다.

③ 제조소의 주위에는 당해 제조소의 외벽 또는 이에 상당하는 공작물의 외측으로부터 2m 이상 떨어진 장소에 담 또는 토제(土堤)를 설치한다.

④ 히드록실아민등을 취급하는 설비에는 히드록실아민등의 온도·농도의 상승 또는 철이온 등의 혼입에 의한 위험한 반응을 방지하기 위한 조치를 강구하여야 한다.

해설　히드록실아민등을 취급하는 제조소의 경우 주거용 건축물 등, 학교 등 다수인수용시설, 문화재 및 가스시설에 대한 안전거리가 강화된다(특고압가공전선에 대한 안전거리는 강화되지 않음). 히드록실아민등을 취급하는 제조소의 특례의 내용은 안전거리 강화, 담 또는 토제의 설치 및 위험반응(온도 및 농도 상승, 철이온 등 혼입) 방지조치이며 다음과 같다.

① 안전거리 강화

　　㉠ 강화되는 방호대상물 : 규칙 별표 4 Ⅰ제1호 가목 내지 라목의 규정에 의한 건축물 등(주거용 건축물 등, 학교·병원·극장 등 다수인수용시설, 문화재, 가스시설)

　　㉡ 강화되는 안전거리 : 다음 식에 의하여 요구되는 거리 이상

$$D = 51.1 \sqrt[3]{N}$$

　　　여기서, D : 거리(m), N : 취급하는 히드록실아민등의 지정수량의 배수

② 히드록실아민등을 취급하는 설비에는 히드록실아민등의 온도 및 농도의 상승에 의한 위험한 반응 또는 철이온 등의 혼입에 의한 위험한 반응을 방지하기 위한 조치를 강구할 것

③ 제조소의 주위에는 다음에 정하는 기준에 적합한 담 또는 토제(土堤)를 설치할 것

　　㉠ 담 또는 토제는 당해 제조소의 외벽 또는 이에 상당하는 공작물의 외측으로부터 2m 이상 떨어진 장소에 설치할 것

　　㉡ 담 또는 토제의 높이는 당해 제조소에 있어서 히드록실아민등을 취급하는 부분의 높이 이상으로 할 것

　　㉢ 담은 두께 15cm 이상의 철근콘크리트조·철골철근콘크리트조 또는 두께 20cm 이상의 보강콘크리트블록조로 할 것

　　㉣ 토제의 경사면의 경사도는 60° 미만으로 할 것

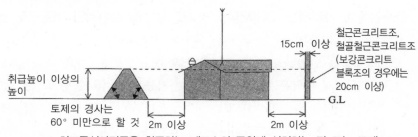

▲ 히드록실아민등을 취급하는 제조소의 주위에 설치하는 담 또는 토제

35 ② **정답**

36 제조소의 옥외에 있는 취급탱크의 주위에 방유제를 설치하지 않아도 되는 경우의 위험물은?

① 이황화탄소
② 중유
③ 알코올
④ 등유

> **해설** 이황화탄소의 탱크는 수조 속에 넣어 보관하므로 방유제를 따로 설치할 필요가 없다.

37 히드록실아민을 취급하는 제조소에 적용하는 안전거리의 산정 수식은?

① $D = 51.1 \sqrt[3]{N}$
② $D = 51.1 \sqrt[2]{N}$
③ $D = 51.1 \sqrt{N^3}$
④ $D = 51.1 \sqrt{N^2}$

38 단층건물에 설치하는 옥내저장소에 있어서 안전거리를 두지 않아도 되는 경우는?

① 지정수량의 20배 미만의 제3석유류 위험물을 저장하는 옥내저장소
② 제6류 위험물을 저장하는 옥내저장소
③ 지정수량의 20배 이하의 위험물을 저장하는 옥내저장소로서 저장창고의 벽·기둥·바닥 및 보가 내화구조이고 지붕이 가벼운 불연재료로 된 것
④ 저장창고의 바닥면적이 150m² 이하인 옥내저장소

> **해설** 단층건물에 설치하는 옥내저장소는 제조소의 안전거리 기준에 준하여 안전거리를 두는 것이 원칙이지만 다음 3가지의 경우에는 안전거리를 두지 않을 수 있다.
> ① 제4석유류 또는 동식물유류의 위험물을 저장 또는 취급하는 옥내저장소로서 그 최대수량이 지정수량의 20배 미만인 것
> ② 제6류 위험물을 저장 또는 취급하는 옥내저장소
> ③ 지정수량의 20배(하나의 저장창고의 바닥면적이 150m² 이하인 경우에는 50배) 이하의 위험물을 저장 또는 취급하는 옥내저장소로서 다음의 기준에 적합한 것
> ㉠ 저장창고의 벽·기둥·바닥·보 및 지붕이 내화구조일 것
> ㉡ 저장창고의 출입구에 수시로 열 수 있는 자동폐쇄방식의 갑종방화문이 설치되어 있을 것
> ㉢ 저장창고에 창을 설치하지 아니할 것

39 단층건물에 설치하는 옥내저장소의 저장창고의 일반적인 기준으로 옳지 않은 것은?

① 위험물의 저장을 전용으로 하는 독립된 건축물로 한다.
② 저장창고를 안전한 온도로 유지하기 위하여 천장을 설치한다.
③ 벽·기둥 및 바닥은 내화구조로 하고, 지붕은 가벼운 불연재료로 한다.
④ 연소의 우려가 있는 외벽에 있는 출입구에는 수시로 열 수 있는 자동폐쇄식의 갑종방화문을 설치하고, 창 및 출입구의 유리는 망입유리로 한다.

정답 36 ① 37 ① 38 ② 39 ②

해설 천장 설치는 원칙적으로 금지되며, 제5류 위험물만의 저장창고에 있어서 당해 저장창고 내의 온도를 저온으로 유지하기 위하여 난연재료 또는 불연재료로 된 천장을 설치할 수 있을 뿐이다.

40 단층건물에 설치하는 저장창고의 처마높이를 20m 이하로 할 수 있는 경우와 그 조건으로 옳지 않은 것은?

① 저장할 수 있는 위험물은 제2류 또는 제6류 위험물이다.

② 저장창고의 벽·기둥·보 및 바닥을 내화구조로 하여야 한다.

③ 출입구에 갑종방화문을 설치하여야 한다.

④ 주위상황에 의하여 안전상 지장이 없는 경우 외에는 피뢰침을 설치하여야 한다.

해설 저장할 수 있는 위험물은 제2류 또는 제4류 위험물이다. 지붕을 내화구조로 할 수 있는 위험물[제2류 위험물(분상의 것과 인화성 고체를 제외)과 제6류 위험물]과 혼동하지 않아야 한다.

41 단층건물의 저장창고의 바닥면적(2 이상의 구획된 실이 있는 경우에는 각 실의 바닥면적의 합계)으로 틀린 것은?

① 제4류 제1석유류 위험물과 같이 위험성이 높은 위험물을 저장하는 경우에는 1,000m² 이하로 하여야 한다.

② 제4류 제2석유류 위험물을 저장하는 경우에는 2,000m² 이하로 하여야 한다.

③ 제4류 제3석유류와 제6류 위험물을 같은 실에 저장하는 경우에는 1,000m² 이하로 하여야 한다.

④ 제4류 제4석유류와 제6류 위험물을 내화구조의 격벽으로 완전히 구획된 실에 각각 저장하는 경우에는 1,500m² 이하로 하되, 제6류 위험물을 저장하는 실의 면적이 1,000m²를 초과하지 않도록 하여야 한다.

해설 ④에서 제6류 위험물을 저장하는 실의 면적은 500m²를 초과하지 않아야 한다. 단층건물에 설치하는 저장창고의 바닥면적의 한계는 다음과 같다.

① 다음의 위험물을 저장하는 창고 : 1,000m² 이하[다음의 1의 위험물과 ②의 위험물을 같은 저장창고에 저장하여도 1,000m² 이하]

ㄱ 제1류 위험물 중 아염소산염류, 염소산염류, 과염소산염류, 무기과산화물 그 밖에 지정수량이 50kg인 위험물

ㄴ 제3류 위험물 중 칼륨, 나트륨, 알킬알루미늄, 알킬리튬 그 밖에 지정수량이 10kg인 위험물 및 황린

ㄷ 제4류 위험물 중 특수인화물, 제1석유류 및 알코올류

ㄹ 제5류 위험물 중 유기과산화물, 질산에스테르류 그 밖에 지정수량이 10kg인 위험물

ㅁ 제6류 위험물

② ①의 ㄱ 내지 ㅁ에 해당하지 않는 위험물을 저장하는 창고 : 2,000m² 이하

③ ① 및 ②의 위험물을 내화구조의 격벽으로 완전히 구획된 실에 각각 저장하는 창고 : 1,500m² 이하, 이 경우 ①의 위험물을 저장하는 실의 면적은 500m²를 초과할 수 없다.

42 옥내저장소의 저장창고의 벽·기둥 및 바닥은 내화구조로 하는 것이 원칙이다. 다음 중 위험물의 양이 지정수량의 10배를 초과하는 저장창고에 있어서 벽·기둥 및 바닥을 반드시 내화구조로 하여야 하는 경우는?

① 제2류 위험물(인화성 고체를 제외한다)만의 저장창고
② 제4류 위험물(인화점이 70℃ 미만인 것을 제외한다)만의 저장창고
③ 제2류 위험물(인화성 고체를 제외한다)과 제4류의 위험물(인화점이 70℃ 미만인 것을 제외한다)만의 저장창고
④ 제6류 위험물만의 저장창고

> **해설** 예외적으로 연소의 우려가 없는 벽·기둥 및 바닥을 불연재료로 할 수 있는 경우가 있는데, 지정수량의 10배 이하의 위험물의 저장창고 또는 제2류 위험물(인화성 고체 제외)과 제4류의 위험물(인화점이 70℃ 미만인 것은 제외)만의 저장창고가 이에 해당한다. 따라서, 저장하는 제6류 위험물의 양이 지정수량의 10배를 초과하는 저장창고의 경우에는 벽·기둥 및 바닥을 내화구조로 하여야 한다.

43 단층건물에 설치하는 저장창고의 지붕은 폭발력이 위로 방출될 정도의 가벼운 불연재료로 하는 것이 원칙이다. 다음 중 그 예외에 해당하는 경우의 위험물을 모두 나열한 것은?

① 제2류 위험물(인화성 고체를 제외한다)과 제4류의 위험물(인화점이 70℃ 미만인 것을 제외한다)
② 제2류 위험물(분상의 것과 인화성 고체를 제외한다)과 제4류 위험물(인화점이 70℃ 미만인 것을 제외한다)
③ 제2류 위험물(분상의 것과 인화성 고체를 제외한다)과 제6류 위험물
④ 제2류 위험물(분상의 것과 인화성 고체를 제외한다), 제4류 위험물(인화점이 70℃ 미만인 것을 제외한다) 및 제6류 위험물

> **해설** 단층건물에 설치하는 저장창고의 지붕을 내화구조로 할 수 있는 경우는 제2류 위험물(분상의 것과 인화성 고체를 제외)과 제6류 위험물만의 저장창고이다.

44 다음 중 저장창고의 바닥을 불투수성 구조(물이 스며 나오거나 스며들지 않는 구조)로 하여야 하는 위험물에 해당하지 않는 것은?

① 제1류 위험물 중 알칼리금속의 과산화물　② 제2류 위험물 중 철분·금속분·마그네슘
③ 제3류 위험물 중 금수성 물질　　　　　　④ 제5류 위험물

> **해설** 저장창고의 바닥을 불투수성 구조로 하여야 하는 위험물은 다음과 같다.
> ㉠ 제1류 위험물 중 알칼리금속의 과산화물 또는 이를 함유하는 것
> ㉡ 제2류 위험물 중 철분·금속분·마그네슘 또는 이 중 어느 하나 이상을 함유하는 것
> ㉢ 제3류 위험물 중 금수성 물질 또는 제4류 위험물

정답 　42 ④　43 ③　44 ④

45 다음은 옥내저장소의 채광·조명·환기 및 배출설비의 기준을 설명한 것이다. 괄호 안에 들어갈 온도는?

> 저장창고에는 제조소의 기준에 준하여 채광·조명 및 환기의 설비를 갖추어야 하고, 인화점 이 (   )인 위험물의 저장창고에 있어서는 내부에 체류한 가연성의 증기를 지붕 위로 배출하 는 설비를 갖추어야 한다.

① 21℃ 미만
② 40℃ 미만
③ 70℃ 미만
④ 100℃ 미만

해설 옥내저장소는 그 구조적 특성상 인화점 70℃ 미만의 위험물을 저장하면 가연성 증기가 체류할 우려가 있는 것으로 간주한다.

46 다층건물의 옥내저장소에 저장할 수 있는 위험물을 모두 나열한 것은?
① 제2류 위험물과 제4류 위험물
② 제2류 위험물(분상의 것과 인화성 고체를 제외)과 제4류 위험물(인화점이 70℃ 미만인 것을 제외)
③ 제2류 위험물(분상의 것과 인화성 고체를 제외)과 제6류 위험물
④ 제2류 위험물(인화성 고체를 제외)과 제4류 위험물(인화점이 70℃ 미만인 것을 제외)

해설 다층건물의 옥내저장소에는 ㉠ 인화성 고체를 제외한 제2류 위험물 또는 ㉡ 인화점 70℃ 미만인 것을 제외한 제4류 위험물만을 저장할 수 있다.

47 다층건물의 옥내저장소의 기준으로 정확하지 않은 것은?
① 저장창고는 독립전용의 건축물로 하고, 층고는 6m 미만으로 하여야 한다.
② 하나의 저장창고의 바닥면적 합계는 1,000m² 이하로 하여야 한다.
③ 벽·기둥·바닥·보 및 계단은 내화구조로 하여야 하고, 연소의 우려가 있는 외벽에는 출입 구 외의 개구부를 설치할 수 없다.
④ 2층 이상의 층의 바닥에는 개구부를 두지 않아야 한다. 다만, 내화구조의 벽과 방화문으로 구획된 계단실에는 개구부를 둘 수 있다.

해설 계단은 불연재료로 하면 된다.

48 다른 용도로 사용하는 부분이 있는 건축물의 일부에 설치하는 저장창고에 관한 설명으로 틀린 것은?

① 저장할 수 있는 위험물의 양은 지정수량의 20배 이하이다.

② 저장창고는 5층 이하 건축물의 1층 또는 2층에 설치하여야 한다.

③ 옥내저장소로 사용되는 부분의 바닥면적은 75m² 이하이어야 한다.

④ 옥내저장소의 벽·기둥·바닥 및 보가 내화구조인 건축물에 설치하여야 한다.

> **해설** 저장창고를 설치하는 건축물의 층수에 대한 제한은 없으며, 건축물 중 1층 또는 2층의 어느 하나의 층에 설치하면 된다.

49 다른 용도로 사용하는 부분이 있는 건축물의 일부에 설치하는 저장창고의 구조 및 설비에 관한 기준으로 틀린 것은?

① 옥내저장소의 용도에 사용되는 부분의 지붕은 내화구조로 한다.

② 출입구 외의 개구부가 없는 두께 70mm 이상의 철근콘크리트조 등으로 된 바닥 또는 벽으로 당해 건축물의 다른 부분과 구획하여야 한다.

③ 옥내저장소의 용도에 사용되는 부분에 두는 창의 유리는 망입유리로 하여야 한다.

④ 옥내저장소의 용도에 사용되는 부분의 출입구에는 자동폐쇄방식의 갑종방화문을 설치하여야 한다.

> **해설** 옥내저장소의 용도에 사용되는 부분에는 창을 설치하지 아니하여야 한다.

50 다른 용도로 사용하는 부분이 있는 건축물의 일부에 설치하는 옥내저장소와 관계없는 기준은?

① 안전거리

② 표지 및 게시판

③ 피뢰설비

④ 저온유지조치

> **해설** 건축물 내 부분설치가 가능하려면 안전거리와 보유공지 기준을 적용받지 않아야 한다. 건축물 내 부분 설비 옥내저장소의 경우에도 표지 및 게시판, 바닥구조, 수납장, 채광·조명 및 환기설비, 배출설비, 전기설비, 피뢰설비 및 안전온도유지조치에 대한 기준은 적용된다.

51 소규모 옥내저장소의 특례에 관한 기준으로 틀린 것은?

① 지정수량의 50배 이하의 옥내저장소를 대상으로 한다.

② 안전거리와 보유공지는 두지 않아도 된다.

③ 저장창고는 벽·기둥·바닥·보 및 지붕을 내화구조로 한다.

④ 저장창고의 출입구에는 자동폐쇄방식의 갑종방화문을 설치하고 저장창고에는 창을 설치하지 않는다.

해설 소규모 옥내저장소의 경우에도 보유공지는 확보하여야 한다. 다만, 저장창고의 처마높이(6m 미만 또는 6m 이상)에 따라 보유공지의 기준에 차이가 있다. 소규모 옥내저장소에 대한 그 밖의 기준으로는 하나의 저장창고의 바닥면적을 150m² 이하로 하는 것과 저장창고에 창을 설치하지 않도록 하는 것이 있다.

52 고인화점 위험물의 단층건물의 옥내저장소 중 처마높이가 6m 미만인 것의 특례기준으로 틀린 것은?

① 안전거리는 지정수량의 20배를 초과하는 경우에만 두면 되고, 보유공지는 단층건물의 옥내저장소의 경우보다 완화하여 적용할 수 있다.

② 저장창고는 지붕은 불연재료로 하여야 하므로 내화구조로는 할 수 없다.

③ 저장창고의 창 및 출입구에는 방화문 또는 불연재료나 유리로 된 문을 달되, 연소의 우려가 있는 외벽에 두는 출입구에는 수시로 열 수 있는 자동폐쇄방식의 갑종방화문을 설치하여야 한다.

④ 저장창고의 연소의 우려가 있는 외벽에 설치하는 출입구에 유리를 이용하는 경우에는 망입유리로 하여야 한다.

해설 저장창고는 지붕은 불연재료로 하면 되므로 내화구조로도 할 수 있다.

참고 고인화점 위험물만을 저장 또는 취급하는 단층건물의 옥내저장소 중 저장창고의 처마높이가 6m 이상인 것에 있어서는 안전거리에 관한 특례만 있는데, 지정수량의 20배를 초과하는 경우에만 단층건물 옥내저장소의 안전거리 기준을 적용하도록 하고 있다.

53 고인화점 위험물의 다층건물의 옥내저장소의 특례기준으로 옳은 것은?

① 안전거리는 제조소의 기준에 준하여 확보하여야 한다.

② 보유공지는 두지 않을 수 있다.

③ 하나의 저장창고의 바닥면적 합계는 1,000m²를 초과할 수도 있다.

④ 저장창고는 벽·기둥·바닥·보 및 계단을 불연재료로 하되, 연소의 우려가 있는 외벽은 출입구 외의 개구부가 없는 내화구조의 벽으로 한다.

해설 고인화점 위험물의 다층건물의 옥내저장소의 특례는 다층건물의 옥내저장소에 대한 완화기준이며, 그 조치요건은 고인화점 위험물의 단층건물(처마높이 6m 미만) 옥내저장소의 기준과 ④의 기준으로 되어 있다.

54 고인화점 위험물의 소규모 옥내저장소 중 처마높이가 6m 미만인 것의 특례기준으로 옳지 않은 것은?

① 안전거리 및 보유공지는 두지 않아도 된다.
② 하나의 저장창고 바닥면적은 150m² 이하로 한다.
③ 저장창고의 벽·기둥·바닥 및 보는 내화구조로, 지붕은 가벼운 불연재료로 한다.
④ 저장창고에는 창을 설치하지 않는다.

해설 지붕도 내화구조로 하여야 한다. 고인화점 위험물의 소규모 옥내저장소 중 처마높이가 6m 미만인 것의 특례는 일반 소규모 옥내저장소에 적용하는 보유공지(완화된 것)를 아예 면제하고, 피뢰설비 기준을 적용 제외 기준에 포함하고 있다. 즉, 다음 기준에 적합한 고인화점 위험물의 소규모 옥내저장소에 대하여는 단층건물의 옥내저장소의 기준 중 안전거리, 보유공지, 저장창고의 바닥면적·주요 구조, 지붕, 출입구 및 피뢰설비에 관한 기준을 적용하지 않는다.
㉠ 하나의 저장창고 바닥면적은 150m² 이하로 할 것
㉡ 저장창고는 벽·기둥·바닥·보 및 지붕을 내화구조로 할 것
㉢ 저장창고의 출입구에는 수시로 개방할 수 있는 자동폐쇄방식의 갑종방화문을 설치할 것
㉣ 저장창고에는 창을 설치하지 아니할 것

보충 고인화점 위험물의 소규모 옥내저장소 중 처마높이가 6m 이상인 것의 특례는 일반 소규모 옥내저장소의 특례요건(위 해설의 ㉠ 내지 ㉣ 및 완화된 보유공지기준)에 적합한 경우에 단층건물의 옥내저장소의 기준 중 안전거리, 보유공지, 저장창고의 바닥면적·주요 구조, 지붕 및 출입구의 기준을 적용하지 않는 것이다. 결국 처마높이가 6m 미만인 것의 특례보다 보유공지기준(완화된 것)과 피뢰설비기준을 더 적용하도록 하고 있다.

55 저장하는 위험물의 성질로 인하여 옥내저장소의 기준이 강화되는 경우의 위험물이 아닌 것은?

① 지정과산화물
② 알킬알루미늄등
③ 히드록실아민등
④ 아세트알데히드등

해설 위험물의 성질에 따른 옥내저장소의 특례에는 지정과산화물, 알킬알루미늄등 및 히드록실아민등에 대한 것이 있다.

56 지정과산화물 옥내저장소의 특례에 대한 설명으로 옳지 않은 것은?

① 지정과산화물이라 함은 제5류 위험물 중 유기과산화물 또는 이를 함유하는 것으로서 지정수량이 10kg인 것을 말한다.

② 옥내저장소는 독립전용의 단층건물의 옥내저장소의 형태로만 설치할 수 있다.

③ 안전거리, 보유공지 및 저장창고의 구조에 대한 기준이 강화된다.

④ 지정수량의 50배 미만을 저장하는 경우에는 기준이 강화되지 않는다.

> **해설** 지정과산화물 및 알킬알루미늄등의 옥내저장소에 대하여는 소규모 옥내저장소의 특례가 적용되지 않는다.

57 지정과산화물 옥내저장소의 안전거리 또는 보유공지에 대한 설명으로 옳지 않은 것은?

① 주거용도의 건축물 등, 학교·병원·극장 등의 다수인수용시설, 문화재 및 가스시설에 대한 안전거리가 강화된다.

② 강화되는 안전거리는 저장하는 최대수량과 저장창고의 주위 여건에 따라 다르다.

③ 2 이상의 옥내저장소를 동일한 부지 내에 인접하여 설치하는 때에는 당해 옥내저장소의 상호간에는 강화된 공지 너비의 2/3로 할 수 있다.

④ 저장창고의 주위에 담 또는 토제를 설치한 경우에는 그렇지 않은 경우보다 보유하여야 하는 공지의 폭이 작아진다.

> **해설** 방호대상물 중 가스시설 및 특고압가공전선에 대한 안전거리는 강화되지 않는다.

58 지정과산화물 옥내저장소의 저장창고의 주위에 설치하는 담 또는 토제의 기준으로 적합하지 않은 것은?

① 담 또는 토제는 저장창고의 외벽으로부터 2m 이상 떨어진 장소에 설치할 것

② 담 또는 토제의 높이는 저장창고의 처마높이 이상으로 할 것

③ 담은 두께 15cm 이상의 철근콘크리트조나 철골철근콘크리트조 또는 두께 20cm 이상의 보강콘크리트블록조로 할 것

④ 토제의 경사면의 경사도는 45° 미만으로 할 것

해설 토제의 경사면의 경사도는 60° 미만으로 하여야 한다.

보충 지문 ①의 경우에서 담 또는 토제와 당해 저장창고와의 간격은 당해 옥내저장소의 공지의 너비의 1/5을 초과할 수 없다.

한편, 지정수량의 5배 이하인 지정과산화물의 옥내저장소에 대하여는 다음과 같이 그 기준이 완화되고 있다.

ⓐ 당해 옥내저장소의 저장창고의 외벽을 두께 30cm 이상의 철근콘크리트조 또는 철골철근콘크리트조로 만드는 것으로써 담 또는 토제에 대신할 수 있다.

ⓑ 당해 옥내저장소의 저장창고의 외벽을 ⓐ에 의한 구조로 하고 주위에 담 또는 토제를 설치하는 때에는 주거용 건축물 등까지의 안전거리를 10m 이상으로 할 수 있다.

ⓒ 당해 옥내저장소의 저장창고의 외벽을 ⓐ에 의한 구조로 하고 주위에 담 또는 토제를 설치하는 때에는 그 공지의 너비를 2m 이상으로 할 수 있다.

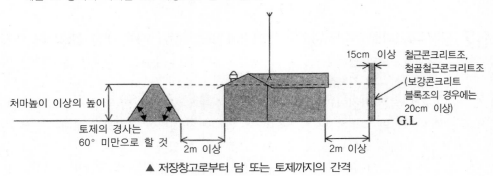

▲ 저장창고로부터 담 또는 토제까지의 간격

59 지정과산화물의 저장창고에 대하여 강화되는 기준으로 적합하지 않은 것은?

① 저장창고는 150m² 이내마다 격벽으로 완전하게 구획할 것. 이 경우 격벽은 저장창고의 양측의 외벽 및 상부의 지붕으로부터 50cm 이상 돌출하게 하여야 한다.

② 저장창고의 외벽은 두께 20cm 이상의 철근콘크리트조나 철골철근콘크리트조 또는 두께 30cm 이상의 보강콘크리트블록조로 할 것

③ 저장창고의 출입구에는 갑종방화문을 설치할 것

④ 저장창고의 창은 바닥면으로부터 2m 이상의 높이에 두되, 하나의 벽면에 두는 창의 면적의 합계를 당해 벽면의 면적의 1/80 이내로 하고, 하나의 창의 면적을 0.4m² 이내로 할 것

해설 격벽은 두께 30cm 이상의 철근콘크리트조 또는 철골철근콘크리트조로 하거나 두께 40cm 이상의 보강콘크리트블록조로 하고, 당해 저장창고의 양측의 외벽으로부터 1m 이상, 상부의 지붕으로부터 50cm 이상 돌출하게 하여야 한다.

①의 후단은 제조소 또는 일반취급소에서 다른 작업장과의 사이에 공지를 생략하기 위한 격벽의 기준이다.

정답 59 ①

보충 저장창고의 지붕은 다음의 1에 적합하여야 한다.

㉠ 중도리 또는 서까래의 간격은 30cm 이하로 할 것

㉡ 지붕의 아래쪽 면에는 한 변의 길이가 45cm 이하의 환강(丸鋼)·경량형강(輕量型鋼) 등으로 된 강제(鋼製)의 격자를 설치할 것

㉢ 지붕의 아래쪽 면에 철망을 쳐서 불연재료의 도리·보 또는 서까래에 단단히 결합할 것

㉣ 두께 5cm 이상, 너비 30cm 이상의 목재로 만든 받침대를 설치할 것

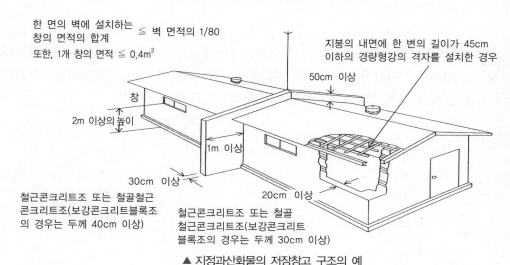

▲ 지정과산화물의 저장창고 구조의 예

60 **알킬알루미늄등 또는 히드록실아민등의 옥내저장소에 대한 설명으로 틀린 것은?**

① 알킬알루미늄등의 옥내저장소에는 누설범위를 국한하기 위한 설비 및 누설한 알킬알루미늄등을 안전한 장소에 있는 조(槽)로 유입시킬 수 있는 설비를 설치하여야 한다.

② 알킬알루미늄등의 옥내저장소는 다층건물이나 다른 용도로 사용하는 부분이 있는 건축물에 설치할 수 없다.

③ 히드록실아민등의 옥내저장소는 다른 용도로 사용하는 부분이 있는 건축물에 설치할 수 없다.

④ 히드록실아민등의 옥내저장소에는 온도의 상승에 의한 위험한 반응을 방지하기 위한 조치를 하여야 한다.

해설 히드록실아민등 옥내저장소의 형태에 대하여는 특별한 제한이 없어 건축물 내 부분설치도 가능하다.

61 옥외탱크저장소의 하나의 방유제 내에 용량이 20만L인 것과 10만L인 옥외저장탱크를 각각 2기씩 설치하는 경우 확보하여야 하는 방유제의 용량은?

① 10만L 이상   ② 13만L 이상

③ 20만L 이상   ④ 22만L 이상

> **해설** 최대용량탱크의 용량(20만L)의 110%를 구하면 된다.

62 방유제 안에 설치하는 모든 옥외저장탱크의 용량이 20만L 이하이고, 당해 옥외저장탱크에서 저장·취급하는 위험물의 인화점이 70℃ 이상 200℃ 미만인 경우, 하나의 방유제 안에 설치할 경우 설치할 수 있는 옥외저장탱크의 최대 수는?

① 10기   ② 15기

③ 20기   ④ 제한 없음

> **해설** 방유제 내에 설치하는 옥외저장탱크의 수는 10(방유제 내에 설치하는 모든 옥외저장탱크의 용량이 20만L 이하이고, 당해 옥외저장탱크에 저장 또는 취급하는 위험물의 인화점이 70℃ 이상 200℃ 미만인 경우에는 20) 이하이다. 다만, 인화점이 200℃ 이상인 위험물을 저장 또는 취급하는 옥외저장탱크에 있어서는 제한이 없다.

63 옥외탱크저장소의 보유공지에 관한 기준으로 틀린 것은?

① 탱크의 주위에는 그 저장 또는 취급하는 위험물의 최대수량에 따라 옥외저장탱크의 측면으로부터 일정한 너비의 공지를 보유하여야 한다.

② 위험물을 이송하기 위한 배관 그 밖의 이와 유사한 공작물의 주위에는 공지를 보유하지 않아도 된다.

③ 제6류 위험물을 저장 또는 취급하는 옥외저장탱크는 다른 종류의 위험물을 저장 또는 취급하는 탱크의 보유공지의 1/3 이상의 너비로 할 수 있다. 이 경우 보유공지의 너비는 3m 이상이 되어야 한다.

④ 제6류 위험물 외의 위험물을 저장 또는 취급하는 탱크의 최대수량이 지정수량의 4천 배 이상인 경우에는 당해 탱크의 수평단면의 최대지름과 높이 중 큰 것과 같은 거리 이상의 공지를 보유하되, 30m 초과의 경우에는 30m 이상으로 할 수 있고 15m 미만의 경우에는 15m 이상으로 하여야 한다.

> **해설** 제6류 위험물을 저장 또는 취급하는 옥외저장탱크의 보유공지는 1.5m 이상이 되어야 한다.

64 옥외저장탱크를 동일한 방유제 안에 2개 이상 인접하여 설치하는 경우 그 인접하는 방향의 보유공지에 관한 기준으로 틀린 것은?

① 제6류 위험물 외의 위험물을 저장하는 옥외저장탱크(용량이 지정수량의 4천 배를 초과하는 것을 포함한다)에 있어서는 당초 보유공지의 1/3 이상의 너비로 할 수 있다.

② 제6류 위험물 외의 위험물을 저장하는 옥외저장탱크(용량이 지정수량의 4천 배를 초과하는 것을 제외한다)는 인접하는 방향의 보유공지의 너비는 3m 이상이 되어야 한다.

③ 제6류 위험물을 저장하는 옥외저장탱크에 있어서는 당초 보유공지의 1/3 이상의 너비로 할 수 있다.

④ ③에 있어서 인접하는 방향의 보유공지의 너비는 1.5m 이상이 되어야 한다.

> **해설** 제6류 위험물 외의 옥외저장탱크 중 지정수량의 4,000배를 초과하는 것은 인접탱크 간 보유공지의 무조건적인 단축은 인정되지 않으며, 물분무설비를 설치하는 경우에만 당초 보유공지의 1/2 이상의 너비로 할 수 있다. 한 가지 유의할 것은 제6류 위험물의 옥외저장탱크는 동일 방유제뿐만 아니라 동일 구내에 설치되는 경우에도 인접탱크 간의 보유공지가 단축된다는 점이다.

65 옥외저장탱크의 보유공지를 단축할 수 있는 경우와 그 조건에 대한 설명으로 틀린 것은?

① 물분무설비를 설치함으로써 당초 보유공지의 1/2 이상의 너비로 할 수 있다.

② 보유공지를 단축하는 경우에도 그 너비는 3m 이상이어야 한다.

③ 보유공지 단축 탱크의 표면에 방사하는 물의 양은 탱크높이 15m마다 원주길이 1m에 대하여 분당 37L 이상으로 하여야 한다.

④ 수원의 양은 20분 이상 방사할 수 있는 수량으로 하여야 한다.

> **해설** ③ 탱크높이에 관한 기준은 없다. 한편, 공지단축 옥외저장탱크의 화재 시 $1m^2$당 20kW 이상의 복사열에 노출되는 표면을 갖는 인접한 옥외저장탱크가 있으면 당해 표면에도 물분무설비로 방호조치를 함께 하여야 한다.

66 특정옥외저장탱크 외의 옥외저장탱크 중 압력탱크 외의 탱크에 대한 탱크안전성능검사의 시험방법은?

① 충수시험
② 수압시험
③ 충수시험 및 기밀시험
④ 충수시험 및 용접부시험

> **해설** 용량 100만L 미만의 옥외저장탱크에 대한 안전성능시험은 압력탱크(최대상용압력이 대기압을 초과하는 탱크) 외의 탱크에 있어서는 충수시험, 압력탱크에 있어서는 최대상용압력의 1.5배의 압력으로 10분간 실시하는 수압시험에서 각각 새거나 변형되지 않아야 한다.

67 옥외저장탱크에 설치하는 밸브 없는 통기관에 대한 기준으로 틀린 것은?

① 직경은 30mm 이상이고, 선단은 수평면보다 45° 이상 구부려 빗물 등의 침투를 막는 구조로 할 것
② 인화방지장치를 할 것. 다만, 인화점 70℃ 이상의 위험물만을 해당 위험물의 인화점 미만의 온도로 저장 또는 취급하는 탱크에 설치하는 통기관은 제외한다.
③ 5kPa 이하의 압력차이로 작동할 수 있을 것
④ 가연성의 증기를 회수하기 위한 밸브를 통기관에 설치하는 경우에 있어서는 당해 통기관의 밸브는 저장탱크에 위험물을 주입하는 경우를 제외하고는 항상 개방되어 있는 구조로 하고, 폐쇄하였을 경우에는 10kPa 이하의 압력에서 개방되는 구조로 할 것

> **해설** 밸브 없는 통기관에는 작동압력이 있을 수 없다. ③은 대기밸브부착 통기관의 기준이다.

68 옥외탱크저장소의 피뢰설비에 대한 기준으로 정확하지 않은 것은?

① 지정수량의 10배 이상인 옥외탱크저장소(제6류 위험물의 옥외탱크저장소를 제외한다)에 설치한다.
② 한국산업규격에 적합한 피뢰침을 설치한다.
③ 옥외탱크저장소의 주위의 상황에 따라 안전상 지장이 없는 경우에는 설치하지 않을 수 있다.
④ 옥외탱크저장소의 지붕과 벽이 모두 3.2mm 이상의 금속재로 되어 있는 경우에는 피뢰침을 생략할 수 있다.

> **해설** 옥외저장탱크에 저항이 5Ω 이하인 접지설비를 설치한 경우에는 피뢰침을 설치하지 않을 수 있다.

69 인화점이 200℃ 미만인 위험물을 저장하기 위하여 높이가 15m이고, 지름이 18m인 옥외저장탱크를 설치하는 경우 당해 옥외저장탱크와 방유제와의 사이에 유지하여야 하는 거리는?

① 5.0m 이상
② 6.0m 이상
③ 7.5m 이상
④ 9.0m 이상

> **해설** 옥외저장탱크의 지름이 15m 미만인 경우에는 탱크 높이의 1/3 이상, 지름이 15m 이상인 경우에는 탱크 높이의 1/2 이상의 거리를 유지하여야 한다(단, 인화점이 200℃ 이상인 경우는 제외).

70 다음 중 아세트알데히드등의 옥외탱크저장소에만 해당하는 특례기준은?

① 옥외저장탱크의 주위에는 누설범위를 국한하기 위한 설비 및 누설된 위험물을 안전한 장소에 설치된 조에 이끌어 들일 수 있는 설비를 설치할 것

② 옥외저장탱크에는 불활성의 기체를 봉입하는 장치를 설치할 것

③ 옥외저장탱크에는 냉각장치 또는 보랭장치를 설치하고, 옥외저장탱크의 설비는 동·마그네슘·은·수은 또는 이들을 성분으로 하는 합금으로 만들지 아니할 것

④ 옥외탱크저장소에는 위험물 등의 온도의 상승 또는 철이온 등의 혼입에 의한 위험한 반응을 방지하기 위한 조치를 강구할 것

> **해설** ① 알킬알루미늄등의 옥외탱크저장소의 특례
> ② 알킬알루미늄등 또는 아세트알데히드등의 옥외탱크저장소의 특례
> ④ 히드록실아민등의 옥외탱크저장소의 특례

71 옥외탱크저장소의 방유제의 설치기준으로 옳은 것은? (지반면 아래에 불침윤성 구조물이 없는 경우임.)

① 높이 0.5m 이상 3m 이하, 두께 0.2m 이상, 지하매설깊이 1m 이상

② 높이 0.5m 이상 5m 이하, 두께 0.2m 이상, 지하매설깊이 1m 이상

③ 높이 0.5m 이상 3m 이하, 두께 0.5m 이상, 지하매설깊이 1m 이상

④ 높이 0.5m 이상 3m 이하, 두께 0.2m 이상, 지하매설깊이 1.5m 이상

> **해설** 방유제의 매설깊이는 지반면 아래의 불침윤성 구조물이 있는 경우에는 그 구조물까지, 구조물이 없는 경우에는 1m 이상이어야 한다.

72 수압시험을 실시하여야 하는 옥외저장탱크는?

① 최대상용압력이 대기압을 초과하는 탱크

② 최대상용압력이 부압 또는 정압 5kPa을 초과하는 탱크

③ 최대상용압력이 46.7kPa 이상인 탱크

④ 최대상용압력의 1.5배의 압력을 초과하는 탱크

> **해설** 옥외저장탱크 중 압력탱크의 정의를 묻는 문제이다. 압력탱크의 정의는 탱크의 종류뿐만 아니라 관련 기준에 따라서도 다르게 되어 있다(표 참조).
>
> | 구 분 | 수압시험 관련 | 안전장치 또는 통기관 관련 |
> |---|---|---|
> | 옥외탱크 | 최대상용압력이 대기압을 초과하는 탱크 | 최대상용압력이 부압 또는 정압 5kPa을 초과하는 탱크 |
> | 옥내탱크 | 최대상용압력이 대기압을 초과하는 탱크 | 최대상용압력이 부압 또는 정압 5kPa을 초과하는 탱크 |
> | 지하탱크 | 최대상용압력이 46.7kPa 이상인 탱크 | 최대상용압력이 부압 또는 정압 5kPa을 초과하는 탱크 |
> | 이동탱크 | 최대상용압력이 46.7kPa 이상인 탱크 | – |

70 ③ **71** ① **72** ① 정답

73 옥외탱크저장소의 방유제에 대한 기준으로 적합하지 않은 것은?

① 방유제의 높이는 0.5m 이상 3m 이하로 할 것

② 방유제 내의 면적은 80,000m² 이하로 할 것

③ 용량이 1,000만L 이상인 옥외저장탱크의 주위에 설치하는 방유제에는 당해 탱크마다 간막이둑을 설치할 것

④ 인화성이 없는 액체위험물의 옥외저장탱크의 주위에 설치하는 방유제의 용량은 최대용량탱크의 110% 이상의 용적으로 할 것

> **해설** 비인화성 액체위험물 탱크의 경우에는 방유제의 용량을 탱크(1기인 경우) 또는 최대용량탱크(2기 이상인 경우)의 100% 이상으로 할 수 있도록 하고 있다. 방유제의 면적 등을 정리하면 다음과 같다.

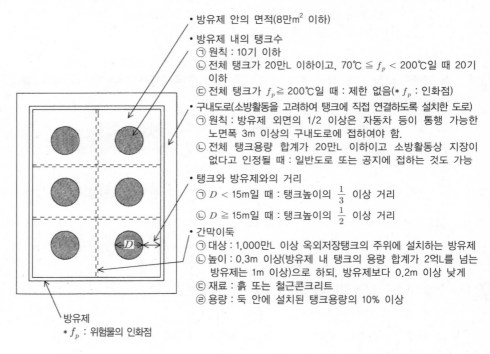

- 방유제 안의 면적(8만m² 이하)
- 방유제 내의 탱크수
  - ㉠ 원칙 : 10기 이하
  - ㉡ 전체 탱크가 20만L 이하이고, 70℃ ≦ f_p < 200℃일 때 20기 이하
  - ㉢ 전체 탱크가 f_p ≧ 200℃일 때 : 제한 없음(* f_p : 인화점)
- 구내도로(소방활동을 고려하여 탱크에 직접 연결하도록 설치한 도로)
  - ㉠ 원칙 : 방유제 외면의 1/2 이상은 자동차 등이 통행 가능한 노면폭 3m 이상의 구내도로에 접하여야 함.
  - ㉡ 전체 탱크용량 합계가 20만L 이하이고 소방활동상 지장이 없다고 인정될 때 : 일반도로 또는 공지에 접하는 것도 가능
- 탱크와 방유제와의 거리
  - ㉠ D < 15m일 때 : 탱크높이의 $\frac{1}{3}$ 이상 거리
  - ㉡ D ≧ 15m일 때 : 탱크높이의 $\frac{1}{2}$ 이상 거리
- 간막이둑
  - ㉠ 대상 : 1,000만L 이상 옥외저장탱크의 주위에 설치하는 방유제
  - ㉡ 높이 : 0.3m 이상(방유제 내 탱크의 용량 합계가 2억L를 넘는 방유제는 1m 이상)으로 하되, 방유제보다 0.2m 이상 낮게
  - ㉢ 재료 : 흙 또는 철근콘크리트
  - ㉣ 용량 : 둑 안에 설치된 탱크용량의 10% 이상

방유제
* f_p : 위험물의 인화점

74 다음 중 보유공지가 필요 없는 위험물시설은?

① 옥내저장소　　　　　　　　② 옥외탱크저장소

③ 옥내탱크저장소　　　　　　④ 일반취급소

> **해설** 옥내탱크저장소에 대하여는 안전거리 및 보유공지에 대한 규제가 없다(건축물 내 부분설치 가능).

75 옥내탱크저장소의 기준에 대한 설명으로 옳지 않은 것은?

① 옥내저장탱크는 탱크전용실에 설치하여야 하고, 옥내저장탱크와 탱크전용실의 벽과의 사이 및 옥내저장탱크의 상호간에는 0.5m 이상의 간격을 유지하여야 한다.

② 탱크전용실이 단층건물에 있는 경우에는 저장하는 위험물의 종류에 대한 제한이 없으나 단층이 아닌 건물에 있는 경우에는 저장하는 위험물의 종류에 제한이 있다.

③ 탱크전용실의 지붕은 화재 또는 폭발 시의 이상과압이 상부로 방출할 수 있도록 가벼운 불연재료로 하여야 한다.

④ 옥내탱크저장소는 다른 용도로 사용하는 부분이 있는 건축물에도 설치할 수 있다.

> **해설** 옥내탱크저장소의 탱크전용실은 이상과압의 상부 방출을 전제로 하는 시설이 아니므로, 그 지붕을 불연재료(상층이 있는 경우에는 상층의 바닥을 내화구조)로 하면 된다.

76 비수용성의 제1석유류 위험물을 4,000L까지 저장·취급할 수 있도록 허가받은 단층건물의 탱크전용실에 수용성의 제2석유류 위험물을 저장하기 위한 옥내저장탱크를 추가로 설치할 경우, 설치할 수 있는 탱크의 최대용량은?

① 16,000L
② 20,000L
③ 30,000L
④ 60,000L

> **해설** 단층건물에 설치하는 옥내탱크저장소의 옥내저장탱크의 용량(동일한 탱크전용실에 옥내저장탱크를 2 이상 설치하는 경우에는 각 탱크의 용량의 합계)은 지정수량의 40배(제4석유류 및 동식물유류 외의 제4류 위험물에 있어서 당해 수량이 20,000L를 초과할 때에는 20,000L) 이하로 하여야 한다. 따라서, 기존 탱크의 용량과 합산하였을 때 2만L가 되는 용량이 추가로 설치할 수 있는 탱크의 최대용량이 된다. 그리고 수용성 여부는 지정수량의 배수가 문제될 때 의미가 있지만, 여기서는 문제해결과 관계가 없다.

77 단층 건축물에 있는 옥내탱크전용실에 비수용성의 제2석유류 위험물을 저장하는 탱크를 설치할 경우, 설치할 수 있는 탱크의 최대용량은?

① 10,000L
② 20,000L
③ 40,000L
④ 80,000L

> **해설** 비수용성 제2석유류의 지정수량의 40배는 40,000L이지만, 제4석유류 및 동식물유류 외의 제4류 위험물은 2만L를 초과할 수 없으므로 설치할 수 있는 탱크의 최대용량은 2만L가 된다.

ⓒ 단층건물의 탱크전용실에 하나의 탱크를 설치할 때 최대용량의 예는 다음 표와 같다.

품 명	최대용량	배 수
특수인화물	2,000L	40배
제1석유류(비수용성)	8,000L	40배
제2석유류(비수용성)	20,000L	20배
제3석유류(비수용성)	20,000L	10배
제4석유류	240,000L	40배
동식물유류	400,000L	40배

ⓛ 단층건물의 탱크전용실에 2 이상의 탱크를 설치한 경우의 최대용량의 예는 다음과 같다.

품명 및 용량	배 수	합계 배수
제1석유류 4,000L(비수용성)	20배	36배
제2석유류 16,000L(비수용성)	16배	
제3석유류 20,000L(비수용성)	10배	40배
제4석유류 180,000L	30배	

78 옥내저장탱크에 설치하는 통기관 또는 안전장치의 기준으로 옳지 않은 것은?

① 압력탱크에는 안전장치를 설치할 것
② 압력탱크가 아닌 모든 위험물의 탱크에는 밸브 없는 통기관을 설치할 것
③ 통기관의 선단은 건축물의 창·출입구 등의 개구부로부터 1m 이상 떨어진 옥외의 장소에 지면으로부터 4m 이상의 높이로 할 것
④ 인화점이 40℃ 미만인 위험물의 탱크에 설치하는 통기관은 부지경계선으로부터 1.5m 이상 이격할 것

해설 밸브 없는 통기관은 제4류 위험물의 옥내저장탱크에 설치하도록 되어 있다. 다른 위험물은 가연성 증기의 방출이 거의 없으므로 통기관에 대한 특별한 규정을 두지 않고 있다.

79 내용적이 20,000L인 옥내저장탱크에 대하여 허가할 수 있는 최대용량은?

① 17,000L
② 18,000L
③ 19,000L
④ 20,000L

해설 탱크의 용량은 탱크의 내용적에서 공간용적(내용적의 5~10%)을 뺀 용적을 말하며, 최대용량은 최소공간용적(내용적의 5%)을 빼면 구할 수 있다.
20,000 − (20,000×0.5%) = 19,000L

80 단층 건축물에 설치하는 옥내탱크전용실의 기준으로서 적합하지 않은 것은?

① 벽·기둥 및 바닥은 내화구조로 할 것. 다만, 인화점이 70℃ 이상인 제4류 위험물만의 탱크전용실에 있어서는 연소의 우려가 없는 외벽·기둥 및 바닥을 불연재료로 할 수 있다.

② 연소의 우려가 있는 외벽은 출입구 외에는 개구부가 없도록 하고, 연소의 우려가 있는 외벽에 두는 출입구에는 수시로 열 수 있는 자동폐쇄식의 갑종방화문을 설치할 것

③ 지붕 및 보를 불연재료로 하고, 천장을 설치하지 아니할 것

④ 탱크전용실의 출입구의 턱의 높이를 0.2m 이상으로 할 것

> **해설** 탱크전용실의 출입구의 턱의 높이를 당해 탱크전용실 내의 옥내저장탱크(옥내저장탱크가 2 이상인 경우에는 최대용량의 탱크)의 용량을 수용할 수 있는 높이 이상으로 하거나 누설된 위험물이 탱크전용실 밖으로 유출하지 않는 구조로 하여야 한다.
> 그 밖의 기준은 다음과 같다.
> ㉠ 탱크전용실의 창 또는 출입구에 유리를 이용하는 경우에는 망입유리로 할 것
> ㉡ 액상의 위험물의 옥내저장탱크를 설치하는 탱크전용실의 바닥은 위험물이 침투하지 아니하는 구조로 하고, 적당한 경사를 두는 한편 집유설비를 설치할 것
> ㉢ 채광·조명·환기 및 배출설비 : 옥내저장소의 기준 준용
> ㉣ 전기설비 : 전기설비기술기준에 의할 것

81 단층건물 외의 건축물에 설치하는 옥내탱크저장소에 저장할 수 없는 위험물은?

① 황린   ② 질산
③ 제1석유류   ④ 황화린·적린 및 덩어리 유황

> **해설** 단층건물 외의 건축물에 설치하는 옥내탱크저장소에 저장할 수 있는 위험물은 다음과 같다.
> ㉠ 제2류 위험물 중 황화린·적린 및 덩어리 유황
> ㉡ 제3류 위험물 중 황린
> ㉢ 제4류 위험물 중 인화점이 38℃ 이상인 위험물
> ㉣ 제6류 위험물 중 질산

82 건물의 2층에 있는 옥내탱크전용실에 비수용성의 제2석유류 위험물을 저장·취급하기 위한 옥내저장탱크를 설치할 경우, 설치할 수 있는 탱크의 최대용량은?

① 5,000L   ② 10,000L
③ 20,000L   ④ 40,000L

> **해설** 단층건물 외의 건축물에 설치하는 옥내저장탱크의 용량(동일한 탱크전용실에 옥내저장탱크를 2 이상 설치하는 경우에는 각 탱크의 용량의 합계)은 1층 또는 지하층에 있어서는 지정수량의 40배(제4석유류 및 동식물유류 외의 제4류 위험물에 있어서 당해 수량이 20,000L를 초과할 때에는 20,000L) 이하로 하고, 2층 이상의 층에 있어서는 지정수량의 10배(제4석유류 및 동식물유류 외의 제4류 위험물에 있어서 당해 수량이 5,000L를 초과할 때에는 5,000L) 이하이므로 설치할 수 있는 최대용량은 5,000L가 된다.

80 ④ **81** ③ **82** ① **정답**

83 단층건물 외의 건축물에 설치하는 옥내탱크저장소의 기준으로 적합하지 않은 것은?

① 제4류 위험물(인화점이 38℃ 이상인 것에 한한다)의 탱크전용실만 2층 이상의 층에 설치할 수 있다.

② 탱크전용실에 상층이 있는 경우에는 상층의 바닥을 내화구조로 하여야 한다.

③ 탱크전용실에 두는 창에는 갑종방화문 또는 을종방화문을 설치하여야 한다.

④ 탱크전용실의 출입구에는 수시로 열 수 있는 자동폐쇄식의 갑종방화문을 설치하여야 한다.

> **해설** 단층건물에 설치하는 옥내탱크저장소와 달리 다층건물의 탱크전용실에는 창을 설치할 수 없다. 또한, 탱크전용실의 벽·기둥·바닥 및 보는 예외없이 내화구조로 하여야 하고, 환기 및 배출의 설비에는 방화상 유효한 댐퍼 등을 설치하여야 한다.

84 다음의 비압력탱크 중에서 탱크안전성능시험의 종류가 다른 하나는?

① 옥내저장탱크   ② 지하저장탱크

③ 간이저장탱크   ④ 이동저장탱크

> **해설** 압력탱크가 아닌 경우 옥내저장탱크는 충수시험, 나머지 탱크는 70kPa의 압력으로 수압시험을 실시하여 새거나 변형이 없어야 한다.

구 분	탱크 구분		안전장치 또는 통기관의 구분	
	압력탱크	비압력탱크	압력탱크	비압력탱크
옥외탱크	수압시험 (최대상용압력의 1.5배)	충수시험	안전장치	밸브 없는 통기관 또는 대기밸브부착 통기관 * 제4류 위험물탱크
옥내탱크	수압시험 (최대상용압력의 1.5배)	충수시험		
지하탱크	수압시험 (최대상용압력의 1.5배) * 수압시험은 기밀시험과 비파괴시험으로 대체 가능	수압시험 (70kPa)		
간이탱크	–	수압시험 (70kPa)	–	밸브 없는 통기관 또는 대기밸브부착 통기관
이동탱크	수압시험 (최대상용압력의 1.5배) * 수압시험은 기밀시험과 비파괴시험으로 대체 가능	수압시험 (70kPa)	안전장치	안전장치 * 상용압력 20kPa 이하 : 20kPa 이상 24kPa 이하에서 작동 상용압력 20kPa 초과 : 상용압력의 1.1배 이하에서 작동

85 지하저장탱크를 탱크전용실에 설치하지 않고 직접 매설하는 기준으로 틀린 것은?

① 저장하는 위험물은 휘발유, 경유, 등유 또는 중유일 것

② 탱크를 지하철·지하가 또는 지하터널로부터 수평거리 10m 이내의 장소 또는 지하건축물 내의 장소에 설치하지 아니할 것

③ 탱크를 그 수평투영의 세로 및 가로보다 각각 0.6m 이상 크고, 두께가 0.3m 이상인 철근콘크리트조의 뚜껑으로 덮을 것

④ 탱크를 지하의 가장 가까운 벽·피트·가스관 등의 시설물 및 대지경계선으로부터 0.6m 이상 떨어진 곳에 매설할 것

> **해설** 제4류 위험물의 지하저장탱크에 있어서는 ②, ④의 설치장소의 요건에 적합하고, 탱크에 ③ 등의 보호 조치를 한 것에 한하여 탱크전용실에 설치하지 않고 직접 매설할 수 있다. 그 밖의 기준으로는 뚜껑에 걸리는 중량이 직접 당해 탱크에 걸리지 않는 구조로 하는 것과 탱크를 견고한 기초 위에 고정하는 것이 있다. ①은 강화플라스틱제 이중벽탱크에 대한 설명이다.

86 지하탱크저장소의 탱크전용실과 관련된 기준으로서 틀린 것은?

① 탱크전용실은 벽 및 바닥을 두께 0.3m 이상의 콘크리트구조 또는 이와 동등 이상의 강도가 있는 구조로 할 것

② 두께 0.3m 이상의 철근콘크리트조로 된 뚜껑을 설치할 것

③ 지하의 가장 가까운 벽·피트·가스관 등의 시설물 및 대지경계선으로부터 0.6m 이상 떨어진 곳에 설치할 것

④ 탱크와 탱크전용실의 안쪽과의 사이는 0.1m 이상의 간격을 유지할 것

> **해설** 탱크전용실은 대지경계선 등으로부터 0.1m 이상 떨어진 곳에 설치하면 된다. 0.6m는 탱크전용실에 설치하지 않고 직접 매설하는 지하저장탱크와 대지경계선 등과의 거리이다.

87 지하저장탱크의 주위의 간격에 관한 기준으로 적합하지 않은 것은?

① 탱크전용실에 설치하지 않고 직접 매설하는 탱크는 지하의 가장 가까운 벽·피트·가스관 등의 시설물로부터 0.6m 이상 떨어지도록 할 것

② 탱크와 탱크전용실의 안쪽과의 사이에는 0.1m 이상의 간격을 유지할 것

③ 지하저장탱크를 2 이상 인접하게 설치하는 경우에는 그 상호간에 0.5m 이상의 간격을 유지할 것

④ 지하저장탱크의 윗부분은 지면으로부터 0.6m 이상 아래에 있을 것

> **해설** 지하저장탱크를 2 이상 인접하게 설치하는 경우에는 그 상호간에 1m 이상의 간격을 유지하되, 2 이상의 지하저장탱크의 용량의 합계가 지정수량의 100배 이하인 때에 한하여 간격을 0.5m 이상으로 할 수 있다. 다만, 탱크의 사이에 탱크전용실의 벽이나 두께 20cm 이상의 콘크리트 구조물이 있는 경우에는 이격하지 않아도 된다.

85 ① 　86 ③ 　87 ③ 　**정답**

88 탱크전용실에 설치하는 지하저장탱크의 재질·구조 등에 관한 기준으로 적합하지 않은 것은?

① 탱크의 재질은 두께 3.2mm 이상의 강철판으로 하여야 한다.

② 압력탱크 외의 탱크는 충수시험에서 새거나 변형되지 않아야 한다.

③ 압력탱크는 최대상용압력의 1.5배의 압력으로 수압시험을 실시하여 새거나 변형되지 않아야 한다.

④ ③의 수압시험은 기밀시험과 비파괴시험을 함께 실시하는 방법으로 대신할 수 있다.

> **해설** 지하저장탱크는 비압력탱크에 대하여도 수압시험을 실시한다. 시험압력은 70kPa이다.

89 탱크전용실 외의 장소에 설치하는 지하저장탱크(이중벽탱크를 제외)의 외면을 보호하는 방법으로 적합하지 않은 것은?

① 탱크의 외면에 방청제 및 아스팔트 프라이머의 순으로 도장을 한 후 아스팔트 루핑 및 철망의 순으로 탱크를 피복하고, 그 표면에 두께가 2cm 이상에 이를 때까지 모르타르를 도장하는 방법

② 탱크의 외면에 방청제 도장을 실시하고, 그 표면에 아스팔트 및 아스팔트 루핑에 의한 피복을 두께 1cm에 이를 때까지 교대로 실시하는 방법

③ 탱크의 외면에 프라이머를 도장하고, 그 표면에 복장재를 휘감은 후 에폭시수지 또는 타르에폭시수지에 의한 피복을 탱크의 외면으로부터 두께 2mm 이상에 이를 때까지 실시하는 방법

④ 탱크의 외면에 프라이머를 도장하고, 그 표면에 유리섬유 등을 강화재로 한 강화플라스틱에 의한 피복을 두께 3mm 이상에 이를 때까지 실시하는 방법

> **해설** 지하저장탱크의 외면보호방법 5가지 중에서 단순한 녹 방지 도장방법과 ④의 방법은 탱크전용실에 설치하는 지하저장탱크에 대하여만 사용할 수 있다.

90 지하저장탱크에 설치하는 통기관의 기준으로 적합하지 않은 것은?

① 제4류 제1석유류를 저장하는 탱크의 대기밸브부착 통기관은 정압 1.5kPa 이상 3kPa 이하의 압력차에서 작동하여야 한다.

② 가는 눈의 동망 등에 의한 인화방지장치를 할 것. 다만, 고인화점 위험물만을 100℃ 미만의 온도로 저장 또는 취급하는 탱크에 설치하는 통기관은 그러하지 아니하다.

③ 선단은 건축물의 창·출입구 등의 개구부로부터 1m 이상 떨어진 옥외의 장소에 지상 4m 이상의 높이로 설치하되, 인화점이 40℃ 미만인 위험물의 탱크에 설치하는 통기관에 있어서는 부지경계선으로부터 1.5m 이상 이격할 것

④ 가연성 증기를 회수하기 위한 밸브를 통기관에 설치하는 경우에는 당해 저장탱크에 위험물을 주입하는 경우를 제외하고는 항상 개방되어 있는 구조로 하고, 폐쇄하였을 경우에는 10kPa 이하의 압력에서 개방되는 것으로 할 것

해설 ① 제4류 제1석유류를 저장하는 탱크의 대기밸브부착 통기관은 정압 0.6kPa 이상 1.5kPa 이하, 부압 1.5kPa 이상 3kPa 이하의 압력차에서 작동하여야 한다.

91 지하저장탱크의 펌프실에 대한 기준으로 정확하지 않은 것은?

① 벽·기둥·바닥 및 보는 불연재료로 할 것
② 지붕은 불연재료로 할 것
③ 창 및 출입구에는 갑종방화문 또는 을종방화문을 설치할 것
④ 바닥의 주위에는 높이 0.2m 이상의 턱을 만들고 바닥은 콘크리트 등 위험물이 스며들지 아니하는 재료로 적당히 경사지게 하여 그 최저부에는 집유설비를 설치할 것

해설 지하저장탱크의 펌프설비의 기준은 옥외저장탱크의 펌프설비 기준(공지 및 탱크와의 간격을 제외)을 준용하도록 되어 있다. 펌프실의 지붕은 가벼운 불연재료로 하여야 한다.

92 지하저장탱크의 주위에 설치하는 누설검사관에 대한 기준으로 적합하지 않은 것은?

① 탱크전용실에 설치하는 지하저장탱크의 주위에만 설치한다.
② 탱크별로 4개소 이상 적당한 위치에 설치하여야 한다.
③ 관의 밑부분으로부터 탱크의 중심 높이까지의 부분에는 소공이 뚫려 있어야 한다.
④ 재료는 금속관 또는 경질합성수지관으로 하여야 한다.

해설 누설검사관은 별도의 누설검지장치를 갖추도록 되어 있는 이중벽탱크를 제외한 모든 지하저장탱크의 주위에 설치하여야 한다. 탱크전용실에 설치하지 않는 지하저장탱크의 누설검사관은 탱크의 기초 위에 닿게 설치하도록 하고 있다.

93 이중벽탱크 또는 특수누설방지구조가 아닌 지하저장탱크에 저장하는 경우 당해 탱크를 반드시 탱크전용실에 설치하여야 하는 것은?

① 이황화탄소의 지하탱크저장소
② 아세트알데히드등의 지하탱크저장소
③ 산화프로필렌 지하탱크저장소
④ 디에틸에테르 지하탱크저장소

해설 아세트알데히드등의 지하탱크저장소에 대하여는 전용실 설치의 예외규정이 적용되지 않는다.

94 간이탱크저장소의 간이탱크 1기의 용량은?

① 600L

② 1,000L

③ 2,000L

④ 3,000L

> 해설 간이탱크저장소는 적은 양의 위험물을 저장하는 시설이므로 간이저장탱크의 용량을 600L로 제한하고 있다. 또한, 하나의 간이탱크저장소에 설치하는 간이저장탱크는 그 수를 3 이하로 하여야 하고, 동일한 품질의 위험물의 간이저장탱크를 2 이상 설치하지 아니하여야 한다(각 간이저장탱크에 저장하는 위험물의 품질이 모두 다르게 된다).

95 간이탱크저장소의 기준으로 적합하지 않은 것은?

① 옥외에 설치하거나 벽·기둥 및 바닥이 내화구조로 된 전용실에 설치할 것

② 옥외에 설치하는 간이저장탱크의 주위에는 너비 1m 이상의 공지를 두고, 전용실 안에 설치하는 경우에는 탱크와 전용실의 벽과의 사이에 0.5m 이상의 간격을 유지할 것

③ 간이저장탱크의 안전성능시험은 수압시험으로만 실시할 것

④ 간이저장탱크에 설치하는 통기관의 지름은 30mm 이상으로 할 것

> 해설 간이저장탱크의 통기관 지름은 다른 탱크의 경우(30mm)와 달리 25mm 이상으로 하면 된다.

96 간이저장탱크를 설치하는 전용실의 기준으로 적합하지 않은 것은?

① 인화점이 70℃ 이상인 제4류 위험물만의 간이저장탱크를 설치하는 전용실에 있어서는 연소의 우려가 없는 외벽·기둥 및 바닥을 불연재료로 할 수 있다.

② 지붕을 가벼운 불연재료로 하고, 천장을 설치하지 않아야 한다.

③ 연소 우려가 있는 외벽에 두는 출입구에는 수시로 열 수 있는 자동폐쇄식의 갑종방화문을 설치하여야 한다.

④ 인화점이 70℃ 미만인 위험물의 전용실에 있어서는 내부에 체류한 가연성의 증기를 지붕 위로 배출하는 설비를 갖추어야 한다.

> 해설 전용실의 지붕은 옥내탱크전용실과 마찬가지로 불연재료로 하면 되고, 가벼운 재료로 할 필요는 없다.

97 **이동탱크저장소의 상치장소와 관련된 기준으로 틀린 것은?**

① 옥외에 있는 상치장소는 화기를 취급하는 장소 또는 인근의 건축물로부터 5m 이상(인근의 건축물이 1층인 경우에는 3m 이상)의 거리를 확보하여야 한다.

② 옥외에 있는 상치장소가 내화구조 또는 불연재료의 담 또는 벽에 접하는 경우에는 인근의 건축물로부터 거리를 확보하지 않아도 된다.

③ 옥내에 있는 상치장소는 벽·바닥·보·서까래 및 지붕이 내화구조 또는 불연재료로 된 건축물의 1층에 설치하여야 한다.

④ 이동저장탱크에 위험물을 저장한 상태로 주차할 때에는 상치장소 등 반드시 정해진 장소에 주차하여야 한다.

> **해설** 이동탱크저장소를 상치장소 등에 주차시킬 때에는 이동저장탱크를 완전히 빈 상태로 하도록 하기 때문에 이동탱크저장소에 대하여는 안전거리 및 보유공지에 대한 규제가 없다. 다만, 상치장소가 옥외탱크저장소의 안전거리, 보유공지 및 방유제의 기준을 충족하는 경우에는 위험물을 저장한 상태로 주차할 수 있도록 하고 있다(규칙 별표 18 Ⅳ 5 아 8) 9) 참조).

98 **이동저장탱크의 구조에 관한 기준으로 옳은 것은?**

① 탱크는 두께 3.2mm 이상의 강철판으로만 제작하여야 한다.

② 압력탱크는 70kPa의 압력으로 10분간의 수압시험을 실시하여 새거나 변형되지 아니하여야 한다.

③ 탱크에 대한 수압시험은 비파괴시험과 기밀시험으로 대신할 수 있다.

④ 탱크의 내부는 2,000L 이하마다 칸막이로 완전히 구획하여야 한다.

> **해설** 탱크안전성능시험에 있어서 지하저장탱크와 이동저장탱크에 대한 수압시험은 비파괴시험과 기밀시험으로 대신할 수 있도록 하고 있다.
> ① 탱크는 두께 3.2mm 이상의 강철판뿐만 아니라 이와 동등 이상의 강도·내식성 및 내열성이 있다고 인정되는 재료(스테인리스강판, 알루미늄합금, 고장력강판)로 제작할 수도 있다.
> ② 압력탱크(최대상용압력이 46.7kPa 이상인 탱크를 말한다) 외의 탱크는 70kPa의 압력으로, 압력탱크는 최대상용압력의 1.5배의 압력으로 각각 수압시험을 실시한다.
> ④ 탱크의 내부 칸막이는 4,000L 이하마다 설치한다.

99 **이동저장탱크의 각 부위별 강철판의 두께로서 적합하지 않은 것은?**

① 맨홀 – 3.2mm 이상
② 칸막이 – 3.2mm 이상
③ 방파판 – 1.6mm 이상
④ 방호틀 – 3.2mm 이상

> **해설** 방호틀에 사용하는 강철판의 두께는 2.3mm 이상이면 된다.

100 이동저장탱크에 부속하는 설비와 그 기준을 설명한 것으로 적합하지 않은 것은?

① 칸막이로 구획된 각 부분에는 맨홀과 안전장치 및 방파판을 설치하여야 한다.

② 칸막이로 구획된 부분의 용량이 2,000L 미만인 부분에는 방파판을 설치하지 않을 수 있다.

③ 안전장치는 상용압력이 20kPa 이하인 탱크에 있어서는 20kPa 이상 24kPa 이하의 압력에서, 상용압력이 20kPa을 초과하는 탱크에 있어서는 상용압력의 1.1배 이하의 압력에서 작동하는 것으로 하여야 한다.

④ 방파판은 하나의 구획부분에 2개 이상의 방파판을 이동탱크저장소의 진행방향과 수직으로 설치하되, 각 방파판은 그 높이 및 칸막이로부터의 거리를 다르게 하여야 한다.

> **해설** 방파판은 이동탱크저장소의 진행방향과 평행하게 설치하여야 하고, 하나의 구획부분에 설치하는 각 방파판의 면적의 합계는 당해 구획부분의 최대수직단면적의 50% 이상으로 하여야 한다(다만, 수직단면이 원형이거나 짧은 지름이 1m 이하의 타원형일 경우에는 40% 이상).

101 이동저장탱크의 측면틀과 방호틀에 대한 설명으로 옳은 것은?

① 방호틀은 탱크의 전복을 억제하기 위하여 탱크의 양측면 상부에 설치하는 손상방지조치 설비이다.

② 측면틀은 탱크 상부에 돌출된 부속장치 등의 손상을 방지하기 위하여 부속장치의 주위에 설치하는 손상방지조치 설비이다.

③ 피견인자동차에 고정된 탱크에는 방호틀을 설치하지 않을 수 있다.

④ 측면틀은 탱크 상부의 네 모퉁이에 당해 탱크의 전단 또는 후단으로부터 각각 1m 이내의 위치에 설치하여야 한다.

> **해설** ①과 ③은 측면틀에 대한 설명이고, ②는 방호틀에 대한 설명이다.

102 이동탱크저장소의 주입호스와 결합금속구 등에 관한 기준으로 적합하지 않은 것은?

① 주입호스의 결합금속구는 마찰 등에 의하여 불꽃이 생기지 않는 재료로 하여야 한다.

② 주입설비를 설치하는 경우에는 위험물이 샐 우려가 없는 안전한 구조로 하여야 한다.

③ 주입관의 길이는 선단의 개폐밸브를 포함하여 50m 이내로 하여야 한다.

④ 주입설비의 분당 토출량은 300L 이하로 하여야 한다.

> **해설** 주입설비의 분당 토출량은 200L 이하가 옳다. 참고로 주유취급소에서 이동저장탱크에 주입하는 용도로 사용하는 고정급유설비의 분당 토출량이 300L 이하로 되어 있다.

103 이동탱크저장소의 외부에 표시하여야 할 사항과 관계가 없는 것은?

① "위험물" 표지
② 허가 소방서의 명칭
③ 상치장소의 위치
④ 저장하는 위험물의 종류에 따른 도장

> **해설** 이동탱크저장소에는 위험물 표지, UN번호, RTDG에 따른 그림문자 및 상치장소를 표시하고 위험물의 종류에 따른 도장을 하여야 한다.

104 이동탱크저장소의 펌프설비에 대한 기준으로 적합하지 않은 것은?

① 인화점이 40℃ 이상이거나 비인화성인 위험물을 저장 또는 취급하는 경우에는 외부로부터 전원을 공급받는 방식의 모터펌프를 설치할 수 있다.
② 인화점이 40℃ 이상인 폐유 또는 비인화성 위험물을 저장 또는 취급하는 경우에는 진공흡입 방식의 펌프를 설치할 수 있다.
③ 이동탱크저장소에 설치하는 펌프설비는 폐유 등의 회수 용도에 사용하는 것 외에는 당해 이동저장탱크로부터 위험물을 토출하는 용도로만 사용하여야 한다.
④ 폐유의 회수 등의 용도로 사용하는 이동저장탱크로부터 위험물을 다른 저장소로 옮겨 담는 경우에는 당해 저장소의 펌프 또는 자연하류의 방식에 의하여야 한다.

> **해설** 폐유는 인화점이 70℃ 이상일 때 진공흡입방식의 펌프로 취급할 수 있도록 하고 있다.

105 접지도선을 설치하지 않은 이동탱크저장소에 의하여도 저장·취급할 수 있는 위험물은?

① 특수인화물
② 제1석유류
③ 알코올류
④ 제2석유류

> **해설** 정전기에 의한 화재의 발생을 방지하기 위하여 접지도선을 설치하여야 하는 이동탱크저장소를 묻는 질문이다. 제4류 위험물 중 특수인화물, 제1석유류 또는 제2석유류를 저장·취급하는 이동탱크저장소에는 접지도선을 설치하도록 하고 있다.

106 모든 컨테이너식 이동탱크저장소에 공통적으로 적용되는 기준이 아닌 것은?

① 저장하는 위험물의 종류를 나타내는 도장을 하지 않아도 된다.
② 상치장소의 위치를 표시하지 않을 수 있다.
③ 탱크 및 부속장치(맨홀·주입구 및 안전장치 등)는 강재로 된 상자틀에 수납되도록 하여야 한다.
④ 탱크의 보기 쉬운 곳에 허가청의 명칭 및 완공검사번호를 표시하여야 한다.

> **해설** ③은 일부 기준(측면틀과 방호틀의 설치 등)을 적용받지 않고자 할 때 선택할 수 있는 기준이다.
> ④의 표시의 크기는 가로 0.4m 이상·세로 0.15m 이상, 색은 백색바탕·흑색문자이다.

107 다음 중 주유탱크차의 특례와 관계가 없는 장치는?

① 화염분출방지장치
② 오발진방지장치
③ 주유호스의 정전기제거장치
④ 배출밸브 폐쇄장치

> **해설** ④는 탱크의 아랫부분에 배출구를 설치하는 모든 이동탱크저장소에 공통하는 장치이다. 그 밖의 장치로는 주유설비의 위험물 이송 긴급정지장치와 자동폐쇄식 개폐장치 및 결합금속구가 있다.

108 알킬알루미늄등의 이동탱크저장소에 강화되는 기준으로 적합하지 않은 것은?

① 이동저장탱크의 용량은 1,900L 미만일 것
② 이동저장탱크를 제작하는 데 사용하는 강판의 두께는 두께 10mm 이상일 것
③ 최대상용압력의 1.5배 이상의 압력으로 10분간 실시하는 수압시험에서 새거나 변형되지 않을 것
④ 이동저장탱크는 그 외면을 적색으로 도장하고, 백색문자로 동판의 양측면 및 경판에 "화기엄금" 및 "물기엄금" 표시를 할 것

> **해설** ③ 다른 탱크보다 강화된 압력(1MPa 이상)으로 10분간 실시하는 수압시험에서 새거나 변형되지 않아야 한다.
> ④ 알킬알루미늄은 자연발화성 물질이면서 금수성 물질이므로 주의사항으로 "화기엄금"과 "물기엄금"을 모두 표시하여야 한다.

109 다음 중 옥외저장소의 기준으로서 적합하지 않은 것은?

① 눈·비 등을 피하거나 차광을 위하여 캐노피 또는 지붕을 설치하는 것도 가능하다.
② 경계표시는 반드시 담으로 하여야 하는 것은 아니며, 지반에 직접 황색의 도료로 선을 긋는 방법으로 경계를 표시하여도 된다.
③ 선반의 높이는 6m 이하로 하여야 한다.
④ 불연성 또는 난연성의 천막 등을 설치하여 햇빛을 가려야 하는 위험물에는 과산화수소와 과염소산이 있다.

> **해설** 옥외저장소의 경계표시는 옥내저장소의 외벽에 상당하는 것으로 울타리의 기능이 있어야 한다. 먼 곳에서도 쉽게 확인할 수 있는 높이가 필요하며, 너무 낮거나 지반에 직접 선을 그은 것은 해당하지 않는다.

110 옥외저장소에 저장하는 다음의 위험물의 최대수량(지정수량의 배수를 말한다)이 모두 같을 때 가장 넓은 공지를 보유하여야 하는 것은?

① 유황
② 질산
③ 제4석유류
④ 과염소산

해설 옥외저장소의 보유공지는 저장하는 위험물의 최대수량에 따라 달라지지만, 제4류 위험물 중 제4석유류와 제6류 위험물을 저장 또는 취급하는 옥외저장소의 보유공지는 다른 위험물을 저장하는 경우의 공지의 너비의 1/3 이상의 너비로 할 수 있도록 하고 있다. 따라서, 제4석유류 또는 제6류 위험물에 해당하지 않는 유황이 정답으로 된다.

111 다음 중 고인화점 위험물만을 저장하는 옥외저장소와의 사이에 안전거리를 두지 않아도 되는 것은?

① 주거용 건축물
② 도시가스시설
③ 영화관
④ 특고압가공전선

해설 고인화점 위험물의 옥외저장소에 있어서는 고압가스시설 중 불활성 가스만의 시설과 특고압가공전선에 대하여는 안전거리를 두지 않아도 된다(이는 고인화점 위험물제조소, 고인화점 위험물 옥외탱크저장소 및 고인화점 위험물 일반취급소에 공통되는 특례사항이다).

112 덩어리 상태의 유황만을 용기에 저장하지 않고 옥외의 지반면에 저장하는 경우에 있어서의 시설기준에 관한 것이다. 바르지 않은 것은?

① 저장소에는 경계표시를 하여야 하며, 경계표시의 높이는 1.5m 이하로 하여야 한다.
② 유황 등이 넘치거나 비산하지 않도록 천막 등을 설치하여야 한다.
③ 하나의 옥외저장소에 2 이상의 경계표시를 설치하는 경우 각각의 경계표시 내부면적을 합산한 면적은 1,000m² 이하로 하여야 한다.
④ 하나의 옥외저장소에 여러 개의 경계표시를 할 경우 인접한 방향에는 경계표시를 하나만 하여 공용할 수 있다.

해설 하나의 옥외저장소에 여러 개의 경계표시를 할 경우 인접하는 경계표시와 경계표시 간에는 일정한 간격(보유공지의 1/2 또는 10m 이상)을 두어야 하므로 공용할 수 없다.

113 다음의 위험물 중에서 옥외저장소에 저장하는 경우에 당해 위험물을 적당한 온도로 유지하기 위한 살수설비 등을 필요로 하는 것은?

① 유황
② 제1석유류
③ 제2석유류
④ 과산화수소

해설 제2류 위험물 중 인화성 고체(인화점이 21℃ 미만인 것에 한함) 또는 제4류 위험물 중 제1석유류 또는 알코올류를 저장 또는 취급하는 장소에는 당해 위험물을 적당한 온도로 유지하기 위한 살수설비 등을 설치하여야 한다.

114 다음의 위험물 중에서 옥외저장소에 저장하는 경우에 그 저장 또는 취급하는 장소에 유분리장치를 설치하도록 되어 있는 것은?

① 인화성 고체　　　　　　　　　② 제1석유류
③ 알코올류　　　　　　　　　　　④ 제2석유류

> **해설** 제1석유류 또는 알코올류를 저장 또는 취급하는 장소의 주위에는 배수구 및 집유설비를 설치하여야 하고, 비수용성(온도 20℃의 물 100g에 용해되는 양이 1g 미만인 것)의 제1석유류를 저장 또는 취급하는 장소에 있어서는 집유설비에 유분리장치를 설치하여야 한다.

115 주유취급소의 공지에 대한 기준으로 적합하지 않은 것은?

① 주유공지와 급유공지가 있으며, 위험물취급설비에 관계없이 이들 공지를 모두 보유할 수 있어야 주유취급소를 설치할 수 있다.
② 주유공지는 고정주유설비의 주위에 확보하여야 하는 너비 15m 이상, 길이 6m 이상의 콘크리트 등으로 포장한 공지이다.
③ 급유공지는 고정급유설비의 호스기기의 주위에 보유하여야 하는 공지로서 그 너비나 길이에 대한 구체적인 규정은 없다.
④ 공지는 적당하게 경사지게 하고, 새어나온 기름 등이 공지 외부로 유출되지 않도록 배수구·집유설비 및 유분리장치를 설치하여야 한다.

> **해설** 고정급유설비는 주유취급소의 필수적인 설비가 아니며, 급유공지 또한 고정급유설비를 설치하는 경우에만 확보하면 되는 부분이다.

116 주유취급소의 표지 및 게시판에 관한 설명으로 틀린 것은?

① 제조소의 기준에 준하여 "위험물 주유취급소"의 표지를 설치하여야 한다.
② 황색바탕에 흑색문자로 "주유중 엔진정지"를 표시한 게시판을 설치하여야 한다.
③ 제조소의 기준에 준하여 위험물의 유별·품명·수량 및 안전관리자를 표시한 시설개요에 대한 게시판 및 "화기엄금"을 표시한 주의사항 게시판을 설치하여야 한다.
④ 주유취급소의 지하전용탱크에는 지하탱크저장소의 기준에 준하여 표지 및 게시판을 설치하여야 한다.

> **해설** 주유취급소에는 주유취급소 전체에 대하여 ①, ②, ③의 표지 및 게시판을 설치하면 되고, 전용탱크에 대하여 별도의 표지 및 게시판을 설치할 의무는 없다(지하탱크저장소의 표지 및 게시판 미준용).

정답 　114 ②　115 ①　116 ④

117 주유취급소에 설치할 수 있는 탱크의 용도와 최대용량이 바르게 연결된 것은?

① 고정주유설비에 직접 접속하는 탱크 – 40,000L 이하

② 고정급유설비에 직접 접속하는 탱크 – 40,000L 이하

③ 보일러 등에 직접 접속하는 탱크 – 10,000L 이하

④ 자동차 등을 점검·정비하는 작업장 등에서 사용하는 폐유탱크 등 – 1,000L 이하

> **해설** ①, ② 고정주유설비 또는 고정급유설비에 직접 접속하는 탱크는 50,000L 이하이다(다만, 고속도로주유취급소의 경우에는 60,000L 이하).
> ④ 폐유탱크 등의 용량(2 이상 설치 시에는 각 탱크의 합계를 말함)은 2,000L 이하이다.

> **참고** 해당 주유취급소의 위험물의 저장·취급에 관계된 이동탱크저장소의 상치장소를 주유공지 또는 급유공지 외의 주유취급소 부지 내에 설치할 수 있도록 하고 있는 것과 관련하여 이동탱크가 주유취급소에 설치할 수 있는 탱크에 포함되는지가 논란이 되는데, 주유취급소의 시설 내지는 구성부분으로서 설치가 인정되는 것이 아니라 이동탱크저장소의 상치장소를 주유취급소 내의 여유부지에 둘 수 있을 뿐임을 이해하고, 출제의도를 잘 파악해서 문제를 풀어야 한다.

118 고정주유설비 또는 고정급유설비의 위치에 관한 기준으로 틀린 것은?

① 고정주유설비로부터 도로경계선까지 : 4m 이상

② 고정주유설비로부터 부지경계선까지 : 2m 이상

③ 고정급유설비로부터 부지경계선까지 : 2m 이상

④ 고정급유설비로부터 건축물의 벽까지 : 2m 이상(개구부가 없는 벽까지는 1m 이상)

> **해설** 담 또는 부지경계선에 대하여 고정주유설비는 2m 이상의 거리를 유지하여야 하나 고정급유설비는 1m 이상의 거리를 유지하면 된다.

119 주유 또는 그에 부대하는 업무를 위하여 주유취급소에 설치할 수 있는 건축물 또는 시설에 해당하지 않는 것은?

① 자동차 등의 점검 및 간이정비를 위한 작업장

② 자동차 등의 세정을 위한 작업장

③ 주유취급소에 출입하는 사람을 대상으로 한 일반음식점

④ 주유취급소의 관계자가 거주하는 주거시설

> **해설** 주유취급소에 출입하는 사람을 대상으로 한 점포·휴게음식점 또는 전시장을 설치할 수 있으나 일반음식점을 주유취급소의 부대시설로는 설치할 수 없다.

120 주유취급소에 있어서 주유 또는 그에 부대하는 업무를 위한 다음의 건축물 또는 시설 중 당해 용도에 제공하는 부분의 면적에 대한 제한을 받지 않는 것은?

① 자동차 등의 점검 및 간이정비를 위한 작업장
② 자동차 등의 세정을 위한 작업장
③ 주유취급소에 출입하는 사람을 대상으로 한 점포
④ 주유취급소의 업무를 행하기 위한 사무소

해설 주유취급소의 직원 외의 자가 출입하는 ①·④ 및 주유취급소에 출입하는 사람을 대상으로 한 점포·휴게음식점 또는 전시장의 용도에 제공하는 부분의 면적의 합을 1,000m² 이하로 하여야 한다.

121 주유취급소에 설치하는 건축물 등의 기준으로 옳지 않은 것은?

① 건축물은 벽·기둥·바닥·보 및 지붕을 내화구조 또는 불연재료로 할 것
② 자동차점검정비장 및 세차장의 용도에 사용하는 부분에 설치한 자동차 등의 출입구에는 방화문을 설치할 것
③ 관계자의 주거시설로 사용하는 부분 중 주유를 위한 작업장 등 위험물취급장소에 면한 쪽의 벽에는 출입구를 두지 않을 것
④ 사무실 그 밖의 화기를 사용하는 곳에 있어서는 출입구 또는 사이통로의 문턱의 높이를 15cm 이상으로 하고, 높이 1m 이하의 부분에 있는 창 등은 밀폐시킬 것

해설 주유·취급소 건축물의 창 및 출입구에 방화문 또는 불연재료로 된 문을 설치하여야 하지만, 자동차점검정비장 및 세차장의 용도에 사용하는 부분에 설치한 자동차 등의 출입구는 예외이다.

122 주유취급소에 있어서 자동차 등의 점검·정비 또는 세정을 행하는 설비의 설치기준으로 적합하지 않은 것은?

① 자동차 등의 점검·정비를 위한 설비는 고정주유설비로부터 4m 이상, 도로경계선으로부터 2m 이상 떨어지게 할 것
② 증기세차기를 설치하는 경우에는 그 주위에 불연재료로 된 높이 1m 이상의 담을 설치하고 출입구가 고정주유설비에 면하지 않도록 할 것
③ 증기세차기는 고정주유설비로부터 4m 이상 떨어지게 할 것
④ 증기세차기 외의 세차기를 설치하는 경우에는 고정주유설비로부터 4m 이상, 도로경계선으로부터 2m 이상 떨어지게 할 것

해설 증기세차기를 설치하는 경우 그 주위에 설치하는 담을 고정주유설비로부터 4m 이상 떨어지게 하여야 한다.

정답 120 ② 121 ② 122 ③

123 고정주유설비 또는 고정급유설비의 기준으로 적합하지 않은 것은?

① 고정주유설비는 하나의 탱크만으로부터 위험물을 공급받을 수 있도록 할 것

② 분당 토출량이 200L 이상인 급유설비에 관계된 배관의 안지름은 40mm 이상일 것

③ 분당 토출량이 80L를 초과하는 것은 이동저장탱크에 주입하는 용도로만 사용할 것

④ 현수식 고정주유설비의 주유관의 길이는 5m 이하로 할 것

> **해설** 현수식의 경우에는 주유노즐을 지면 위 0.5m의 수평면에 수직으로 내려 만나는 점을 중심으로 반경 3m를 벗어나지 않는 범위의 길이로 한다.

124 고정주유설비 또는 고정급유설비의 분당 토출량의 기준으로 적합하지 않은 것은?

① 제1석유류 – 50L 이하

② 경유 – 180L 이하

③ 등유 – 80L 이하

④ 이동저장탱크 주입용 – 200L 이하

> **해설** 이동저장탱크에 주입하기 위한 고정급유설비의 펌프기기는 최대토출량이 분당 300L 이하인 것으로 할 수 있다. 200L 이하는 이동탱크저장소의 주입설비의 분당 토출량이다.

125 주유취급소의 캐노피에 관한 기준으로 적합하지 않은 것은?

① 고정주유설비의 상부에 반드시 설치하여야 하는 설비이다.

② 캐노피 내부에 배관이 통과할 경우에는 1개 이상의 점검구를 설치하여야 한다.

③ 캐노피 외부의 점검이 곤란한 장소에 설치하는 배관은 용접이음으로 하여야 한다.

④ 캐노피 외부의 배관이 일광열의 영향을 받을 우려가 있는 경우에는 단열재로 피복하여야 한다.

> **해설** 캐노피는 주유취급소에 반드시 설치하여야 하는 설비는 아니다.

126 주유취급소에 설치하는 펌프실 그 밖에 위험물을 취급하는 실의 기준으로 적합하지 않은 것은?

① 건축물은 벽·기둥·바닥·보 및 지붕을 내화구조 또는 불연재료로 할 것

② 바닥은 적당한 경사를 두어 집유설비를 설치할 것

③ 고정주유설비 중 펌프기기를 호스기기와 분리하여 설치하는 경우는 펌프실의 출입구를 주유공지 또는 급유공지에 접하지 않도록 할 것

④ 출입구에는 바닥으로부터 높이 0.1m 이상의 턱을 설치할 것

123 ④ **124** ④ **125** ① **126** ③ 정답

고정주유설비 또는 고정급유설비 중 펌프기기를 호스기기와 분리하여 설치하는 경우는 펌프실의 출입구를 주유공지 또는 급유공지에 접하도록 하고, 자동폐쇄식의 갑종방화문을 설치하여야 한다. 펌프실 등에 대한 그 밖의 기준은 다음과 같다.

㉠ 펌프실 등에는 위험물을 취급하는 데 필요한 채광·조명 및 환기의 설비를 할 것
㉡ 가연성 증기가 체류할 우려가 있는 펌프실 등에는 그 증기를 옥외에 배출하는 설비를 설치할 것
㉢ 펌프실 등에는 제조소의 기준에 따라 보기 쉬운 곳에 "위험물 펌프실", "위험물 취급실" 등의 표시를 한 표지와 방화에 관하여 필요한 사항을 게시한 게시판을 설치할 것

127 상층이 있는 옥내주유취급소의 연소방지조치에 관한 설명으로 적합하지 않은 것은?

① 상층으로의 연소를 방지하기 위하여 내화구조로 된 캔틸레버를 설치한다.
② 캔틸레버는 옥내주유취급소의 용도에 사용하는 모든 부분의 바로 윗층의 바닥에 이어서 1.5m 이상 내어 붙여야 한다.
③ 캔틸레버는 상황에 따라 캐노피와 연결하여 설치할 수 있다.
④ 캔틸레버 선단과 윗층의 개구부까지의 사이에는 7m에서 당해 캔틸레버의 내어 붙인 거리를 뺀 길이 이상의 거리를 보유하여야 한다.

옥내주유취급소의 용도에 사용하는 부분 중 고정주유설비와 접하는 방향 및 벽이 개방된 부분에만 설치하면 되며, 이 경우에도 바로 윗층의 바닥으로부터 높이 7m 이내에 있는 윗층의 외벽에 개구부가 없는 경우에는 설치하지 않아도 된다.

128 옥내주유취급소에 대한 설명으로 틀린 것은?

① 위락시설, 의료시설 등으로 고시로 정하는 용도 중 어느 하나의 용도로라도 사용되는 부분이 있는 건축물에는 옥내주유취급소를 설치할 수 없다.
② 주유취급소의 용도로 사용하지 않는 부분이 있는 건축물에 설치할 수 있으나 자동차 등의 점검·정비장 등의 부대시설을 별동의 건축물에 설치할 수는 없다.
③ 옥내주유취급소에서 발생한 화재를 다른 용도로 사용하는 부분에 자동적으로 유효하게 알릴 수 있는 자동화재탐지설비 등이 있어야만 한다.
④ 옥내주유취급소는 벽이 2방향 이상 개방된 건축물 안에 설치하는 형태의 것과 캐노피(차양 등을 포함)의 면적이 부지면적 중 공지면적의 1/3을 초과하는 형태의 것이 있다.

주유취급소에 부대하는 용도의 건축물을 별개의 동으로 설치하는 데 대한 제한은 없다.

129 옥내주유취급소의 건축물 구조에 관한 기준으로 틀린 것은?

① 옥내주유취급소의 용도에 사용하는 부분과 당해 건축물의 다른 부분과는 개구부가 없는 내화구조의 바닥 또는 벽으로 구획한다.

② 건축물에서 옥내주유취급소의 용도에 사용하는 부분은 벽·기둥·바닥·보 및 지붕을 내화구조로 한다.

③ 건축물에서 옥내주유취급소의 용도에 사용하는 부분의 상부에 상층이 없는 경우에는 지붕을 불연재료로 할 수 있다.

④ 옥내주유취급소의 용도에 사용하는 부분에 상층이 있는 경우에 설치하는 캔틸레버의 길이 (윗층의 바닥에 이어서 내어 붙인 거리)는 2m 이상으로 하여야 한다.

> **해설** 캔틸레버의 길이는 1.5m 이상으로 하되, 캔틸레버 선단과 윗층의 개구부까지와의 사이에는 7m에서 당해 캔틸레버의 내어 붙인 거리를 뺀 길이 이상의 거리를 보유한다. 결국, 캔틸레버의 길이는 윗층의 개구부의 위치에 따라 가변적이다.

130 주유취급소의 건축물 중 사무실 그 밖의 화기를 사용하는 장소에 대한 설명으로 바르지 않은 것은?

① 출입구는 수시로 개방할 수 있는 자동폐쇄식의 방화문이나 불연재료의 문으로 한다.

② 출입구 또는 사이통로의 문턱의 높이를 15cm 이상으로 한다.

③ 높이 1m 이하의 부분에 있는 창 등은 밀폐시킨다.

④ 자동차 등의 점검·정비를 위한 작업장은 화기를 사용하는 장소의 기준에 따라야 한다.

> **해설** 주유취급소의 건축물 중 사무실 그 밖의 화기를 사용하는 곳은 누설한 가연성의 증기가 그 내부에 유입되지 않도록 하는 조치를 하여야 하지만, 자동차점검정비장 및 세차장의 용도에 사용하는 부분은 예외로 하고 있다.

131 자가용 주유취급소의 특례에 대한 설명으로 바르지 않은 것은?

① 주유취급소의 관계인이 소유·관리 또는 점유한 자동차 등에만 주유할 수 있다.

② 주유공지 및 급유공지의 확보에 대한 규정을 적용받지 않으므로 공지를 확보하지 않을 수 있다.

③ 항공기주유취급소, 선박주유취급소 또는 철도주유취급소에 있어서는 영업용과 자가용에 대한 기준상의 차이가 없다.

④ 자가용 주유취급소에도 배수구·집유설비 및 유분리장치는 설치하여야 한다.

> **해설** 자가용 주유취급소는 주유공지의 너비 및 길이에 대한 제한이 없지만, 주유하는 자동차 등의 일부 또는 전부가 튀어나온 상태로 주유하지 않을 수 있는 넓이는 확보하여야 한다.

129 ④　130 ④　131 ②　**정답**

132 셀프용 고정주유설비는 1회의 연속주유량 및 주유시간의 상한을 미리 설정할 수 있는 구조로 하여야 한다. 설정할 수 있는 주유량 및 주유시간의 상한으로 옳은 것은? (휘발유 주유량의 상한 – 경유 주유량의 상한 – 주유시간의 상한)

① 60L – 120L – 3분　　　　　　② 80L – 160L – 4분

③ 100L – 200L – 4분　　　　　　④ 120L – 200L – 5분

> **해설**　셀프용 고정급유설비도 1회의 연속급유량 및 급유시간의 상한을 미리 설정할 수 있는 구조로 하여야 하며, 급유량의 상한은 100L 이하, 급유시간의 상한은 6분 이하로 하여야 한다.

133 고객이 직접 주유하는 주유취급소에 설치하는 설비 중에서 주유취급소의 상황에 따라 설치할 필요가 있는 것은?

① 고객의 취급작업을 직접 볼 수 있는 감시대

② 고객의 취급작업의 감시를 위한 카메라

③ 셀프용 고정급유설비로의 위험물 공급을 정지시킬 수 있는 제어장치

④ 고객에게 필요한 지시를 할 수 있는 방송설비

> **해설**　감시카메라는 주유 중인 자동차 등에 의하여 고객의 취급작업을 직접 볼 수 없는 부분이 있는 경우에 당해 부분의 감시를 위하여 설치하는 것이므로, 감시카메라는 주유취급소의 감시상황에 따라서는 설치하지 않을 수도 있는 설비이다.

134 판매취급소의 배합실의 기준으로 틀린 것은?

① 바닥면적을 6m² 이상 15m² 이하로 할 것

② 내화구조 또는 불연재료로 된 벽으로 구획할 것

③ 바닥은 평평하게 할 것

④ 출입구에는 자동폐쇄식의 갑종방화문을 설치할 것

> **해설**　바닥은 위험물이 침투하지 아니하는 구조로 하여 적당한 경사를 두고 집유설비를 설치하여야 한다.

135 판매취급소에 대한 설명으로 적절하지 않은 것은?

① 지정수량 40배 이하의 위험물을 취급할 수 있다.

② 휘발유, 등유 및 경유를 모두 취급할 수 있다.

③ 배합실에서는 휘발유, 등유, 경유 등을 배합하거나 옮겨 담을 수 있다.

④ 저장 또는 취급하는 위험물의 수량이 지정수량의 20배 이하인 판매취급소를 제1종 판매취급소라고 한다.

정답　132 ③　133 ②　134 ③　135 ③

해설 판매취급소의 배합실에서 배합할 수 있는 위험물은 도료류, 제1류 위험물 중 염소산염류 및 염소산염류만을 함유한 것, 유황 또는 인화점이 38℃ 이상인 제4류 위험물에 한정된다. 그 밖의 위험물을 배합하거나 옮겨 담는 작업을 할 수 없다(판매취급소에서의 취급기준 참조).

136 제1종 판매취급소는 점포에서 위험물을 용기에 담아 판매하기 위하여 지정수량의 몇 배 이하의 위험물을 취급하는 장소인가?

① 5배
② 10배
③ 20배
④ 40배

해설 제1종 판매취급소 : 20배 이하, 제2종 판매취급소 : 20배 초과 40배 이하

137 제1종 판매취급소의 건축물에 대한 기준으로 바르지 않은 것은?

① 판매취급소는 건축물의 1층에 설치할 것
② 판매취급소의 용도로 사용되는 부분은 내화구조 또는 불연재료로 할 것
③ 판매취급소의 용도로 사용하는 부분에는 천장을 설치하지 않을 것
④ 판매취급소의 용도로 사용하는 부분에 상층이 없는 경우에는 지붕을 내화구조 또는 불연재료로 할 것

해설 판매취급소의 용도로 사용하는 건축물의 부분에는 천장을 설치할 수 있으며, 천장을 설치하는 경우에는 불연재료로 하여야 한다. 제1종 판매취급소의 건축물 구조에 관한 그 밖의 기준은 다음과 같다.
㉠ 판매취급소로 사용되는 부분과 다른 부분과의 격벽은 내화구조로 할 것
㉡ 판매취급소의 용도로 사용하는 부분에 상층이 있는 경우에는 그 상층 바닥을 내화구조로 할 것
㉢ 판매취급소의 용도로 사용하는 부분의 창 및 출입구에는 갑종방화문 또는 을종방화문을 설치할 것
㉣ 판매취급소의 용도로 사용하는 부분의 창 또는 출입구에 유리를 이용하는 경우에는 망입유리로 할 것

138 판매취급소의 배합실의 구조 및 설비에 대한 기준으로 적합하지 않은 것은?

① 바닥면적은 6m² 이상 15m² 이하일 것
② 반드시 내화구조로 된 벽으로 구획할 것
③ 출입구 문턱의 높이는 바닥면으로부터 0.1m 이상으로 할 것
④ 출입구에는 자동폐쇄식의 갑종방화문을 설치할 것

해설 반드시 내화구조로 된 벽으로 구획할 필요는 없다. 다른 부분과의 격벽은 건축물의 구조기준에 의하여 내화구조로 하여야 하지만, 판매취급소의 용도로 사용되는 부분과는 불연재료로 구획하여도 된다. 배합실에 대한 그 밖의 기준은 다음과 같다.
㉠ 바닥은 위험물이 침투하지 아니하는 구조로 하여 적당한 경사를 두고 집유설비를 할 것
㉡ 내부에 체류한 가연성의 증기 또는 가연성의 미분을 지붕 위로 방출하는 설비를 할 것

139 제2종 판매취급소의 기준으로 틀린 것은?

① 판매취급소의 용도로 사용하는 부분은 벽·기둥·바닥 및 보를 내화구조로 하고, 천장이 있는 경우에는 이를 불연재료로 할 것

② 판매취급소의 용도로 사용하는 부분은 벽·기둥·바닥 및 보를 내화구조로 할 것

③ 판매취급소의 용도로 사용하는 부분에 상층이 없는 경우에는 지붕을 내화구조 또는 불연재료로 할 것

④ 판매취급소의 용도로 사용하는 부분 중 연소의 우려가 있는 벽 또는 창의 부분에 설치하는 출입구에는 수시로 열 수 있는 자동폐쇄식의 갑종방화문을 설치할 것

> 해설 제2종 판매취급소에 있어서는 상층이 없는 경우에도 지붕을 내화구조로 하여야 한다.

140 다음 중 이송취급소에 해당하는 배관시설의 경우는?

① 제조소등에 관계된 시설(배관을 제외한다) 및 그 부지가 같은 사업소 안에 있고 당해 사업소 안에서만 위험물을 이송하는 경우

② 사업소와 사업소의 사이에 도로(폭 2m 이상의 일반교통에 이용되는 도로로서 자동차의 통행이 가능한 것을 말한다)만 있고 사업소와 사업소 사이의 이송배관이 그 도로를 횡단하는 경우

③ 사업소와 사업소 사이의 이송배관이 제3자(당해 사업소와 관련이 있거나 유사한 사업을 하는 자에 한한다)의 토지만을 통과하는 경우로서 당해 배관의 길이가 100m 이하인 경우

④ 해상구조물에 설치된 배관으로서 당해 해상구조물에 설치된 배관의 길이가 40m인 경우

> 해설 이송취급소는 배관 및 이에 부속된 설비에 의하여 위험물을 이송하는 시설이다. 다만, ①, ②, ③의 경우 및 다음의 1에 해당하는 것은 이송취급소에서 제외하도록 하고 있다.
> ㉠ 「송유관안전관리법」에 의한 송유관에 의하여 위험물을 이송하는 경우
> ㉡ 해상구조물에 설치된 배관(이송되는 위험물이 제1석유류인 경우에는 배관의 내경이 30cm 미만인 것에 한한다)으로서 당해 해상구조물에 설치된 배관의 길이가 30m 이하인 경우
> ㉢ 사업소와 사업소 사이의 이송배관이 위의 ②, ③ 또는 ㉡의 경우 중 2 이상에 해당하는 경우

141 다음 중 이송취급소를 설치할 수 있는 장소는?

① 철도 및 도로의 터널 안

② 고속국도 및 자동차전용도로의 차도·길어깨 및 중앙분리대

③ 호수·저수지 등으로서 수리의 수원이 되는 곳

④ 고속도로를 횡단하는 데 필요한 중앙분리대

> 해설 ①, ②, ③의 장소와 급경사지역으로서 붕괴의 위험이 있는 지역에는 이송취급소를 설치할 수 없는 것이 원칙이다. 그러나 ② 또는 ③의 장소에 횡단하여 설치하는 경우에는 당해 장소는 설치금지장소에서 제외된다. 또한, 지형상황 등 부득이한 사유가 있고 안전에 필요한 조치를 하는 경우에는 예외적으로 당해 장소에 이송취급소를 설치할 수 있도록 하고 있다.

정답 **139** ③   **140** ④   **141** ④

142 이송취급소의 배관을 지하에 매설하는 경우에 있어서 배관의 외면으로부터 다른 건축물 또는 공작물까지의 사이에 두어야 하는 거리로서 맞지 않는 것은?

① 지하가 및 터널 : 10m 이상

② 건축물(지하가 내의 건축물을 제외한다) : 1.5m 이상

③ 다른 공작물(하수관 등) : 1m 이상

④ 「수도법」에 의한 수도시설(위험물의 유입 우려가 있는 것에 한한다) : 300m 이상

> **해설** 배관은 그 외면으로부터 「다른 공작물」에 대하여 0.3m 이상의 거리를 보유하여야 한다(다만, 0.3m 이상의 거리를 보유하기 곤란한 경우로서 당해 공작물의 보전을 위하여 필요한 조치를 하는 경우는 예외). 그리고 ① 또는 ④의 공작물에 있어서는 적절한 누설확산방지조치를 하면 그 안전거리를 1/2까지 단축할 수 있도록 하고 있다.

> **참고** ①, ②, ④는 도로 밑 매설, 철도부지 밑 매설 및 하천 홍수관리구역 내 매설의 경우에도 동일하게 적용된다.

143 다음은 이송취급소의 배관을 지하에 매설하는 기준을 설명한 것이다. ( ) 안에 들어갈 거리는? (괄호 순서대로)

> 배관의 외면과 지표면과의 거리는 산이나 들에 있어서는 ( ) 이상, 그 밖의 지역에 있어서는 ( ) 이상으로 하여야 한다.

① 0.9m, 1m

② 0.9m, 1.2m

③ 1m, 1.2m

④ 1m, 1.5m

> **해설** 산이나 들에 매설한 지하배관은 그 외의 장소의 것에 비해 자동차 등의 하중을 받을 우려가 적기 때문에 매설깊이를 0.9m 이상으로 하고 있다.

144 이송취급소의 배관을 도로 밑에 매설하는 기준으로 맞지 않는 것은?

① 배관은 그 외면으로부터 도로의 경계에 대하여 1m 이상의 안전거리를 둘 것

② 시가지 도로의 밑에 매설하는 경우에는 방호구조물 안에 설치하거나 배관의 외경보다 30cm 이상 넓고 견고한 보호판을 배관의 상부로부터 10cm 이상 위에 설치할 것

③ 배관(보호판 또는 방호구조물로 배관을 보호하는 경우에는 당해 보호판 또는 방호구조물)은 그 외면으로부터 다른 공작물에 대하여 0.3m 이상의 거리를 보유할 것

④ 시가지 도로의 노면 아래에 매설하는 경우에는 배관(방호구조물 안에 설치된 것은 제외)의 외면과 노면과의 거리는 1.5m 이상, 보호판 또는 방호구조물의 외면과 노면과의 거리는 1.2m 이상으로 할 것

> **해설** 시가지 도로의 밑에 매설하는 경우에는 방호구조물 안에 설치하거나 배관의 외경보다 10cm 이상 넓은 견고하고 내구성이 있는 재질의 판("보호판")을 배관의 상부로부터 30cm 이상 위에 설치하여야 한다. 도로 밑 매설에 관한 그 밖의 주요 기준은 다음과 같다.

ⓐ 시가지 외의 도로의 노면 아래에 매설하는 경우에는 배관의 외면과 노면과의 거리는 1.2m 이상으로 할 것

ⓑ 포장된 차도에 매설하는 경우에는 포장부분의 노반(차단층이 있는 경우는 당해 차단층)의 밑에 매설하고, 배관의 외면과 노반의 최하부와의 거리는 0.5m 이상으로 할 것

ⓒ 노면 밑 외의 도로 밑에 매설하는 경우에는 배관의 외면과 지표면과의 거리는 1.2m[보호판 또는 방호구조물로 보호된 배관은 0.6m(시가지 도로 밑에 매설하는 경우에는 0.9m) 이상으로 할 것

145 이송취급소의 배관을 철도부지 밑에 매설하는 기준으로 맞지 않는 것은?

① 배관의 외면으로부터 철도 중심선까지에는 4m 이상의 거리를 유지할 것
② 배관의 외면으로부터 철도부지의 용지경계까지에는 1m 이상의 거리를 유지할 것
③ 배관의 외면으로부터 하수관 등 다른 공작물까지에는 0.3m 이상의 거리를 유지할 것
④ 배관의 외면과 지표면과의 거리는 0.9m 이상으로 할 것

> **해설** 배관의 외면과 지표면과의 거리는 1.2m 이상으로 하여야 한다.

146 이송취급소의 배관을 지상에 설치하는 기준으로 맞지 않는 것은?

① 배관이 지표면에 접하지 아니하도록 할 것
② 배관은 제조소의 기준에 준하여 안전거리를 둘 것
③ 배관(이송기지의 구내에 설치된 것을 제외한다)의 양측면으로부터 당해 배관의 최대상용압력에 따라 일정한 너비의 공지를 보유할 것
④ 자동차·선박 등의 충돌에 의하여 배관 또는 그 지지물이 손상을 받을 우려가 있는 경우에는 견고하고 내구성이 있는 보호설비를 설치할 것

> **해설** 지상에 설치하는 이송배관의 안전거리는 제조소의 경우와 다르게 규정되어 있다. 즉, 배관[이송기지(펌프에 의하여 위험물을 보내거나 받는 작업을 행하는 장소)의 구내에 설치되어진 것을 제외]은 다음의 기준에 의한 안전거리를 두어야 한다.
>
> ⓐ 철도(화물수송용으로만 쓰이는 것은 제외) 또는 도로(「국토의 계획 및 이용에 관한 법률」에 의한 공업지역 또는 전용공업지역에 있는 것은 제외)의 경계선으로부터 25m 이상
> ⓑ 규칙 별표 4 Ⅰ제1호 나목의 다수인수용시설로부터 45m 이상
> ⓒ 규칙 별표 4 Ⅰ제1호 다목의 문화재로부터 65m 이상
> ⓓ 규칙 별표 4 Ⅰ제1호 라목의 가스시설로부터 35m 이상
> ⓔ 「국토의 계획 및 이용에 관한 법률」에 의한 공공공지 또는 「도시공원법」에 의한 도시공원으로부터 45m 이상
> ⓕ 판매시설·숙박시설·위락시설 등 불특정 다중을 수용하는 시설 중 연면적 1,000m² 이상인 것으로부터 45m 이상
> ⓖ 1일 평균 20,000명 이상 이용하는 기차역 또는 버스터미널로부터 45m 이상
> ⓗ 「수도법」에 의한 수도시설 중 위험물이 유입될 가능성이 있는 것으로부터 300m 이상
> ⓘ 주택 또는 ⓐ 내지 ⓗ과 유사한 시설 중 다수의 사람이 출입하거나 근무하는 것으로부터 25m 이상

147 이송취급소의 배관을 해저에 설치하는 기준으로 맞지 않는 것은?

① 배관은 가능한 한 해저면 밑에 매설할 것

② 배관은 가능한 한 이미 설치된 배관과 교차하지 말 것

③ 배관은 원칙적으로 이미 설치된 배관에 대하여 30m 이상의 안전거리를 둘 것

④ 2본 이상의 배관을 동시에 설치하는 경우에는 배관을 같이 묶어서 설치할 것

> **해설** 2본 이상의 배관을 동시에 설치하는 경우는 배관이 상호 접촉하지 않도록 하는 조치를 해야 한다.

148 이송취급소의 배관을 도로를 횡단하여 설치하는 기준으로 맞지 않는 것은?

① 특별한 사유가 없는 한 배관을 도로 아래에 매설할 것

② 배관을 매설하는 경우에는 배관을 금속관 또는 방호구조물 안에 설치할 것

③ 배관을 매설하는 경우에는 자동차의 하중이 적은 장소를 택하여 도로경계와 1m 이상의 안전거리를 유지할 것

④ 배관을 도로상공을 횡단하여 설치하는 경우에는 배관 및 당해 배관에 관계된 부속설비는 그 아래의 노면과 5m 이상의 수직거리를 유지할 것

> **해설** 도로를 횡단하여 매설하는 경우에는 도로 밑 매설기준 중 ③의 기준을 충족하는 것은 불가능하기 때문에 준용규정에서 제외하도록 하고 있다.

149 이송취급소의 배관을 하천 밑에 횡단하여 매설하는 경우에 있어서 배관의 외면과 계획하상(계획하상이 최심하상보다 높은 경우에는 최심하상)과의 거리는?

① 4.0m 이상   ② 3.0m 이상

③ 2.5m 이상   ④ 1.2m 이상

> **해설** 하천 밑에 배관을 매설하는 경우에는 배관의 외면과 계획하상과의 거리는 4.0m 이상으로 하되, 호안 그 밖에 하천관리시설의 기초에 영향을 주지 아니하고 하천 바닥의 변동·패임 등에 의한 영향을 받지 아니하는 깊이로 매설하여야 한다.
> ③ 하수도(상부가 개방되는 구조로 된 것에 한함) 또는 운하에 있어서의 매설깊이이다.
> ④ 그 밖의 좁은 수로(용수로 그 밖에 이와 유사한 것은 제외)에 있어서의 매설깊이이다.

150 이송취급소의 배관 등(배관·관이음쇠 및 밸브)에 대한 내압시험방법으로 옳은 것은?

① 최대상용압력의 1.25배 이상의 압력으로 10분 이상 수압시험 실시

② 최대상용압력의 1.5배 이상의 압력으로 10분 이상 수압시험 실시

③ 최대상용압력의 1.25배 이상의 압력으로 4시간 이상 수압시험 실시

④ 최대상용압력의 1.5배 이상의 압력으로 4시간 이상 수압시험 실시

151 이송취급소의 배관계에 설치하여야 하는 안전설비에 해당하지 않는 것은?

① 운전상태 감시장치
② 피그장치
③ 안전제어장치
④ 압력안전장치

> **해설** 피그장치는 다른 종류의 유류 이송 시 혼유 차단, 배관청소 등을 위한 설비로서 필요에 따라 설치한다. 그 밖의 안전설비로는 누설검지장치, 긴급차단밸브, 위험물제거장치, 감진장치 및 강진계, 경보설비, 순찰차 및 기자재창고, 비상전원 및 접지설비가 있다.

152 이송취급소의 배관계에 설치하여야 하는 누설검지장치의 기준으로서 맞지 않는 것은?

① 가연성 증기를 발생하는 위험물을 이송하는 배관계의 점검상자에 가연성 증기를 검지하는 장치를 설치한다.
② 배관계 내의 압력을 측정하는 방법으로 위험물의 누설을 자동적으로 검지하는 장치를 설치한다.
③ 배관계 내의 위험물의 성분을 측정하는 방법으로 자동적으로 위험물의 누설을 검지하는 장치를 설치한다.
④ 배관계 내의 압력을 일정하게 정지시키고 당해 압력을 측정하는 방법으로 위험물의 누설을 검지하는 장치를 설치한다.

> **해설** 누설검지의 방법에는 가연성 증기를 검지하는 방법과 위험물의 양 또는 압력을 측정하는 방법이 있다. ①, ②, ④의 방법 외에 배관계 내의 위험물의 양을 측정하는 방법에 의하여 자동적으로 위험물의 누설을 검지하는 장치(또는 이와 동등 이상의 성능이 있는 장치)를 설치하는 방법이 있다.
> 특정이송취급소에는 이상의 4가지 감지방법이 모두 적용되지만, 비특정이송취급소에 대하여는 ② 및 위험물의 양을 측정하는 방법은 적용되지 않는다.

153 이송취급소의 배관에 설치하여야 하는 긴급차단밸브의 위치 또는 간격에 대한 기준으로서 바른 것은?

① 시가지에 설치하는 경우에는 약 4km의 간격
② 하천·호소 등을 횡단하여 설치하는 경우에는 횡단하는 부분의 상류측 끝
③ 산림지역에 설치하는 경우에는 약 8km의 간격
④ 도로 또는 철도를 횡단하여 설치하는 경우에는 횡단하는 부분의 중심

> **해설** 긴급차단밸브의 설치위치 또는 간격은 다음과 같다.
> ㉠ 시가지에 설치하는 경우에는 약 4km의 간격
> ㉡ 하천·호소 등을 횡단하여 설치하는 경우에는 횡단하는 부분의 양 끝
> ㉢ 해상 또는 해저를 통과하여 설치하는 경우에는 통과하는 부분의 양 끝
> ㉣ 산림지역에 설치하는 경우에는 약 10km의 간격
> ㉤ 도로 또는 철도를 횡단하여 설치하는 경우에는 횡단하는 부분의 양 끝

정답 **151** ② **152** ③ **153** ①

154 이송취급소의 배관에 설치하는 긴급차단밸브의 기준으로 옳지 않은 것은?

① 원격조작 및 현지조작에 의하여 폐쇄되는 기능과 누설검지장치에 의하여 이상이 검지된 경우에 자동으로 폐쇄되는 기능이 있을 것

② 개폐상태가 당해 긴급차단밸브의 설치장소에서 용이하게 확인될 수 있을 것

③ 긴급차단밸브를 지하에 설치하는 경우에는 긴급차단밸브를 점검상자 안에 유지할 것

④ 긴급차단밸브를 관리하지 않는 사람도 쉽게 수동으로 개폐할 수 있도록 할 것

해설 긴급차단밸브는 당해 긴급차단밸브의 관리에 관계하는 자 외의 자가 수동으로 개폐할 수 없도록 하여야 한다.

155 이송취급소에 설치하여야 하는 경보설비의 설치기준은?

① 이송기지에는 비상경보설비를 설치할 것

② 배관의 경로에는 확성기를 설치할 것

③ 이송기지에는 비상경보설비를 설치하고 가연성 증기를 발생하는 위험물을 취급하는 펌프실 등에는 자동화재탐지설비를 설치할 것

④ 이송기지에는 비상벨장치 및 확성장치를 설치하고, 가연성 증기를 발생하는 위험물을 취급하는 펌프실 등에는 가연성 증기 경보설비를 설치할 것

해설 ① 비상경보설비는 포괄적 개념의 용어이다.
② 이송기지와 배관경로를 구분하여 이해하여야 한다.

156 이송취급소에 설치하는 순찰차와 기자재창고의 기준으로 적합하지 않은 것은?

① 순찰차는 배관계의 안전관리상 필요한 장소에 배치하여야 한다.

② 비특정이송취급소의 기자재창고는 이송기지, 배관경로(5km 이하인 것을 제외한다)의 5km 이내마다의 방재상 유효한 장소 및 주요한 하천·호소·해상·해저를 횡단하는 장소의 근처에 각각 설치하여야 한다.

③ 순찰차에는 배관 등의 설치상황을 표시한 도면과 점검·정비에 필요한 기자재 등을 비치하여야 한다.

④ 기자재창고에는 3%로 희석하여 사용하는 포소화약제 400L 이상, 방화복(또는 방열복) 5벌 이상, 삽 및 곡괭이가 각 5개 이상과 유출한 위험물의 처리 및 응급조치를 위한 기자재를 비치하여야 한다.

해설 특정이송취급소 외의 이송취급소에 있어서는 배관경로에 기자재창고를 설치하지 않아도 된다.

보충 특정이송취급소는 다음의 ㉠ 또는 ㉡에 해당하는 이송취급소를 말한다.
㉠ 위험물을 이송하기 위한 배관의 연장이 15km를 초과하는 것
㉡ 위험물을 이송하기 위한 배관에 관계된 최대상용압력이 950kPa 이상이고, 위험물을 이송하기 위한 배관의 연장이 7km 이상인 것
※ 배관 연장의 산정에 있어서 배관의 기점 또는 종점이 2 이상인 경우에는 임의의 기점에서 임의의 종점까지의 당해 배관의 연장 중 최대의 것으로 한다.

154 ④ 155 ④ 156 ② **정답**

157 특정이송취급소가 아닌 이송취급소에도 설치하여야 하는 안전설비로만 나열된 것은?

① 긴급차단밸브, 누설검지장치, 비상전원, 경보설비
② 운전감시장치, 긴급차단밸브, 압력안전장치, 누설검지장치
③ 안전제어장치, 압력안전장치, 위험물제거장치, 감진장치 및 강진계
④ 운전감시장치, 안전제어장치, 누설검지장치, 감진장치 및 강진계

> **해설** 비특정이송취급소의 특례에 의하여 운전감시장치, 안전제어장치, 누설검지장치(유량 또는 압력의 특정에 의한 누설검지장치에 한함), 감진장치 및 강진계는 조건없이 비특정이송취급소에는 설치하지 않아도 된다. 또, 압력안전장치는 일정 조건하의 비특정이송취급소의 배관계에는 설치하지 않을 수 있다.

158 이송취급소의 설비로서 비상전원을 갖추어야 하는 것으로만 나열된 것은?

① 안전제어장치, 긴급차단밸브, 누설검지장치, 펌프설비
② 운전감시장치, 긴급차단밸브, 압력안전장치, 누설검지장치
③ 안전제어장치, 압력안전장치, 경보설비, 피그장치
④ 운전감시장치, 안전제어장치, 누설검지장치, 감진장치

> **해설** 이송취급소의 설비 가운데 운전(상태)감시장치·안전제어장치·압력안전장치·누설검지장치·긴급차단밸브·소화설비 및 경보설비에는 상용전원이 고장인 경우에 자동적으로 작동할 수 있는 비상전원을 설치하여야 한다.

159 일반취급소의 일반기준에 대한 설명으로 틀린 것은?

① 일반취급소는 주거용 건축물 등에 대하여는 10m 이상의 안전거리를 두어야 한다.
② 일반취급소의 작업공정이 다른 작업장의 작업공정과 연속되어 있어 일반취급소의 건축물의 주위에 공지를 두게 되면 그 작업에 현저한 지장이 생길 우려가 있는 경우에는 다른 작업장과의 사이에 방화상 유효한 격벽을 설치함으로써 공지를 보유하지 않을 수 있다.
③ 연소의 우려가 있는 외벽은 출입구 외의 개구부가 없는 내화구조로 또는 불연재료로 하여야 한다.
④ 연소의 우려가 있는 외벽에 설치하는 출입구에는 수시로 열 수 있는 자동폐쇄식의 갑종방화문을 설치하여야 한다.

> **해설** 일반취급소의 위치·구조 및 설비에 관한 일반기준은 제조소의 기준을 준용하도록 하고 있다. 따라서, 연소의 우려가 있는 외벽은 출입구 외의 개구부가 없는 내화구조로 하여야 한다.

160 제조소의 안전거리 및 보유공지에 관한 규정을 적용하지 않고 분무도장작업 등의 일반취급소를 건축물 내에 구획실 단위로 설치하는 데 필요한 요건으로서 바르지 않은 것은?

① 도장, 인쇄 또는 도포를 위하여 제2류 또는 제4류 위험물(특수인화물은 제외)을 취급하는 것일 것

② 취급하는 위험물의 수량은 지정수량의 40배 미만일 것

③ 벽·기둥·바닥·보 및 지붕(상층이 있는 경우에는 상층의 바닥)을 내화구조로 할 것

④ 창을 설치하지 아니할 것

해설 분무도장작업 등의 일반취급소의 특례는 취급하는 위험물의 수량이 지정수량의 30배 미만일 때 적용할 수 있다. 지정수량의 40배 미만은 옮겨 담는 일반취급소의 취급량이다.

보충 **분무도장작업 등의 일반취급소의 특례**

1. 적용대상

위험물의 취급태양	취급 위험물	지정수량 배수	시설의 태양
도장, 인쇄 또는 도포하는데 위험물을 취급	제2류, 제4류 위험물 (특수인화물은 제외)	30 미만	위험물취급설비가 건물 내에 설치됨

2. 적용 제외 규정 : 안전거리, 보유공지, 건축물의 구조, 채광·조명 및 환기설비, 배출설비

3. 조치요건

   ① 건축물 중 일반취급소의 용도로 사용하는 부분의 구조 등

      ㉠ 지하층이 없을 것

      ㉡ 벽·기둥·바닥·보 및 지붕(상층이 있는 경우에는 상층의 바닥)을 내화구조로 하고, 출입구 외의 개구부가 없는 두께 70mm 이상의 철근콘크리트조 또는 이와 동등 이상의 강도가 있는 구조의 바닥 또는 벽으로 당해 건축물의 다른 부분과 구획될 것

      ㉢ 창을 설치하지 아니할 것

      ㉣ 출입구에는 갑종방화문을 설치하되, 연소의 우려가 있는 외벽 및 당해 부분 외의 부분과의 격벽에 있는 출입구에는 수시로 열 수 있는 자동폐쇄식의 것으로 할 것

      ㉤ 액상의 위험물을 취급하는 부분의 바닥은 위험물이 침투하지 아니하는 구조로 하고, 적당한 경사를 두어 집유설비를 설치할 것

   ② 건축물 중 일반취급소의 용도로 사용하는 부분에 설치하는 설비

      ㉠ 위험물을 취급하는 데 필요한 채광·조명 및 환기설비를 설치할 것

      ㉡ 가연성의 증기 또는 가연성의 미분이 체류할 우려가 있는 부분에는 그 증기 또는 미분을 옥외의 높은 곳으로 배출하는 설비를 설치할 것

      ㉢ 환기설비 및 배출설비에는 방화상 유효한 댐퍼 등을 설치할 것

161 제조소의 안전거리 및 보유공지에 관한 규정을 적용하지 않고 세정작업 등의 일반취급소를 건축물에 구획실 단위로 설치하는 데 필요한 요건으로서 바르지 않은 것은?

① 세정을 위하여 인화점 40℃ 이상의 제4류 위험물을 취급하는 것일 것

② 취급하는 위험물의 수량은 지정수량의 30배 미만일 것

③ 벽·기둥·바닥·보 및 지붕(상층이 있는 경우에는 상층의 바닥)을 내화구조로 할 것

④ 위험물을 취급하는 탱크는 그 용량에 관계없이 제조소의 옥외에 있는 취급탱크의 주위에 설치하는 방유제의 규정을 준용하여 방유턱을 설치할 것

해설 위험물을 취급하는 탱크 중 용량이 지정수량의 1/5 이상인 것의 주위에만 방유턱을 설치하면 된다.

보충 세정작업 등의 일반취급소의 특례

1. 적용대상

위험물의 취급태양	취급 위험물	지정수량 배수	시설의 태양
세정을 위하여 위험물을 취급	인화점 40℃ 이상의 제4류 위험물	30 미만	위험물취급설비가 건물 내에 설치됨

2. 적용 제외 규정 : 안전거리, 보유공지, 건축물의 구조, 채광·조명 및 환기설비, 배출설비

3. 조치요건 : 대상시설 전체를 대상으로 하는 조치요건과 지정수량 10배 미만의 것을 대상으로 하는 조치요건이 있으며, 대상시설 전체를 대상으로 하는 조치요건은 분무도장작업 등의 일반취급소와 같은 조치요건에 2가지의 추가적인 조치요건으로 되어 있다.

   ① 위험물을 취급하는 탱크(용량이 지정수량의 1/5 미만인 것은 제외)의 주위에는 별표 4 Ⅸ 제1호 나목 1)의 규정을 준용하여 방유턱을 설치할 것

   ② 위험물을 가열하는 설비에는 위험물의 과열을 방지할 수 있는 장치를 설치할 것

   ③ 건축물 부분의 구조 및 설비 등은 분무도장작업 등의 일반취급소의 조치요건에 적합할 것

162 세정작업 등의 일반취급소를 건축물의 다른 부분과 구획하지 않고 당해 설비의 단위로 설치하는 데 필요한 요건으로서 바르지 않은 것은?

① 당해 일반취급소에서 취급하는 위험물의 양은 지정수량의 10배 미만으로 할 것

② 일반취급소는 벽·기둥·바닥·보 및 지붕이 내화구조로 되어 있고, 천장이 없는 단층 건축물에 설치할 것

③ 위험물을 취급하는 설비는 바닥에 고정하고, 당해 설비의 주위에 너비 3m 이상의 공지를 보유할 것

④ 설비의 내부에서 발생한 가연성의 증기 또는 가연성의 미분이 당해 설비의 외부에 확산하지 아니하는 구조로 할 것

해설 세정작업 등의 일반취급소를 설비단위로 설치하는 건축물은 불연재료이면 된다.

보충 ③의 공지는 당해 설비로부터 3m 미만의 거리에 있는 건축물의 벽(수시로 열 수 있는 자동폐쇄식의 갑종방화문이 달려 있는 출입구 외의 개구부가 없는 것에 한함) 및 기둥이 내화구조인 경우에는 당해

정답 161 ④ 162 ②

설비에서 당해 벽 및 기둥까지의 공지를 보유하는 것으로 할 수 있다(이 기준은 설비단위의 일반취급소에 공통적으로 해당되고 있다).

④의 기준에서 그 증기 또는 미분을 직접 옥외의 높은 곳으로 유효하게 배출할 수 있는 설비를 설치하는 경우는 예외이며, 당해 설비에는 방화상 유효한 댐퍼 등을 설치하여야 한다.

163 열처리작업 등의 일반취급소를 건축물 내에 구획실 단위로 설치하는 데 필요한 요건으로서 바르지 않은 것은?

① 열처리 또는 방전가공을 위하여 인화점 70℃ 이상의 제4류 위험물을 취급하는 것일 것
② 취급하는 위험물의 수량은 지정수량의 30배 미만일 것
③ 다른 작업장의 용도로 사용되는 부분과의 사이에는 내화구조로 된 격벽을 설치하되, 격벽의 양단 및 상단이 외벽 또는 지붕으로부터 50cm 이상 돌출되도록 할 것
④ 위험물이 위험한 온도에 이르는 것을 경보할 수 있는 장치를 설치할 것

해설 구획실 단위의 일반취급소가 성립하려면 안전거리 및 보유공지에 대한 규제가 없어야 한다. ③은 일반취급소의 작업공정이 다른 작업장의 작업공정과 연속되어 있어 불가피한 경우에 그 작업장 사이의 공지 보유를 생략하는 데 필요한 요건이다. 한편, ①, ④는 열처리작업 등의 일반취급소에 고유한 특례기준이며, 그 밖의 기준은 구획실 단위의 다른 일반취급소의 특례와 같다.

보충 열처리작업 등의 일반취급소의 특례
1. 적용대상

위험물의 취급태양	취급 위험물	지정수량 배수	시설의 태양
열처리 또는 방전가공 하는데 위험물을 취급	인화점 70℃ 이상의 제4류 위험물	30 미만	위험물취급설비가 건물 내에 설치됨

2. 적용 제외 규정 : 안전거리, 보유공지, 건축물의 구조, 채광·조명 및 환기설비, 배출설비
3. 조치요건 : 열처리작업 등의 일반취급소의 특례에도 세정작업 등의 일반취급소의 경우와 마찬가지로 특례대상시설 전체(취급수량 30배 미만)를 대상으로 하는 요건과 지정수량의 10배 미만의 것을 대상으로 하는 요건으로 나누어져 있다.

164 보일러 등으로 위험물을 소비하는 일반취급소를 건축물 내에 구획실 단위로 설치하는 데 필요한 요건으로서 바르지 않은 것은?

① 보일러, 버너 그 밖에 이와 유사한 장치로 인화점 38℃ 이상의 제4류 위험물을 소비하는 취급일 것
② 위험물을 취급하는 탱크는 그 용량의 총계를 지정수량 미만으로 하고, 당해 탱크(용량이 지정수량의 1/5 미만의 것을 제외한다)의 주위에 방유턱을 설치할 것
③ 지진 및 정전 등의 긴급 시에 보일러, 버너 그 밖에 이와 유사한 장치에 대한 위험물의 공급을 자동적으로 차단하는 장치를 설치할 것
④ 지하층이 없는 건축물에 설치할 것

163 ③ 164 ④ **정답**

> **해설** 구획실 단위로 설치하는 다른 일반취급소의 경우와 달리 보일러 등으로 위험물을 소비하는 일반취급소의 특례에 있어서는 지하층 제한에 관한 기준이 없다.

> **보충** 보일러 등으로 위험물을 소비하는 일반취급소의 특례
>
> 1. 적용대상

위험물의 취급태양	취급 위험물	지정수량 배수	시설의 태양
보일러, 버너 그 밖에 이와 유사한 장치로 위험물을 소비하는 취급	인화점 38℃ 이상의 제4류 위험물	30 미만	위험물취급설비가 건물 내에 설치됨

> 2. 적용 제외 규정 : 안전거리, 보유공지, 건축물의 구조, 채광·조명 및 환기설비, 배출설비, 옥외시설의 바닥(옥상에 설치하는 대상에 한함), 위험물취급탱크의 방유제(옥상에 설치하는 대상에 한함)
> 3. 조치요건 : 특례대상시설 전체를 대상으로 하는 요건과 지정수량의 10배 미만의 것(건축물 내 설비단위의 일반취급소와 건축물의 옥상에 설치하는 설비단위의 일반취급소로 구분)을 대상으로 하는 요건으로 나누어져 있다.

165 보일러 등으로 위험물을 소비하는 일반취급소를 건축물의 다른 부분과 구획하지 않고 설비단위로 설치하는 데 필요한 요건으로서 바르지 않은 것은?

① 보일러, 버너 그 밖에 이와 유사한 장치로 인화점 70℃ 이상의 제4류 위험물을 소비하는 취급일 것
② 일반취급소에서 취급하는 위험물의 최대수량은 지정수량의 10배 미만일 것
③ 위험물을 취급하는 설비의 주위에 너비 3m 이상의 공지를 보유할 것
④ 일반취급소의 용도로 사용하는 부분의 바닥(설비의 주위에 있는 공지를 포함)에는 집유설비를 설치하고 바닥의 주위에 배수구를 설치할 것

> **해설** 취급하는 위험물의 인화점은 38℃ 이상이어야 한다.

166 보일러 등으로 위험물을 소비하는 일반취급소를 건축물의 옥상에 설치하는 데 필요한 요건으로서 적합하지 않은 것은?

① 일반취급소를 설치하는 건축물의 벽·기둥·바닥·보 및 지붕은 내화구조일 것
② 위험물을 취급하는 설비는 큐비클식의 것으로 하고, 당해 설비의 주위에 높이 0.15m 이상의 방유턱을 설치할 것
③ 위험물을 취급하는 탱크는 그 용량의 총계를 지정수량의 1/5 미만으로 하고, 옥외에 있는 위험물취급탱크의 주위에는 높이 0.15m 이상의 방유턱을 설치할 것
④ 방유턱의 내부는 위험물이 침투하지 않는 구조로 하고, 적당한 경사를 두어 집유설비를 설치할 것. 이 경우 집유설비에 유분리장치를 설치하여야 한다.

> **해설** 위험물을 취급하는 탱크는 그 용량의 총계를 지정수량 미만으로 하여야 한다.

167 보일러 등으로 위험물을 소비하는 일반취급소를 건축물의 옥상에 설치함에 있어서 위험물 취급탱크를 설치하는 탱크전용실의 기준으로 적합하지 않은 것은?

① 지붕을 불연재료로 하고, 천장을 설치하지 아니할 것
② 창 및 출입구에는 방화문을 설치하되, 연소의 우려가 있는 외벽에 두는 출입구에는 수시로 열 수 있는 자동폐쇄식의 갑종방화문을 설치할 것
③ 탱크전용실의 바닥은 위험물이 침투하지 않는 내화구조로 하고, 적당한 경사를 두며, 집유설비와 유분리장치를 설치할 것
④ 가연성의 증기 또는 가연성의 미분이 체류할 우려가 있는 탱크전용실에는 그 증기 또는 미분을 옥외의 높은 곳으로 배출하는 설비를 설치할 것

해설 유분리장치는 옥외에 있는 위험물시설에 설치하는 설비이다.

168 충전하는 일반취급소의 특례에 대한 설명으로 바른 것은?

① 건축물에 설치하지 않아도 되지만, 건축물에 설치하는 경우에는 건축물의 2방향에는 벽을 설치하지 않아야 한다.
② 액체위험물은 모두 취급할 수 있다.
③ 취급하는 위험물의 최대수량은 지정수량의 40배 미만이다.
④ 위험물을 이동저장탱크에 주입하기 위한 설비와 위험물을 용기에 옮겨 담기 위한 설비를 같이 설치하는 경우에는 그 주위에 필요한 공지는 공용으로 할 수 있다.

해설
② 알킬알루미늄등, 아세트알데히드등 및 히드록실아민등은 취급할 수 없다.
③ 취급하는 수량에 대한 제한은 없다(40배 미만은 옮겨 담는 일반취급소의 경우이다).
④ 위험물을 용기에 옮겨 담기 위한 설비를 병설할 수는 있으나 그 주위에 필요한 공지는 위험물을 이동저장탱크에 주입하기 위한 설비에 필요한 공지 외의 장소에 별도로 보유하여야 한다.

보충 충전하는 일반취급소의 특례
1. 적용대상

위험물의 취급태양	취급 위험물	지정수량 배수	시설의 태양
이동저장탱크에 액체위험물을 충전(주입)하는 취급	액체위험물 (알킬알루미늄등, 아세트알데히드등 및 히드록실아민등은 제외)	제한 없음	옥내 또는 옥외에 대한 제한 없음

2. 적용 제외 규정 : 건축물의 구조(지하층 금지는 제외), 채광·조명 및 환기설비, 배출설비의 설치, 옥외시설의 바닥
3. 조치요건 : 건축물을 설치하는 경우의 건축물의 요건과 위험물을 취급하는 설비의 주위에 두는 공지에 대한 요건으로 되어 있다.

169 옮겨 담는 일반취급소의 특례에 대한 설명으로 바르지 않은 것은?

① 일반취급소에는 고정급유설비에 접속하는 용량 40,000L 이하의 지하전용탱크를 지하에 매설하는 경우 외에는 다른 위험물탱크를 설치할 수 없다.

② 일반취급소의 주위에는 높이 2m 이상의 내화구조 또는 불연재료로 된 담 또는 벽을 설치하여야 한다.

③ 취급하는 위험물의 최대수량은 지정수량의 40배 미만이다.

④ 일반취급소에 지붕, 캐노피 그 밖에 위험물을 옮겨 담는 데 필요한 건축물("지붕 등")을 설치하는 경우에는 지붕 등의 수평투영면적은 부지면적의 2/3 이하이어야 한다.

> **해설** 지붕 등의 수평투영면적은 일반취급소의 부지면적의 1/3 이하이어야 한다.
>
> **보충** 옮겨 담는 일반취급소의 특례
>
> 1. 적용대상
>
> | 위험물의 취급태양 | 취급 위험물 | 지정수량 배수 | 시설의 태양 |
> |---|---|---|---|
> | 고정급유설비로 위험물을 용기에 채우거나 4,000L 이하의 이동저장탱크(2,000L 이하마다 구획한 것만)에 주입하는 취급 | 인화점 38℃ 이상의 제4류 위험물 | 40 미만 | 옥내 또는 옥외에 대한 제한 없음 |
>
> 2. 적용 제외 규정 : 안전거리, 보유공지, 건축물의 구조, 채광·조명 및 환기설비, 배출설비의 설치, 옥외시설의 바닥, 기타 설비(전기설비는 제외), 위험물취급탱크
>
> 3. 조치요건 : 위험물을 취급하는 설비의 주위에 보유하는 공지에 관한 요건, 지하전용탱크의 요건, 고정급유설비의 요건, 방화담(벽), 건축물을 설치하는 경우의 건축물 및 설비의 요건으로 되어 있다.

170 유압장치 등을 설치하는 일반취급소의 특례에 대한 설명으로 적합하지 않은 것은?

① 유압장치 또는 윤활유 순환장치에 의하여 인화점 100℃ 이상의 제4류 위험물을 100℃ 미만의 온도로 취급하는 일반취급소를 대상으로 한다.

② 취급하는 위험물의 최대수량은 지정수량의 50배 미만이어야 한다.

③ 안전거리 및 보유공지에 대한 규정을 적용하지 않으므로 건축물의 일부에 설치할 수 있다.

④ 유압장치 등을 설치하는 건축물의 벽·기둥·바닥·보 및 지붕이 내화구조이어야 한다.

> **해설** 옥내에 설치하는 설비단위의 일반취급소(세정작업 등, 열처리작업 등, 보일러 등, 유압장치 등, 절삭장치 등)는 모두 벽·기둥·바닥·보 및 지붕이 불연재료로 되어 있고 천장이 없는 단층 건축물에 설치하도록 하고 있다.

보충 유압장치 등을 설치하는 일반취급소의 특례

1. 적용대상

위험물의 취급태양	취급 위험물	지정수량 배수	시설의 태양
유압장치 또는 윤활유 순환장치에 의하여 위험물을 100℃ 미만의 온도로 취급	인화점 100℃ 이상의 제4류 위험물	50 미만	위험물취급설비를 건물 내에 설치

2. 적용 제외 규정 : 안전거리, 보유공지, 건축물의 구조, 채광·조명 및 환기설비, 배출설비의 설치, 정전기제거설비, 피뢰설비

3. 조치요건 : 특례대상시설 전체를 대상으로 하는 요건(2가지 태양 : 불연재료로 된 단층 건축물에 설치하는 경우 및 내화구조의 건축물에 설치하는 경우)과 지정수량의 30배 미만의 것을 대상으로 하는 요건으로 나누어져 있다.

① 대상시설 전체에 적용되는 조치요건

    ㉠ 설치장소 : 벽·기둥·바닥·보 및 지붕이 불연재료로 만들어진 단층의 건축물

    ㉡ 건축물 중 일반취급소의 용도로 사용하는 부분의 구조 등

        ⓐ 벽·기둥·바닥·보 및 지붕을 불연재료로 하고, 연소의 우려가 있는 외벽은 출입구 외의 개구부가 없는 내화구조의 벽으로 할 것

        ⓑ 창 및 출입구에는 갑종방화문 또는 을종방화문을 설치하고, 연소의 우려가 있는 외벽에 있는 출입구에는 수시로 열 수 있는 자동폐쇄식의 갑종방화문을 설치할 것

        ⓒ 창 또는 출입구에 유리를 이용하는 경우에는 망입유리로 할 것

        ⓓ 액상위험물 취급부분의 바닥 : 위험물 불침투구조, 적당한 경사, 집유설비

    ㉢ 건축물 중 일반취급소의 용도로 사용하는 부분에 설치하는 설비

        ⓐ 채광·조명 및 환기설비

        ⓑ 배출설비(가연성의 증기 또는 가연성의 미분이 체류할 우려가 있는 부분)

        ⓒ 환기설비 및 배출설비에는 방화상 유효한 댐퍼 등을 설치

    ㉣ 위험물취급설비

        ⓐ 위험물을 취급하는 설비(배관은 제외)는 바닥에 견고하게 고정할 것

        ⓑ 위험물을 취급하는 탱크(용량이 지정수량의 1/5 미만인 것은 제외)의 직하에는 방유턱을 설치하거나 건축물 중 일반취급소의 용도로 사용하는 부분의 문턱의 높이를 높게 할 것

② 대상시설 전체에 적용되는 조치요건

    ㉠ 건축물 중 일반취급소의 용도로 사용하는 부분의 구조 등

        ⓐ 벽·기둥·바닥 및 보를 내화구조로 할 것

        ⓑ 상층이 있으면 상층의 바닥을 내화구조로, 상층이 없으면 지붕을 불연재료로 할 것

        ⓒ 창을 설치하지 아니할 것

        ⓓ 출입구에는 갑종방화문을 설치하되, 연소의 우려가 있는 외벽 및 당해 부분 외의 부분과의 격벽에 있는 출입구에는 수시로 열 수 있는 자동폐쇄식의 것으로 할 것

        ⓔ 액상위험물 취급부분의 바닥 : 위험물 불침투구조, 적당한 경사, 집유설비

    ㉡ 건축물 중 일반취급소의 용도로 사용하는 부분에 설치하는 설비(①의 ㉢과 같음)

    ㉢ 위험물취급설비(①의 ㉣ ⓑ와 같음)

③ 지정수량 30배 미만의 일반취급소에 한하여 적용되는 조치요건

  ⑦ 설치장소 : 벽·기둥·바닥·보 및 지붕이 불연재료로 되어 있고, 천장이 없는 단층 건축물

  ⓒ 건축물 중 일반취급소의 용도로 사용하는 부분의 구조 등 : 바닥(ⓔ ⓐ의 위험물취급공지를 포함)은 위험물 불침투구조로 하고, 적당한 경사를 두어 집유설비 및 당해 바닥의 주위에 배수구를 설치

  ⓒ 건축물 중 일반취급소의 용도로 사용하는 부분에 설치하는 설비(①의 ⓒ과 같음)

  ⓔ 위험물취급설비

    ⓐ 위험물을 취급하는 설비(배관은 제외)는 바닥에 고정하고, 당해 설비의 주위에 너비 3m 이상의 공지를 보유할 것. 다만, 당해 설비로부터 3m 미만의 거리에 있는 건축물의 벽(수시로 열 수 있는 자동폐쇄식의 갑종방화문이 달려 있는 출입구 외의 개구부가 없는 것에 한함) 및 기둥이 내화구조인 경우에는 당해 설비에서 당해 벽 및 기둥까지의 공지를 보유하는 것으로 할 수 있다.

    ⓑ 위험물을 취급하는 탱크(지정수량의 1/5 미만의 것은 제외)의 직하에는 방유턱을 설치할 것

171 **절삭장치 등을 설치하는 일반취급소의 특례에 대한 설명으로 적합하지 않은 것은?**

① 절삭장치, 연삭장치 기타 이와 유사한 장치로 인화점 100℃ 이상의 제4류 위험물을 100℃ 미만의 온도로 취급하는 일반취급소를 대상으로 한다.

② 취급하는 위험물의 최대수량은 지정수량의 30배 미만이어야 한다.

③ 구획실 단위로 설치하는 경우에는 불연재료로 된 단층 건축물에 설치하되, 건축물 중 다른 용도로 사용하는 부분과는 내화구조의 벽으로 구획하여야 한다.

④ 건축물 중 다른 용도로 사용하는 부분과 구획하지 않고 설치하는 경우에는 위험물을 취급하는 설비의 주위에 원칙적으로 너비 3m 이상의 공지를 보유하여야 한다.

해설 유압장치 등을 설치하는 일반취급소의 특례에 있어서만 구획실 단위의 일반취급소를 불연재료로 된 단층 건축물에 설치하는 것과 내화구조의 건축물에 설치하는 것이 모두 가능하다. 그 외의 구획실 단위의 일반취급소(분무도장작업 등, 세정작업 등, 열처리작업 등, 보일러 등, 절삭장치 등)는 내화구조의 건축물에만 설치할 수 있도록 하고 있다.

보충 **절삭장치 등을 설치하는 일반취급소의 특례**

1. 적용대상

위험물의 취급태양	취급 위험물	지정수량 배수	시설의 태양
절삭장치, 연삭장치 기타 이와 유사한 장치로 위험물을 100℃ 미만의 온도로 취급	인화점 100℃ 이상의 제4류 위험물	30 미만	위험물취급설비를 건물 내에 설치

2. 적용 제외 규정 : 안전거리, 보유공지, 건축물의 구조, 정전기제거설비, 피뢰설비

3. 조치요건 : 특례대상시설 전체를 대상으로 하는 요건과 지정수량의 10배 미만의 것을 대상으로 하는 요건으로 나누어져 있다.

  ① 대상시설 전체에 적용되는 조치요건

    ⑦ 건축물 중 일반취급소의 용도로 사용하는 부분의 구조 등

ⓐ 벽·기둥·바닥 및 보를 내화구조로 할 것

ⓑ 상층이 있으면 상층의 바닥을 내화구조로, 상층이 없으면 지붕을 불연재료로 할 것

ⓒ 지하층이 없을 것

ⓓ 창을 설치하지 아니할 것

ⓔ 출입구에는 갑종방화문을 설치하되, 연소의 우려가 있는 외벽 및 당해 부분 외의 부분과의 격벽에 있는 출입구에는 수시로 열 수 있는 자동폐쇄식의 것으로 할 것

ⓕ 액상위험물 취급부분의 바닥 : 위험물 불침투구조, 적당한 경사, 집유설비

ⓛ 건축물 중 일반취급소의 용도로 사용하는 부분에 설치하는 설비

ⓐ 채광·조명 및 환기설비

ⓑ 배출설비(체류 우려가 있는 부분)

ⓒ 댐퍼 등

ⓒ 위험물취급설비 : 위험물취급탱크(지정수량의 1/5 미만인 것은 제외)의 직하에는 방유턱을 설치하거나 건축물 중 일반취급소의 용도로 사용하는 부분의 문턱의 높이를 높게 할 것

② 지정수량 10배 미만의 일반취급소에 한하여 적용되는 조치요건

㉠ 설치장소 : 벽·기둥·바닥·보 및 지붕이 불연재료로 되어 있고, 천장이 없는 단층 건축물

㉡ 건축물 중 일반취급소의 용도로 사용하는 부분의 구조 등 : 바닥(ⓔ ⓐ의 위험물취급공지를 포함)은 위험물 불침투구조, 적당한 경사, 집유설비 및 배수구

㉢ 건축물 중 일반취급소의 용도로 사용하는 부분에 설치하는 설비(①의 ⓛ과 같음)

㉣ 위험물취급설비

ⓐ 위험물을 취급하는 설비(배관은 제외)는 바닥에 고정하고, 당해 설비의 주위에 너비 3m 이상의 공지를 보유할 것. 다만, 당해 설비로부터 3m 미만의 거리에 있는 건축물의 벽(수시로 열 수 있는 자동폐쇄식의 갑종방화문이 달려 있는 출입구 외의 개구부가 없는 것에 한함) 및 기둥이 내화구조인 경우에는 당해 설비에서 당해 벽 및 기둥까지의 공지를 보유하는 것으로 할 수 있다.

ⓑ 위험물취급탱크(지정수량의 1/5 미만의 것은 제외)의 직하에는 방유턱 설치

172 열매체유 순환장치를 설치하는 일반취급소의 특례에 대한 설명으로 적합하지 않은 것은?

① 열매체유 순환장치로 인화점 100℃ 이상의 제4류 위험물을 100℃ 미만의 온도로 취급하는 일반취급소를 대상으로 한다.

② 일반취급소의 용도로 사용하는 부분에는 지하층 및 창이 없어야 한다.

③ 위험물을 취급하는 설비는 위험물의 체적팽창에 의한 누설을 방지할 수 있는 구조로 하여야 한다.

④ 위험물을 가열하는 설비에는 위험물의 과열을 방지할 수 있는 장치를 설치하여야 한다.

해설 열매체유 순환장치를 설치하는 일반취급소의 특례에 있어서는 설비의 특성상 위험물을 취급하는 온도에 대한 제한이 없다. 그리고 ③, ④는 본 특례의 특징적인 기준이라 할 수 있다.

172 ① 정답

보충 열매체유 순환장치를 설치하는 일반취급소의 특례

1. 적용대상

위험물의 취급태양	취급 위험물	지정수량 배수	시설의 태양
열매체유 순환장치로 위험물을 취급	인화점 100℃ 이상의 제4류 위험물	30 미만	위험물취급설비를 건물 내에 설치

2. 적용 제외 규정 : 안전거리, 보유공지, 건축물의 구조, 채광·조명 및 환기설비, 배출설비의 설치

3. 조치요건 : 구획실 단위로만 설치할 수 있으며, 그 요건은 다음과 같다.

　① 위험물을 취급하는 설비는 위험물의 체적팽창에 의한 누설을 방지할 수 있는 구조의 것으로 할 것

　② 건축물 중 일반취급소의 용도로 사용하는 부분의 구조 등

　　㉠ 벽·기둥·바닥 및 보를 내화구조로 하고, 출입구 외의 개구부가 없는 두께 70mm 이상의 철근콘크리트조 또는 이와 동등 이상의 강도가 있는 구조의 바닥 또는 벽으로 당해 건축물의 다른 부분과 구획될 것

　　㉡ 상층이 있는 경우에 있어서는 상층의 바닥을 내화구조로 하고, 상층이 없는 경우에 있어서는 지붕을 불연재료로 할 것

　　㉢ 지하층이 없을 것

　　㉣ 창을 설치하지 아니할 것

　　㉤ 출입구에는 갑종방화문을 설치하되, 연소의 우려가 있는 외벽 및 당해 부분 외의 부분과의 격벽에 있는 출입구에는 수시로 열 수 있는 자동폐쇄식의 것으로 할 것

　　㉥ 액상의 위험물을 취급하는 부분의 바닥은 위험물이 침투하지 아니하는 구조로 하고, 적당한 경사를 두어 집유설비를 설치할 것

　③ 건축물 중 일반취급소의 용도로 사용하는 부분에 설치하는 설비

　　㉠ 채광·조명 및 환기설비

　　㉡ 배출설비(체류 우려 부분)

　　㉢ 댐퍼 등

　④ 기타 위험물취급설비

　　㉠ 위험물취급탱크(지정수량의 1/5 미만인 것을 제외)의 주위에 방유턱 설치

　　㉡ 위험물을 가열하는 설비에는 위험물의 과열을 방지할 수 있는 장치 설치

173 고인화점 위험물의 일반취급소의 특례에 대한 설명으로 적합하지 않은 것은?

① 인화점 100℃ 이상의 제4류 위험물만을 100℃ 미만의 온도로 취급하는 일반취급소를 대상으로 한다.

② 안전거리 및 보유공지에 대한 규정을 적용하지 않으므로 건축물의 일부에 설치할 수 있다.

③ 위험물을 취급하는 건축물의 지붕은 불연재료로 하여야 한다.

④ 위험물을 취급하는 건축물의 연소의 우려가 있는 외벽에 두는 출입구에는 수시로 열 수 있는 자동폐쇄식의 갑종방화문을 설치하여야 한다.

해설 고인화점 위험물의 일반취급소의 특례에 있어서는 안전거리와 보유공지에 관한 규정이 일부 완화적용될 뿐이다(본 특례는 구획실 단위 또는 설비단위의 다른 일반취급소와는 성격이 다르다).

보충 **고인화점 위험물의 일반취급소의 특례(전체 대상)**

1. 적용대상

위험물의 취급태양	취급 위험물	지정수량 배수	시설의 태양
고인화점 위험물을 100℃ 미만의 온도로 취급	인화점 100℃ 이상의 제4류 위험물	제한 없음	제한 없음

2. 적용 제외 규정 : 안전거리, 보유공지, 건축물의 구조 중 지하층 금지, 지붕구조, 출입구, 망입유리, 정전기제거설비, 피뢰설비, 방유제의 높이(0.5~3m)

3. 조치요건 : 고인화점 위험물의 일반취급소에 대하여는 본칙에 의한 기준에 대한 2가지 태양의 특례가 있으며, 대상시설 전체를 대상으로 하는 특례의 조치요건은 다음과 같다(규칙 별표 4 XI의 규정에 의한 고인화점 위험물제조소의 경우와 같다).

① 안전거리의 확보 : 특고압가공전선과 고압가스시설 중 불활성 가스만을 저장·취급하는 시설을 제외한 나머지 건축물 등에 대하여 안전거리를 확보할 것. 다만, 아래 표 안의 ㉠ 내지 ㉢의 규정에 의한 건축물 등에 규칙 별표 4 부표의 기준에 의하여 불연재료로 된 방화상 유효한 담 또는 벽을 설치하여 소방본부장 또는 소방서장이 안전하다고 인정하는 거리로 할 수 있다.

㉠ 주거용 건축물 등	10m 이상
㉡ 학교, 병원 등, 공연장 등, 아동복지시설 등	30m 이상
㉢ 유형문화재와 기념물 중 지정문화재	50m 이상
㉣ 가스시설(불활성 가스만을 저장·취급하는 것은 제외)	20m 이상

② 공지의 보유 : 위험물을 취급하는 건축물 그 밖의 공작물의 주위에 3m 이상의 너비의 공지를 보유할 것. 다만, 규칙 별표 4 Ⅱ 제2호 각 목의 규정에 의하여 방화상 유효한 격벽을 설치하는 경우에는 그러하지 아니하다.

③ 위험물을 취급하는 건축물의 지붕 : 불연재료로 할 것

④ 위험물을 취급하는 건축물의 창 및 출입구 : 창 및 출입구에는 을종방화문·갑종방화문 또는 불연재료나 유리로 만든 문을 달고, 연소의 우려가 있는 외벽에 두는 출입구에는 수시로 열 수 있는 자동폐쇄식의 갑종방화문을 설치할 것

⑤ 망입유리 사용 : 위험물을 취급하는 건축물의 연소의 우려가 있는 외벽에 두는 출입구에 유리를 이용하는 경우에는 망입유리로 할 것

174 고인화점 위험물만을 충전하는 일반취급소의 특례에 대한 설명으로 틀린 것은?

① 충전하는 일반취급소 중 인화점 100℃ 이상의 제4류 위험물만을 100℃ 미만의 온도로 취급하는 일반취급소를 대상으로 한다.

② 위험물을 취급하는 건축물 그 밖의 공작물의 주위에 3m 이상의 너비의 공지를 보유하여야 한다.

③ 제조소의 일반기준에 준하여 모든 방호대상물에 대하여 안전거리를 두어야 한다.

④ 위험물을 이동저장탱크에 주입하기 위한 설비(배관은 제외)의 주위에는 필요한 공지를 보유하여야 한다.

해설 고인화점 위험물만을 충전하는 일반취급소에 있어서는 특고압가공전선과 고압가스시설 중 불활성 가스만을 저장·취급하는 시설에 대한 안전거리는 두지 않아도 된다.

174 ③ **정답**

보충 **고인화점 위험물만을 충전하는 일반취급소의 특례**

1. 적용대상

위험물의 취급태양	취급 위험물	지정수량 배수	시설의 태양
고인화점 위험물을 100℃ 미만의 온도로 취급	인화점 100℃ 이상의 제4류 위험물	제한 없음	제한 없음

2. 적용 제외 규정 : 안전거리, 보유공지, 건축물의 구조, 채광·조명 및 환기설비, 배출설비, 옥외시설의 바닥, 정전기제거설비, 피뢰설비, 방유제의 높이(0.5~3m)

3. 조치요건 : 고인화점 위험물의 일반취급소에 대하여는 본칙에 의한 기준에 대한 2가지 태양의 특례가 있으며, 고인화점 위험물만을 충전하는 일반취급소의 특례의 조치요건은 다음과 같다.

   ① 안전거리의 확보(고인화점 위험물 일반취급소 전체를 대상으로 하는 특례의 경우와 같음) : 특고압 가공전선과 고압가스시설 중 불활성 가스만을 저장·취급하는 시설을 제외한 나머지 건축물 등에 대하여 안전거리 확보

   ② 공지의 보유(고인화점 위험물 일반취급소 전체를 대상으로 하는 특례의 경우와 같음) : 3m 이상의 공지 보유(단, 방화상 유효한 격벽을 설치 시 예외)

   ③ 건축물의 구조 등(건축물을 설치하는 경우) : 충전하는 일반취급소의 특례의 경우와 같음

      ㉠ 벽·기둥·바닥·보 및 지붕을 내화구조 또는 불연재료로 할 것

      ㉡ 창 및 출입구에 갑종·을종방화문 또는 불연재료나 유리로 된 문을 설치할 것

      ㉢ 건축물의 2방향 이상은 통풍을 위하여 벽을 설치하지 아니할 것

   ④ 위험물취급설비 등 : 충전하는 일반취급소의 특례의 경우와 같음

      ㉠ 위험물을 이동저장탱크에 주입하기 위한 설비(배관은 제외)의 주위에는 공지를 보유할 것

      ㉡ 위험물을 용기에 옮겨 담기 위한 설비를 설치하는 경우에는 당해 설비(배관은 제외)의 주위에 필요한 공지를 ㉠의 공지 외의 장소에 보유할 것

      ㉢ ㉠ 및 ㉡의 공지는 그 지반면을 주위의 지반면보다 높게 하고, 그 표면에 적당한 경사를 두며, 콘크리트 등으로 포장할 것

      ㉣ ㉠ 및 ㉡의 공지에는 집유설비 및 배수구 설치(비수용성의 제4류 위험물을 취급하는 공지에 있어서는 유분리장치까지 설치)

175 다음 중 제5류 위험물을 저장하는 옥내저장소로서 그 바닥면적이 1,000m²일 때 설치하는 소화설비로 적당한 것은?

① 이산화탄소소화설비

② 분말소화설비

③ 스프링클러소화설비

④ 할로겐화합물소화설비

해설 설문의 옥내저장소는 면적기준상 소화난이도 등급 Ⅰ(연면적 150m² 초과)에 해당한다. 소화난이도 등급 Ⅰ의 제조소등에 설치하여야 하는 소화설비 중에서 제5류 위험물에 적응성이 있는 소화설비를 선택하면 된다. 제5류 위험물 화재에는 질식소화는 효과가 없고, 일반적으로 다량의 물에 의한 냉각소화가 효과적이다.

176 일반취급소의 형태가 옥외의 공작물로 되어 있는 경우에 있어서 그 최대수평투영면적이 $1,000m^2$일 때 설치하여야 하는 소화설비의 소요단위는 몇 단위인가?

① 7단위

② 10단위

③ 14단위

④ 20단위

해설 $1,000m^2 ÷ 100m^2 = 10$단위, 소화설비의 1소요단위는 다음과 같이 산정한다. 이때 연면적은 제조소등의 용도로 사용되는 부분 외의 부분이 있는 건축물에 설치된 제조소등에 있어서는 당해 건축물 중 제조소등에 사용되는 부분의 바닥면적의 합계로 한다.

구 분		외벽이 내화구조인 것	외벽이 내화구조가 아닌 것
건축물	제조소 또는 취급소	연면적 $100m^2$	연면적 $50m^2$
	저장소	연면적 $150m^2$	연면적 $75m^2$
옥외에 설치된 공작물		외벽이 내화구조인 것으로 간주하고 공작물의 최대수평투영면적을 연면적으로 간주하여 건축물의 예에 따라 소요단위를 산정	
위험물		지정수량의 10배	

177 마른모래(삽 1개 포함)와 팽창질석(삽 1개 포함)의 1능력단위는 각각 몇 L인가?

① 마른모래 : 50L, 팽창질석 : 160L

② 마른모래 : 80L, 팽창질석 : 190L

③ 마른모래 : 80L, 팽창질석 : 160L

④ 마른모래 : 100L, 팽창질석 : 160L

해설 소화설비의 능력단위의 산정은 다음의 기준에 의한다.

㉠ 수동식소화기의 능력단위는 수동식소화기의 형식승인 및 검정기술기준에 의하여 형식승인을 받은 수치로 할 것

㉡ 기타 소화설비의 능력단위는 다음의 표에 의할 것

소화설비	용 량	능력단위
소화전용(專用) 물통	8L	0.3
수조(소화전용 물통 3개 포함)	80L	1.5
수조(소화전용 물통 6개 포함)	190L	2.5
마른모래(삽 1개 포함)	50L	0.5
팽창질석 또는 팽창진주암(삽 1개 포함)	160L	1.0

178 단층건물로 된 일반취급소에 10개의 옥내소화전을 설치할 경우 필요한 수원의 수량은?

① 13m³

② 26m³

③ 39m³

④ 78m³

해설 수원의 수량은 옥내소화전이 가장 많이 설치된 층의 옥내소화전 설치개수(설치개수가 5개 이상인 경우는 5개)에 7.8m³를 곱한 양 이상이 되도록 하여야 한다. 따라서 5개×7.8m³ = 39m³이다.

참고 일반 특정소방대상물의 경우 : $Q = 5 \times 2.6m^3$

▶ 옥내소화전설비 기준 비교

구 분	일반 특정소방대상물	위험물시설	비 고
수원	옥내소화전 개수(N)에 2.6m³를 곱한 양 이상 (N이 5 이상인 경우에는 5)	옥내소화전 개수(N)에 7.8m³를 곱한 양 이상 (N이 5 이상인 경우에는 5)	3배 강화
방수압력	1.7kg/cm²	350kPa(= 0.35MPa)	약 2배 강화
방수량	130L/분	260L/분	2배 강화

179 다음은 옥내소화전설비의 소화전 배치기준을 설명한 것이다. (   ) 안에 적합한 거리는?

옥내소화전은 제조소등의 건축물의 층마다 당해 층의 각 부분에서 하나의 호스접속구까지의 수평거리가 (   ) 이하가 되도록 설치할 것. 이 경우 옥내소화전은 각 층의 출입구 부근에 1개 이상 설치하여야 한다.

① 25m

② 30m

③ 45m

④ 50m

180 단층건물로 된 일반취급소에 10개의 옥내소화전을 설치할 경우 필요한 펌프의 최소 토출량은?

① 0.26m³/분

② 0.52m³/분

③ 1.04m³/분

④ 1.30m³/분

해설 옥내소화전설비는 각 층을 기준으로 하여 당해 층의 모든 옥내소화전(설치개수가 5개 이상인 경우에는 5개)을 동시에 사용할 경우에 각 노즐선단의 방수압력이 350kPa 이상이고, 방수량이 1분당 260L 이상의 성능이 되도록 하여야 한다.

$Q = 5개 \times 260L/min = 1.3m^3/min$

참고 일반 특정소방대상물의 경우 : $Q = 5 \times 130L/min$

181 처마높이가 6m 미만인 단층건물의 옥내저장소에 4개의 옥외소화전을 설치할 경우 필요한 수원의 수량은?

① 28m³

② 35m³

③ 54m³

④ 67.5m³

해설 옥외소화전의 설치개수(설치개수가 4개 이상인 경우에는 4개)에 13.5m³(=450L×30min)를 곱합 양 이상이 되도록 하여야 한다.

$Q = 4개 \times 13.5m^3 = 54m^3/min$

참고 일반 특정소방대상물의 경우에는 옥외소화전의 설치개수(설치개수가 2개 이상인 경우에는 2개)에 7m³(= 350L×20min)를 곱합 양 이상이 되도록 하여야 한다.

▶ 옥외소화전설비 기준 비교

구 분	일반 특정소방대상물	위험물시설	비 고
수원	옥외소화전 개수(N)에 7m³를 곱한 양 이상 (N이 2 이상인 경우에는 2)	옥외소화전 개수에 13.5m³를 곱한 양 이상 (N이 4 이상인 경우에는 4)	약 2~4배 강화
방수압력	2.5kg/cm²	350kPa	약 1.4배 강화
방수량	350L/분	450L/분	1.3배 강화

182 다음은 옥외소화전설비의 소화전 배치기준을 설명한 것이다. ( ) 안에 적합한 기준은?

> 옥외소화전은 방호대상물(당해 소화설비에 의하여 소화하여야 할 제조소등의 건축물, 그 밖의 공작물 및 위험물)의 각 부분[건축물의 경우에는 당해 건축물의 ( )의 부분에 한한다]에서 하나의 호스접속구까지의 수평거리가 ( ) 이하가 되도록 설치할 것. 이 경우 그 설치개수가 1개일 때는 ( )로 하여야 한다.

① 1층, 25m, 2개

② 2층, 30m, 3개

③ 1층 및 2층, 40m, 2개

④ 1층 및 2층, 50m, 3개

183 처마높이가 6m 미만인 단층건물의 옥내저장소에 4개의 옥외소화전을 설치할 경우 필요한 펌프의 최소 토출량은?

① 1.4m³/분

② 1.75m³/분

③ 1.8m³/분

④ 2.25m³/분

해설 옥외소화전설비는 모든 옥외소화전(설치개수가 4개 이상인 경우에는 4개)을 동시에 사용할 경우에 각 노즐선단의 방수압력이 350kPa 이상이고, 방수량이 1분당 450L 이상의 성능이 되도록 하여야 한다.

$Q = 4개 \times 450L/min = 1.8m^3/min$

참고 일반 특정소방대상물의 경우 : $Q = 2개 \times 350L/min = 0.7m^3/min$

184 위험물제조소등에 설치하는 스프링클러설비의 기준으로서 적합하지 않은 것은?

① 스프링클러헤드는 방호대상물의 각 부분에서 하나의 스프링클러헤드까지의 수평거리가 1.7m 이하가 되도록 설치할 것

② 개방형 스프링클러헤드를 이용한 스프링클러설비의 방사구역은 150m² 이상으로 할 것

③ 스프링클러헤드의 각 선단의 방사압력은 100kPa 이상, 방수량은 1분당 80L 이상의 성능이 되도록 할 것

④ 폐쇄형 스프링클러헤드를 사용하는 경우의 수원의 양은 30(헤드의 설치개수가 30 미만인 방호대상물은 당해 설치개수)에 1.6m³를 곱한 양 이상이 되도록 할 것

> **해설** ④에서 헤드수에 2.4m³를 곱한 양 이상이 되도록 하여야 옳다. 일반적인 특정소방대상물에 설치하는 스프링클러설비의 수원의 수량에 있어서는 헤드수에 1.6m³를 곱한 양 이상이면 된다. 한편, '06. 08. 03. 규칙 개정 시에 스프링클러설비 기준에 관한 완화규정이 마련되었는데, 규칙 별표 17 Ⅰ제4호 비고 제1호의 표에 정한 살수밀도의 기준을 충족하는 경우에는 방호대상물의 각 부분에서 하나의 스프링클러헤드까지의 수평거리를 2.6m 이하로, 스프링클러헤드의 각 선단의 방사압력은 50kPa 이상으로, 방수량은 1분당 56L 이상으로 할 수 있도록 각각 완화한 것이다.

살수기준 면적(m²)	방사밀도(L/m²분)		비 고
	인화점 38℃ 미만	인화점 38℃ 이상	
279 미만 279 이상 372 미만 372 이상 465 미만 465 이상	16.3 이상 15.5 이상 13.9 이상 12.2 이상	12.2 이상 11.8 이상 9.8 이상 8.1 이상	살수기준면적은 내화구조의 벽 및 바닥으로 구획된 하나의 실의 바닥면적을 말하고, 하나의 실의 바닥면적이 465m² 이상인 경우의 살수기준면적은 465m²로 한다. 다만, 위험물의 취급을 주된 작업내용으로 하지 아니하고 소량의 위험물을 취급하는 설비 또는 부분이 넓게 분산되어 있는 경우에는 방사밀도는 8.2L/m²분 이상, 살수기준 면적은 279m² 이상으로 할 수 있다.

185 개방형 스프링클러헤드를 사용하는 스프링클러설비를 설치하는 제조소등에 있어서 스프링클러헤드가 가장 많이 설치된 방사구역의 스프링클러헤드 설치개수가 35개일 경우 필요한 수원의 수량은?

① 48m³ 이상   ② 56m³ 이상

③ 72m³ 이상   ④ 84m³ 이상

> **해설** 개방형 스프링클러헤드를 사용하는 스프링클러설비의 수원의 수량은 개방형 헤드가 가장 많이 설치된 방사구역의 헤드 설치개수에 2.4m³를 곱한 양 이상이 되도록 하여야 한다(35×2.4m³=84m³).

186 다음은 물분무소화설비의 수원의 수량기준을 설명한 것이다. ( ) 안에 적합한 수치는?

> 수원의 수량은 분무헤드가 가장 많이 설치된 방사구역의 모든 분무헤드를 동시에 사용할 경우에 당해 방사구역의 표면적 $1m^2$당 1분당 ( )L의 비율로 계산한 양으로 ( )분간 방사할 수 있는 양 이상이 되도록 설치하여야 한다.

① 10, 20

② 10, 30

③ 20, 20

④ 20, 30

187 다음은 이동식 이산화탄소소화설비의 호스접속구의 배치기준을 설명한 것이다. ( ) 안에 적합한 거리는?

> 이동식 이산화탄소소화설비의 호스접속구는 모든 방호대상물에 대하여 당해 방호대상물의 각 부분으로부터 하나의 호스접속구까지의 수평거리가 ( ) 이하가 되도록 설치하여야 한다.

① 10m

② 15m

③ 25m

④ 40m

188 제조소등에 대한 수동식소화기의 설치기준으로서 적합하지 않은 것은?

① 대형수동식소화기는 방호대상물의 각 부분으로부터 하나의 대형수동식소화기까지의 보행거리가 30m 이하가 되도록 설치하는 것이 원칙이다.

② 대형수동식소화기를 옥내소화전설비, 옥외소화전설비, 스프링클러설비 또는 물분무등소화설비와 함께 설치하는 경우에는 보행거리 기준을 따르지 않아도 된다.

③ 소형수동식소화기를 지하탱크저장소, 간이탱크저장소, 이동탱크저장소, 주유취급소 또는 판매취급소에 설치할 때에는 유효하게 소화할 수 있는 위치에 설치하면 된다.

④ 소형수동식소화기를 옥내저장소에 설치하는 경우에는 방호대상물의 각 부분으로부터 하나의 소형수동식소화기까지의 보행거리가 30m 이하가 되도록 하되, 옥내소화전설비, 옥외소화전설비, 스프링클러설비, 물분무등소화설비 또는 대형수동식소화기와 함께 설치하는 경우에는 20m 이하가 되도록 할 수 있다.

해설 소형수동식소화기(소형수동식소화기 또는 기타 소화설비를 말함)를 지하탱크저장소, 간이탱크저장소, 이동탱크저장소, 주유취급소 또는 판매취급소 외의 제조소등에 설치하는 경우에는 방호대상물의 각 부분으로부터 하나의 소형수동식소화기까지의 보행거리가 20m 이하가 되도록 설치하여야 한다(옥내소화전설비, 옥외소화전설비, 스프링클러설비, 물분무등소화설비 또는 대형수동식소화기와 함께 설치하는 경우는 예외).

186 ④ 187 ② 188 ④ **정답**

189 다음 중 소화난이도 등급 Ⅰ의 제조소등에 설치하는 소화설비기준에 대한 설명으로서 적합하지 않은 것은?

① 제조소등의 종류·형태, 저장 또는 취급하는 위험물의 품명 및 최대수량 등에 따라 옥내소화전설비, 옥외소화전설비, 스프링클러설비 또는 물분무등소화설비 중에서 적응성이 있는 하나 이상의 소화설비를 설치하여야 한다.

② ①의 소화설비를 설치함에 있어서 당해 소화설비의 방사범위가 당해 제조소, 일반취급소, 옥내저장소, 옥외탱크저장소, 옥내탱크저장소, 옥외저장소, 암반탱크저장소(암반탱크에 관계되는 부분을 제외한다) 또는 이송취급소(이송기지 내에 한한다)의 건축물, 그 밖의 공작물 및 위험물을 포함하도록 하여야 한다. 다만, 고인화점 위험물만을 100℃ 미만의 온도에서 취급하는 제조소 또는 일반취급소의 경우에는 당해 제조소 또는 일반취급소의 건축물 및 그 밖의 공작물만 포함하도록 할 수 있다.

③ 고인화점 위험물만을 100℃ 미만의 온도에서 취급하는 제조소 또는 일반취급소의 위험물에 대해서는 대형수동식소화기 1개 이상과 당해 위험물의 소요단위에 해당하는 능력단위의 소형수동식소화기를 설치하여야 한다. 다만, 당해 제조소 또는 일반취급소에 옥내·외소화전설비, 스프링클러설비 또는 물분무등소화설비를 설치한 경우에는 당해 소화설비의 방사능력범위 내에는 소형수동식소화기를 설치하지 않을 수 있다.

④ 제4류 위험물을 저장 또는 취급하는 옥외탱크저장소 또는 옥내탱크저장소에는 소형수동식소화기등을 2개 이상 설치하여야 한다.

해설 ③의 단서에서 옥내·외소화전설비, 스프링클러설비 또는 물분무등소화설비의 방사능력범위 내에는 대형수동식소화기를 설치하지 않을 수 있고, 소형수동식소화기는 설치하여야 한다.

보충 소화난이도 등급 Ⅰ의 제조소등에 설치하는 소화설비에 대한 그 밖의 기준은 다음과 같다.

㉠ 가연성 증기 또는 가연성 미분이 체류할 우려가 있는 건축물 또는 실내에는 대형수동식소화기 1개 이상과 당해 건축물, 그 밖의 공작물 및 위험물의 소요단위에 해당하는 능력단위의 소형수동식소화기등을 추가로 설치하여야 한다.

㉡ 제조소, 옥내탱크저장소, 이송취급소 또는 일반취급소의 작업공정상 소화설비의 방사능력범위 내에 당해 제조소등에서 저장 또는 취급하는 위험물의 전부가 포함되지 아니하는 경우에는 당해 위험물에 대하여 대형수동식소화기 1개 이상과 당해 위험물의 소요단위에 해당하는 능력단위의 소형수동식소화기등을 추가로 설치하여야 한다.

190 다음 중 소화난이도 등급 Ⅱ의 옥내탱크저장소에 설치하여야 하는 소화설비기준으로 적합한 것은?

① 방사능력범위 내에 당해 건축물 그 밖의 공작물 및 위험물이 포함되도록 대형수동식소화기를 설치하고, 당해 위험물의 소요단위의 1/5 이상에 해당하는 능력단위의 소형수동식소화기(또는 기타 소화설비)를 설치하여야 한다.

② 대형수동식소화기 및 소형수동식소화기(또는 기타 소화설비)를 각각 1개 이상 설치하여야 한다.

③ 방사능력범위 내에 당해 건축물 그 밖의 공작물 및 위험물이 포함되도록 대형수동식소화기를 설치하고, 당해 위험물의 소요단위의 1/2 이상에 해당하는 능력단위의 소형수동식소화기(또는 기타 소화설비)를 설치하여야 한다.

④ 대형수동식소화기 1개 이상과 소형수동식소화기(또는 기타 소화설비) 2개 이상을 설치하여야 한다.

해설 소화난이도 등급 Ⅱ의 옥외탱크저장소 또는 옥내탱크저장소에는 대형수동식소화기 및 소형수동식소화기(또는 기타 소화설비)를 각각 1개 이상 설치하면 된다.
①은 소화난이도 등급 Ⅱ의 제조소, 옥내저장소, 옥외저장소, 주유취급소, 판매취급소 및 일반취급소에 설치하여야 하는 소화설비이다.
※ 이때 옥내소화전설비, 옥외소화전설비, 스프링클러설비 또는 물분무등소화설비를 설치한 경우에는 당해 소화설비의 방사능력범위 내의 부분에 대해서는 대형수동식소화기를 설치하지 않을 수 있다.

191 다음 중 소화난이도 등급 Ⅲ의 제조소등(알킬알루미늄등의 이동탱크저장소를 제외한다)에 설치하여야 하는 소화설비의 기준으로 적합하지 않은 것은?

① 설치하여야 하는 소화설비는 소형수동식소화기 또는 기타 소화설비이다.

② 이동탱크저장소를 제외한 모든 제조소등에는 소화설비의 능력단위의 수치가 건축물 그 밖의 공작물 및 위험물의 소요단위의 수치에 달하도록 해야 한다.

③ 이동탱크저장소에는 자동차용 소화기를 2개 이상 설치하여야 한다.

④ 옥내소화전설비, 옥외소화전설비, 스프링클러설비, 물분무등소화설비 또는 대형수동식소화기를 설치한 경우에는 당해 소화설비의 방사능력범위 내의 부분에 대하여는 수동식소화기 등을 그 능력단위의 수치가 당해 소요단위의 수치의 1/5 이상이 되도록 설치할 수 있다.

해설 지하탱크저장소에는 제조소등의 소요단위에 관계없이 능력단위의 수치가 3 이상인 소형수동식소화기를 2개 이상 설치하여야 한다.

192 다음 중 소화난이도 등급 Ⅲ의 제조소등에 해당하지 않는 것은?

① 지하탱크저장소

② 간이탱크저장소

③ 옥외주유취급소로서 소화난이도 등급 Ⅰ에 해당하지 않는 것

④ 제2종 판매취급소

> **해설** 제2종 판매취급소는 소화난이도 등급 Ⅱ에 해당한다. 소화난이도 등급 Ⅲ의 제조소등에는 지하탱크저장소, 간이탱크저장소, 이동탱크저장소, 옥외주유취급소 및 제1종 판매취급소 전체와 제조소, 일반취급소 또는 옥외저장소의 일부가 해당한다.

193 다음의 위험물 중 이동탱크저장소에 저장 또는 취급하는 경우에 있어서는 자동차용 소화기를 설치하는 외에 마른모래나 팽창질석 또는 팽창진주암을 추가로 설치하여야 하는 것은?

① 알킬알루미늄등

② 아세트알데히드등

③ 지정과산화물

④ 히드록실아민등

> **해설** 알킬알루미늄등의 화재는 마른모래나 팽창질석 또는 팽창진주암을 사용하지 않으면 사실상 소화가 불가능하기 때문에 기타 소화설비를 추가로 갖추도록 하고 있다.

194 다음은 제조소등에 있는 전기설비에 대한 소화설비기준을 설명한 것이다. ( ) 안에 적합한 면적 및 소화설비는?

> 제조소등에 전기설비(전기배선, 조명기구 등을 제외한다)가 설치된 경우에는 당해 장소의 면적 ( )마다 ( )를 1개 이상 설치하여야 한다.

① $100m^2$, 소형수동식소화기

② $100m^2$, 대형수동식소화기

③ $200m^2$, 소형수동식소화기

④ $200m^2$, 대형수동식소화기

195 다음 중 경보설비를 설치하여야 하는 제조소등에 해당하지 않는 것은?

① 지정수량의 10배 이상의 위험물을 저장하는 옥외탱크저장소

② 지정수량의 20배 이상의 위험물을 저장하는 이동탱크저장소

③ 지정수량의 30배 이상의 위험물을 저장하는 옥외저장소

④ 옥내주유취급소

해설 지정수량의 10배 이상의 위험물을 저장 또는 취급하는 제조소등(이동탱크저장소를 제외한다)에는 화재 시 이를 알릴 수 있는 경보설비를 설치하여야 한다. 제조소등에 설치하는 경보설비의 종류에는 자동화 재탐지설비, 비상경보설비(비상벨장치 또는 경종 포함), 확성장치(휴대용확성기 포함) 및 비상방송설비 가 있다. 한편, 자동신호장치를 갖춘 스프링클러설비 또는 물분무등소화설비를 설치한 제조소등에 있어 서는 자동화재탐지설비를 설치한 것으로 본다.

196 **제조소등에 설치하는 자동화재탐지설비의 일반적인 기준으로 적합하지 않은 것은?**

① 경계구역은 건축물 그 밖의 공작물의 2 이상의 층에 걸치지 않도록 할 것

② 하나의 경계구역의 면적은 600m² 이하로 하고 그 한 변의 길이는 50m(광전식 분리형 감지 기를 설치할 경우에는 100m) 이하로 할 것

③ 감지기는 지붕(상층이 있는 경우에는 상층의 바닥) 또는 벽의 옥내에 면한 부분(천장이 있는 경우에는 천장의 뒷부분을 제외한다)에 설치할 것

④ 자동화재탐지설비에는 비상전원을 설치할 것

해설 천장이 있는 경우에는 감지기를 천장 또는 벽의 옥내에 면한 부분뿐만 아니라 천장의 뒷부분에도 유효 하게 화재의 발생을 감지할 수 있도록 설치하여야 한다.

보충 ① 의 예외(경계구역을 2 이상의 층에 걸치게 할 수 있는 경우) : 하나의 경계구역의 면적이 500m² 이하 이면서 당해 경계구역이 두 개의 층에 걸치는 경우이거나 계단·경사로·승강기의 승강로 그 밖에 이와 유사한 장소에 연기감지기를 설치하는 경우

② 하나의 경계구역의 면적을 1,000m² 이하로 할 수 있는 경우 : 건축물 그 밖의 공작물의 주요한 출입 구에서 그 내부의 전체를 볼 수 있는 경우

197 **다음 중 제조소등의 규모, 저장 또는 취급하는 위험물의 종류 및 최대수량 등에 관계없이 경보설비를 자동화재탐지설비 외의 것으로 설치하여도 되는 것은?**

① 제조소 및 일반취급소   ② 옥내저장소

③ 옥외탱크저장소   ④ 주유취급소

해설 자동화재탐지설비를 설치하여야 하는 제조소등은 건축물의 형태로 된 제조소등(제조소 및 일반취급소, 옥내저장소, 옥내탱크저장소, 옥내주유취급소) 가운데 일부로 되어 있다. 경보설비를 반드시 자동화재 탐지설비로 설치하여야 하는 제조소등은 다음 표와 같다.

제조소등의 구분	제조소등의 규모, 저장 또는 취급하는 위험물의 종류 및 최대수량 등
제조소 및 일반취급소	• 연면적 500m² 이상인 것 • 옥내에서 지정수량의 100배 이상을 취급하는 것(고인화점 위험물만을 100℃ 미만의 온도에서 취급하는 것은 제외) • 일반취급소로 사용되는 부분 외의 부분이 있는 건축물에 설치된 일반취급소(일반취급소 와 일반취급소 외의 부분이 내화구조의 바닥 또는 벽으로 개구부 없이 구획된 것은 제외)

제조소등의 구분	제조소등의 규모, 저장 또는 취급하는 위험물의 종류 및 최대수량 등
옥내저장소	• 지정수량의 100배 이상을 저장 또는 취급하는 것(고인화점 위험물만을 저장 또는 취급하는 것을 제외한다) • 저장창고의 연면적이 150m²를 초과하는 것 　[저장창고가 연면적 150m² 이내마다 불연재료의 격벽으로 개구부 없이 완전히 구획된 것과 제2류 또는 제4류의 위험물(인화성 고체 및 인화점이 70℃ 미만인 제4류 위험물은 제외)만을 저장 또는 취급하는 것에 있어서는 저장창고의 연면적이 500m² 이상의 것에 한한다.] • 처마높이가 6m 이상인 단층건물의 것 • 옥내저장소로 사용되는 부분 외의 부분이 있는 건축물에 설치된 옥내저장소 　[옥내저장소와 옥내저장소 외의 부분이 내화구조의 바닥 또는 벽으로 개구부 없이 구획된 것과 제2류 또는 제4류의 위험물(인화성 고체 및 인화점이 70℃ 미만인 제4류 위험물은 제외)만을 저장 또는 취급하는 것을 제외한다.]
옥내탱크저장소	단층건물 외의 건축물에 설치된 옥내탱크저장소로서 소화난이도 등급 Ⅰ에 해당하는 것
주유취급소	옥내주유취급소

198 다음 중 피난설비로 유도등을 설치하여야 하는 주유취급소에 해당하지 않는 것은?

① 건축물의 2층 부분을 점포로 사용하는 주유취급소

② 건축물의 2층 부분을 휴게음식점으로 사용하는 주유취급소

③ 건축물의 2층 부분을 전시장으로 사용하는 주유취급소

④ 건축물의 2층 부분을 관계자의 주거시설로 사용하는 주유취급소

해설　피난설비(유도등)의 설치대상은 다음의 2가지 경우의 주유취급소 밖에 없다.
　　㉠ 건축물의 2층 이상의 부분을 점포·휴게음식점 또는 전시장의 용도로 사용하는 주유취급소
　　㉡ 옥내주유취급소

199 위험물시설에 설치하는 주의사항을 표시한 게시판의 기준으로 옳지 않은 것은?

① 제1류 위험물 중 알칼리금속의 과산화물에 있어서는 "물기엄금"을 표시한다.

② 제3류 위험물에 있어서는 "물기엄금" 및 "화기엄금"을 함께 표시한다.

③ 제4류 위험물 또는 제5류 위험물에 있어서는 "화기엄금"을 표시한다.

④ "물기엄금"의 표시는 청색바탕에 백색문자로 한다.

해설　제3류 위험물 중 금수성 물품에는 "물기엄금"을, 자연발화성 물품에는 "화기엄금"을 표시(두 가지 성질을 모두 갖는 경우에만 "물기엄금" 및 "화기엄금"을 표시)하므로 ②는 틀린 설명이다(규칙 별표 4 Ⅲ).

200 옥외탱크저장소의 방유제 내에 용량이 20만L인 것과 10만L인 옥외저장탱크를 각각 2기씩 설치하는 경우에 확보하여야 하는 방유제의 용량은?

① 100,000L 이상　　　　　　　　② 140,000L 이상

③ 200,000L 이상　　　　　　　　④ 220,000L 이상

해설 옥외탱크저장소의 방유제 용량은 방유제 내 탱크가 하나인 때에는 그 탱크 용량의 110% 이상으로, 2기 이상인 때에는 용량이 최대인 탱크 용량의 110%로 하여야 한다. 20만L의 110%는 22만L이므로 ④가 정답이다(규칙 별표 6 Ⅸ).

---

201 내용적이 10,000L인 옥내저장탱크에 대하여 허가할 수 있는 최대용량은?

① 9,000L

② 9,500L

③ 9,700L

④ 10,000L

해설 탱크의 용량은 내용적에서 공간용적(내용적의 5% – 10%)을 뺀 용적이므로, 공간용적의 하한선인 5%를 적용하면 최대용량을 구할 수 있다.
10,000 – 10,000 × 5% = 9,500L(규칙 5 및 고시 25)

---

202 옥내탱크저장소의 기준에 관한 설명으로 옳지 않은 것은?

① 탱크전용실의 지붕은 가벼운 불연재료로 하여야 한다.

② 단층건물 외의 건축물에 있는 탱크전용실에 설치한 탱크에 저장하는 제4류 위험물은 인화점이 38℃ 이상이어야 한다.

③ 제2석유류 위험물을 저장하는 탱크를 단층건물에 있는 탱크전용실에 설치하는 경우 설치할 수 있는 탱크의 최대용량은 20,000L이다.

④ 인화점이 21℃ 미만인 액체위험물 탱크의 주입구에는 "옥내저장탱크 주입구"라는 표시와 위험물의 유별·품명 및 주의사항을 표시하여야 한다.

해설 단층건물이 아닌 건축물에 있는 탱크전용실은 상층이 있는 경우에는 상층의 바닥을 내화구조로 하여야 하고, 다른 경우에는 탱크전용실의 지붕을 불연재료로 하면 된다. 그러나 불연재료로 하는 경우에도 가벼운 것으로 할 필요는 없으므로 ①은 틀린 설명이다(규칙 별표 7).

---

203 주유취급소를 구성하는 위험물시설에 해당하지 않는 것은?

① 고정급유설비에 직접 접속하는 탱크

② 등유 또는 경유를 배달하기 위한 3천L 용량의 이동저장탱크

③ 주유취급소의 사무실 난방을 위한 보일러 등에 직접 접속하는 탱크

④ 자동차 등을 정비하는 작업장에서 사용하는 폐유 등을 저장하는 탱크

해설 위험물을 이동저장탱크에 주입하기 위한 설비(고정급유설비)를 주유취급소에 설치할 수는 있으나 이동저장탱크는 주유취급소의 시설이 아니라 별개 시설인 이동탱크저장소에 속한다(영 별표 3 및 규칙 별표 13 Ⅰ, Ⅲ).

204 판매취급소에 관한 설명으로 옳지 않은 것은?

① 건축물의 1층에 설치하여야 한다.

② 위험물을 저장하는 탱크시설을 갖추어야 한다.

③ 건축물의 다른 부분과는 내화구조의 격벽으로 구획하여야 한다.

④ 제조소와 달리 안전거리 또는 보유공지에 관한 규제를 받지 않는다.

해설 위험물을 저장하기 위한 탱크시설은 판매취급소의 필수시설이 아니라 설치할 수 없다고 보아야 한다.
일부 위험물(도료류 등)을 배합하는 외에는 배합 및 옮겨 담는 작업이 금지되며, 위험물은 운반용기에
수납한 채로만 판매가 가능하기 때문이다(규칙 별표 14 및 별표 18 Ⅳ ⑤).

205 보일러 등으로 위험물을 소비하는 일반취급소의 특례의 적용에 관한 설명으로 틀린 것은?

① 일반취급소에서 보일러, 버너 등으로 소비하는 위험물은 인화점이 38℃ 이상인 제4류 위험
물이어야 한다.

② 일반취급소에서 취급하는 위험물의 양은 지정수량의 30배 미만이고 위험물을 취급하는 설
비는 건축물에 있어야 한다.

③ 제조소의 기준을 준용하는 다른 일반취급소와 달리 일정한 요건을 갖추면 제조소의 안전거
리, 보유공지 등에 관한 기준을 적용하지 않을 수 있다.

④ 건축물 중 일반취급소로 사용하는 부분은 취급하는 위험물의 양에 관계없이 언제나 철근콘
크리트조 등의 바닥 또는 벽으로 당해 건축물의 다른 부분과 구획되어야 한다.

해설 규칙 별표 16 Ⅴ 제2호의 규정에 의하여 보일러 등으로 위험물을 소비하는 일반취급소 중에서 지정수
량의 10배 미만인 것은 건축물의 다른 부분과 구획하지 않을 수도 있으므로 ④는 정확한 설명이 못
된다(규칙 별표 16 Ⅰ 및 Ⅴ). 이러한 것을 설비단위의 일반취급소라 한다.

206 위험물제조소등에 설치하는 옥내소화전설비의 설치기준으로서 옳은 것은?

① 옥내소화전은 건축물의 층마다 당해 층의 각 부분에서 하나의 호스접속구까지의 수평거리가
25m 이하가 되도록 설치하여야 한다.

② 수원의 수량은 옥내소화전이 가장 많이 설치된 층의 옥내소화전 설치개수(5개 이상인 경우
는 5개)에 2.6m³를 곱한 양 이상이 되도록 설치하여야 한다.

③ 어느 층에서라도 당해 층의 모든 옥내소화전(5개 이상인 경우는 5개)을 동시에 사용할 경우
각 노즐선단에서의 방수압력은 170kPa 이상이어야 한다.

④ 어느 층에서라도 당해 층의 모든 옥내소화전(5개 이상인 경우는 5개)을 동시에 사용할 경우
각 노즐선단에서의 방수량은 130L/min 이상이어야 한다.

정답 204 ② 205 ④ 206 ①

해설 제조소등에 설치하는 옥내소화전에 있어서 수원의 수량은 소화전 설치개수(최고 5개)에 7.8m³를 곱한 양 이상, 방사압력은 350kPa 이상, 방수량은 1분당 260L 이상이 되도록 하여야 한다. ①만 옳은 설명이다(규칙 별표 17 I ⑤).

207 위험물제조소등의 변경허가와 관련한 설명으로 옳은 것은?

① 허가받은 제조소등의 위치, 구조 또는 설비를 변경하는 모든 경우에 변경허가를 받아야 한다.

② 제조소등의 공사를 시작하기 전에 허가받은 내용을 변경하고자 하는 경우에는 설치허가를 다시 받아야 한다.

③ 제조소등의 설치허가를 받아 공사를 하는 중에 허가받은 내용을 변경할 때에도 변경허가를 받아야 한다.

④ 제조소등의 위치를 이전하는 경우에는 변경허가 절차에 의하지 않고 용도폐지 후 설치허가 절차에 의하여야 한다.

해설 허가받은 제조소등의 위치·구조 또는 설비 중 규칙 별표 1의 2에 정한 사항을 변경하고자 하는 경우에 변경허가를 받아야 하며, 이때의 허가받은 제조소등에는 착공이나 완공을 하지 않은 제조소등도 포함되므로 착공 전 또는 공사 중에 허가받은 내용을 변경할 때에도 변경허가를 받아야 한다.
*제조소등의 종류별 변경허가사항은 規 별표 1의 2 참조

208 주유취급소의 위치·구조 또는 설비의 변경 중 변경허가사항이 아닌 것은?

① 탱크본체의 절개를 수반하는 지하매설탱크의 보수

② 고정주유설비 또는 고정급유설비의 철거

③ 주유원간이대기실(바닥면적 4m² 이상인 것)의 신설

④ 자동화재탐지설비를 동일한 형식(구조)의 것으로 교체하는 것

해설 자동화재탐지설비의 신설 또는 철거는 변경허가사항이지만, 동일한 구조의 것으로 교체하는 경우는 변경허가사항에서 제외하고 있다.

209 위험물제조소의 구조 및 설비에 대한 설명으로 맞는 것은?

① 지붕을 가벼운 불연재료로 설치하는 것은 폭발 시 압력이 지붕 위로 나가도록 하기 위함이다.

② 배출설비의 급기구는 낮은 곳에 설치하고 가는 눈의 구리망 등으로 인화방지망을 하여야 한다.

③ 배출설비는 전역방식으로 하되 배출덕트가 관통하는 배관부분은 국소방식으로 한다.

④ 연소의 우려가 있는 외벽에 설치하는 출입구에는 갑종방화문 또는 을종방화문을 설치하여야 한다.

해설 ② 배출설비의 급기구는 높은 곳에 설치하여야 한다.

207 ③ 208 ④ 209 ① 정답

③ 배출설비는 국소방식으로 함이 원칙이고, 위험물취급설비가 배관이음 등으로만 된 경우 등 예외적으로 전역방식이 허용된다.

④ 연소의 우려가 있는 외벽에 설치하는 출입구에는 수시로 열 수 있는 자동폐쇄식의 갑종방화문을 설치하여야 한다.

210 단층건물의 옥내저장소의 구조 및 설비에 관한 일반기준으로 틀린 것은?

① 벽, 기둥, 바닥 및 보는 내화구조로 설치하여야 한다.

② 지붕은 폭발력이 위로 방출될 수 있을 정도의 가벼운 불연재료로 하여야 한다.

③ 인화점이 70℃ 미만인 위험물의 저장창고에 있어서는 가연성 증기를 배출하는 설비를 갖추어야 한다.

④ 창 또는 출입구에 유리를 이용하는 경우에는 망입유리로 하여야 한다.

> **해설** ① 벽·기둥 및 바닥만 내화구조로 하고, 보와 서까래는 불연재료로 하면 된다. 다만, 지정수량의 10배 이하의 위험물의 저장창고 또는 제2류와 제4류의 위험물(인화성 고체 및 인화점이 70℃ 미만인 제4류 위험물을 제외한다)만의 저장창고에 있어서는 연소의 우려가 없는 벽·기둥 및 바닥은 불연재료로 할 수 있다(그러나 제2류 또는 제4류의 위험물만을 저장하는 창고로서 처마높이를 20m 이하로 하는 경우에는 벽·기둥·보 및 바닥을 모두 내화구조로 하여야 한다. 또한 다층건물의 옥내저장소에 있어서도 벽·기둥·바닥 및 보를 모두 내화구조로 하여야 한다).

211 주유취급소의 일반기준으로 틀린 것은?

① 주유공지 및 급유공지의 바닥은 주위 지면보다 높게 하고, 그 표면을 적당히 경사지게 하여야 한다.

② 주유취급소에는 주유 또는 그에 부대하는 업무를 위한 건축물 또는 시설 외에는 다른 건축물 그 밖의 공작물을 설치할 수 없다.

③ 주유취급소에 출입하는 사람을 대상으로 하는 점포·휴게음식점 또는 전시장 등을 설치할 수 있으며, 그 면적에는 제한이 없다.

④ 세차기(증기세차기를 제외한다)를 설치하는 경우에는 고정주유설비로부터 4m 이상, 도로경계선으로부터 2m 이상 떨어지게 하여야 한다.

> **해설** ③ 주유취급소의 직원 외의 자가 출입하는 다음의 용도에 제공하는 부분의 면적의 합은 1,000m²를 초과할 수 없다.
> ㉠ 주유취급소의 업무를 행하기 위한 사무소
> ㉡ 자동차 등의 점검 및 간이정비를 위한 작업장
> ㉢ 주유취급소에 출입하는 사람을 위한 점포·휴게음식점 또는 전시장

212 위험물제조소의 주의사항 게시판의 설치기준으로 적합한 것은?

① 2류 – 화기엄금
② 3류 – 물기주의
③ 4류 – 화기엄금
④ 5류 – 물기엄금

해설 ③ 위험물의 유별 및 품명에 따라 주의사항 게시판의 표시사항이 달라지며, 제4류 위험물을 저장·취급하는 제조소등은 (품명에 관계없이) "화기엄금" 표시를 하여야 한다.

213 다음의 위험물을 각각 저장 또는 취급하는 제조소등에 있어서 그 주의사항 게시판의 내용이 나머지 셋과 다른 하나는?

① 인화성 고체
② 알칼리금속의 과산화물
③ 자연발화성 물질
④ 동식물유류

해설 제1류 위험물 중 알칼리금속의 과산화물(이를 함유한 것 포함)을 저장 또는 취급하는 제조소등에는 "물기엄금"을, ①, ③, ④는 모두 "화기엄금"을 표시하여야 한다. 제조소등에 설치하는 주의사항 게시판의 내용을 정리하면 다음과 같다.

주의사항	게시판의 색	해당 게시판을 설치하여야 하는 제조소등
물기엄금	바탕 : 청색 글자 : 백색	제1류 위험물 중 알칼리금속의 과산화물(이를 함유한 것 포함) 또는 제3류 위험물 중 금수성 물질의 제조소등
화기주의	바탕 : 적색 글자 : 백색	제2류 위험물(인화성 고체는 제외)의 제조소등
화기엄금	바탕 : 적색 글자 : 백색	제2류 위험물 중 인화성 고체, 제3류 위험물 중 자연발화성 물질, 제4류 위험물 또는 제5류 위험물의 제조소등
주유중 엔진정지	바탕 : 황색 글자 : 흑색	주유취급소

214 영업용 주유취급소의 기준 중 주유취급소의 관계인이 소유·관리 또는 점유한 자동차 등에 주유하기 위한 자가용 주유취급소에는 적용하지 아니하는 기준은?

① 탱크용량
② 주유공지
③ 주유관의 길이
④ 표지 및 게시판

해설 ② 자가용 주유취급소에는 공지보유에 관한 규정을 적용하지 않지만 주유를 받는 자동차 등이 공지 밖으로 튀어나오지 않을 정도의 공지를 확보하여야 한다.

215 옥내저장소의 지붕을 석면판과 같은 불연재료로 덮는 것과 같은 원리가 적용된 것은?

① 이황화탄소를 저장하고 있는 이중수조탱크

② 산화프로필렌 저장탱크의 불연성 가스 봉입장치

③ 옥외탱크저장소 주위의 보유공지

④ 옥외저장탱크의 이상내압 방출구조

> **해설** 옥내저장소의 지붕을 가벼운 불연재료로 하는 것과 옥외저장탱크의 이상내압 방출구조는 모두 이상내압(폭발력)을 상부로 방출하기 위함이다. 옥외저장탱크에 있어서 종설치원통형은 측판 상부와 지붕판의 접합부를 다른 부분보다 약하게 하는 수가 많고, 기타 형태의 옥외저장탱크는 파괴관 등을 설치하는 방식을 생각할 수 있다.

216 하나의 방유제 내에 20만L 용량의 옥외저장탱크를 최대한 많이 설치하고자 한다. 저장하는 위험물의 인화점이 70℃ 이상 200℃ 미만일 경우 설치할 수 있는 탱크의 수는?

① 10기

② 15기

③ 20기

④ 제한 없음

> **해설** 방유제 내에 설치하는 옥외저장탱크의 수는 10기 이하가 원칙이지만, 방유제 내 모든 옥외저장탱크의 용량이 20만L 이하이고 저장 또는 취급하는 위험물의 인화점이 70℃ 이상 200℃ 미만인 경우에는 20기까지 설치할 수 있다. 그리고 인화점이 200℃ 이상인 위험물을 저장 또는 취급하는 옥외저장탱크에 있어서는 탱크 수에 대한 제한이 없다.

217 위험물제조소등의 옥내소화전과 옥외소화전의 방수량 기준이 맞게 나열된 것은?

① 130L/분, 260L/분 이상

② 130L/분, 350L/분 이상

③ 260L/분, 350L/분 이상

④ 260L/분, 450L/분 이상

> **해설** 제조소등에 설치하는 옥내소화전과 옥외소화전의 방수량은 각각 260L/분 이상과 450L/분 이상으로 강화되어 있다(일반대상물의 경우 방수량은 각각 130L/분, 350L/분 이상).

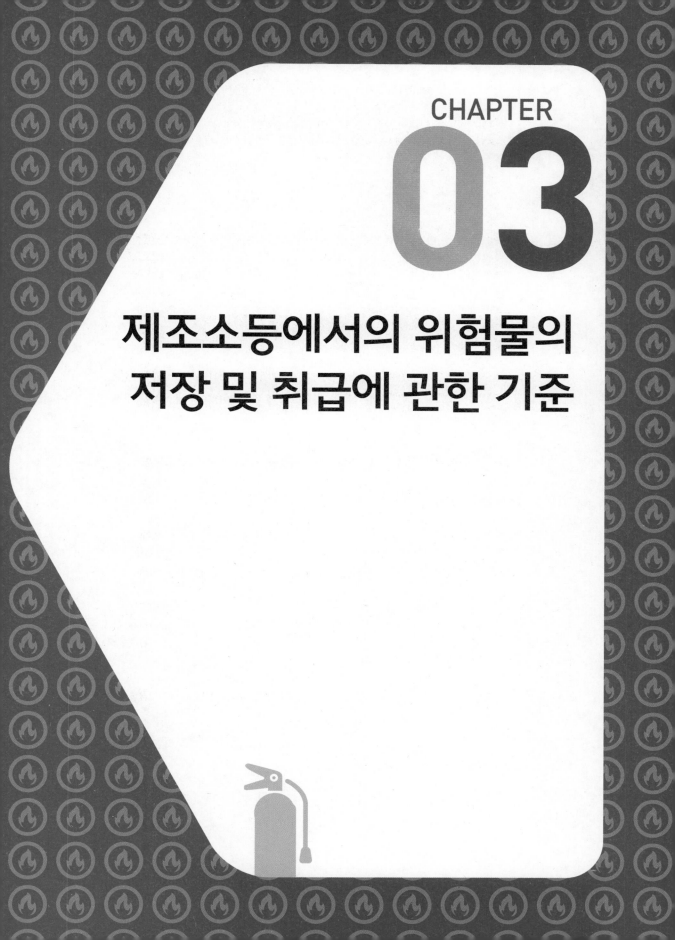

CHAPTER

03

제조소등에서의 위험물의 저장 및 취급에 관한 기준

위험물안전관리법

(1) 제조소등에서 저장 또는 취급의 과정에 준수하여야 하는 기준이다. 따라서 지정수량 미만의 위험물을 저장 또는 취급하는 장소에서는 적용되지 않는다.

(2) 모든 제조소등에 공통적으로 적용되는 기준이 있다.

(3) 위험물의 성상에 착안하여 위험물의 유별에 따라 적용되는 기준이 있으며, 이는 모두 중요기준에 해당한다.

(4) 저장소에서 준수하여야 하는 저장기준은 저장소의 종류에 따라 저장하는 동안 발생할 수 있는 위험성에 착안한 기준이다.

(5) 제조소등에서 준수하여야 하는 취급기준은 취급의 형태 또는 제조소등의 종류에 따라 취급하는 과정에서 발생할 수 있는 위험성에 착안한 기준이다.

(6) 위험물의 용기 및 수납기준은 저장소에 저장하거나 제조소등에서 취급하기 위하여 용기에 위험물을 수납하는 가정에서 발생할 수 있는 위험성에 착안한 기준이다.

(7) 저장 또는 취급에 관한 기준은 중요기준과 세부기준으로 구분되며, 전자는 위반 시 형사처벌을 하며 후자는 위반 시 과태료부과처분을 한다.

(8) 위험물의 운반기준 중에 규정된 위험물 용기기준과 위험물 취급기준 중에 규정된 위험물 용기기준은 기본적으로 동일하나 전자는 제조소등 외부로 위험물을 반출하여 수송하는 과정에서 준수하여야 하는 것이고, 후자는 제조소등 내부에서 위험물을 취급하는 과정에 준수하여야 하는 것이라는 점에서 차이가 있다.

01 제조소등에서 위험물을 저장 · 취급할 때에 준수해야 할 공통기준으로서 부적합한 것은?

① 허가를 받거나 신고를 한 위험물의 품명, 수량 또는 지정수량의 배수의 범위 내에서 저장 또는 취급하여야 한다.

② 위험물을 저장 또는 취급하는 건축물, 공작물 또는 설비는 당해 위험물의 성질에 따라 차광 또는 환기를 실시하여야 한다.

③ 위험물은 온도계, 습도계, 압력계 그 밖의 계기를 감시하여 온도는 낮게, 습도는 높게, 압력은 적정히 유지하도록 저장 또는 취급하여야 한다.

④ 위험물을 보호액 중에 보존하는 경우에는 보호액으로부터 노출되지 않도록 하여야 한다.

해설 위험물의 성질에 맞는 적정한 온도, 습도 또는 압력을 유지하도록 저장 또는 취급하여야 한다. 저장 · 취급의 공통기준은 다음 표와 같으며, 규칙의 개정(2009. 3. 17.)에 따라 일부 저장 · 취급의 공통기준이 삭제되었음을 유의하여야 한다.

規 別表 18 I	내 용
제1호	허가 · 신고 외의 위험물(품명, 수량, 지정수량 배수) 저장취급 금지
제2호	함부로 화기를 사용하지 않을 것 〈2009. 3. 17. 삭제〉
제3호	관계자 외의 사람을 함부로 출입시키지 않을 것 〈2009. 3. 17. 삭제〉
제4호	정리 및 청소 실시, 불필요한 물건의 방치금지 〈2009. 3. 17. 삭제〉
제5호	집유설비 또는 유분리장치의 수시 제거 〈2009. 3. 17. 삭제〉
제6호	쓰레기 등은 1일 1회 이상 적당히 조치 〈2009. 3. 17. 삭제〉
제7호	위험물의 성질에 따라 차광 또는 환기
제8호	온도, 습도 또는 압력의 감시
제9호	누설 및 비산의 방지 〈2009. 3. 17. 삭제〉
제10호	변질 및 이물의 혼입방지
제11호	설비, 기계기구 등의 수리는 안전한 장소에 실시
제12호	용기의 파손, 부식, 균열 등의 방지
제13호	용기의 전도, 낙하, 충격 등의 방지 〈2009. 3. 17. 삭제〉
제14호	가연성 증기 등의 발생 우려 장소에서 불꽃 발생 금지
제15호	보호액으로부터의 노출방지

02 다음은 저장소에 위험물 외의 물품을 저장하지 않아야 한다는 원칙의 예외로서 제2류 위험물인 인화성 고체를 저장하는 옥내저장소 또는 옥외저장소에 같이 저장할 수 있는 물품을 든 것이다. 잘못 들고 있는 것은?

① 위험물에 해당하지 아니하는 고체로서 인화점을 갖는 것
② 위험물에 해당하지 아니하는 액체로서 인화점을 갖는 것
③ 「소방기본법 시행령」에 의한 특수가연물에 해당하는 합성수지류
④ ③의 합성수지류를 일부 함유하되, ①·② 또는 ③의 어느 하나도 주성분으로 하지 않는 것으로서 위험물에 해당하지 아니하는 물품

해설 제2류 위험물 중 인화성 고체를 저장하는 옥내저장소 또는 옥외저장소에 같이 저장할 수 있는 물품은 ①, ②, ③ 및 이들 중 어느 하나 이상을 주성분으로 함유한 것으로서 위험물에 해당하지 아니하는 물품이다.

03 제조소등에서 위험물을 저장·취급할 때에 준수하여야 하는 유별 공통기준으로서 적합하지 않은 것은?

① 알칼리금속의 과산화물에 있어서는 다른 제1류 위험물과 달리 물과의 접촉을 피하되, 과열·충격·마찰 등에는 크게 주의할 필요가 없다.
② 철분·금속분·마그네슘에 있어서는 물이나 산과의 접촉을 피하여야 한다.
③ 제5류 위험물은 불티·불꽃·고온체와의 접근이나 과열·충격 또는 마찰을 피하여야 한다.
④ 제6류 위험물은 가연물과의 접촉·혼합이나 분해를 촉진하는 물품과의 접근 또는 과열을 피하여야 한다.

해설 제1류 위험물은 공통적으로 가연물과의 접촉·혼합이나 분해를 촉진하는 물품과의 접근 또는 과열·충격·마찰 등을 피하여야 한다. 저장·취급에 관한 유별 공통기준은 다음과 같다.

유(類)	물 품	기술기준
1	공통	• 가연물과의 접촉, 혼합을 피함 • 분해를 촉진하는 물품과의 접근을 피함 • 과열, 충격, 마찰을 피함
	알칼리금속의 과산화물 및 이를 함유한 것	• 물과의 접촉을 피함
2	공통	• 산화제와의 접촉, 혼합을 피함 • 불꽃, 불티, 고온체와의 접근을 피함 • 과열(過熱)을 피함
	철분, 금속분, 마그네슘 및 이를 함유한 것	• 물 또는 산과의 접촉을 피함
	인화성 고체	• 함부로 증기를 발생시키지 않음
3	자연발화성 물품	• 불꽃, 불티, 고온체와의 접근을 피함 • 과열을 피함 • 공기와의 접촉을 피함
	금수성 물품	• 물과의 접촉을 피함

02 ④　03 ①　**정답**

유(類)	물 품	기술기준
4	공통	• 불꽃, 불티, 고온체와의 접근을 피함 • 과열을 피함 • 함부로 증기를 발생시키지 않음
5	공통	• 불꽃, 불티, 고온체와의 접근을 피함 • 과열, 충격, 마찰을 피함
6	공통	• 가연물과의 접촉, 혼합을 피함 • 분해를 촉진하는 물품과의 접근을 피함 • 과열을 피함

04 제4류 위험물을 저장하는 옥내저장소 또는 옥외저장소에 같이 저장할 수 있는 물품이 아닌 것은?

① 위험물에 해당하지 아니하는 화약류
② 위험물에 해당하지 아니하는 액체로서 인화점을 갖는 것
③ 위험물에 해당하지 아니하는 고체로서 인화점을 갖는 것
④ 「소방기본법 시행령」에 의한 특수가연물에 해당하는 합성수지류

해설 제4류 위험물을 저장하는 옥내저장소 또는 옥외저장소에 같이 저장할 수 있는 물품은 ②, ③, ④ 및 영 별표 1의 제4류의 품명란에 정한 물품을 주성분으로 함유한 것으로서 위험물에 해당하지 않는 물품이다.

보충 **옥내저장소 또는 옥외저장소에 함께 저장할 수 있는 위험물과 비위험물**

위험물		좌란의 위험물과 함께 저장할 수 있는 비위험물
제1류, 제2류 (인화성 고체 제외), 제3류, 제5류, 제6류		영 별표 1에서 당해 위험물이 속하는 품명란에 정한 물품(제1류의 품명란 제11호, 제2류의 품명란 제8호, 제3류의 품명란 제12호, 제5류의 품명란 제11호 및 제6류의 품명란 제5호의 규정에 의한 물품을 제외)을 주성분으로 함유한 것으로서 위험물 에 해당하지 아니하는 물품
제2류 위험물 중 인화성 고체		㉠ 위험물에 해당하지 아니하는 고체 또는 액체로서 인화점을 갖는 것 ㉡ 합성수지류(「소방기본법 시행령」 별표 2 비고 제8호)(㉠＋㉡ : "합성수지류 등") ㉢ ㉠과 ㉡ 중 어느 하나 이상을 주성분으로 함유한 것으로서 위험물에 해당하지 　아니하는 물품
제4류 위험물	공통	㉠ 위험물에 해당하지 아니하는 고체 또는 액체로서 인화점을 갖는 것 ㉡ 합성수지류 ㉢ 영 별표 1의 제4류의 품명란에 정한 물품을 주성분으로 함유한 것으로서 위험물 　에 해당하지 아니하는 물품
	유기과산화물 또는 이를 함유한 것	유기과산화물 또는 유기과산화물만을 함유한 것으로서 위험물에 해당하지 아니하 는 물품
화약류 위험물 (총포·도검·화약류 등의 안전관리에 관한 법률)		위험물에 해당하지 아니하는 화약류
위험물(공통)		위험물에 해당하지 아니하는 불연성의 물품(저장하는 위험물 및 위험물 외의 물품 과 위험한 반응을 일으키지 아니하는 것에 한함)

※ 위험물과 비위험물은 각각 모아서 저장하고 상호간에는 1m 이상의 간격을 두어야 한다.

정답 04 ①

05 위험물에 해당하지 않는 불연성 물품(저장 또는 취급하는 위험물 및 위험물 외의 물품과 위험한 반응을 일으키지 아니하는 것에 한한다)을 저장할 수 있는 저장소는?

① 제1류 위험물을 저장하는 옥외탱크저장소

② 제2류 위험물을 저장하는 옥내탱크저장소

③ 제3류 위험물을 저장하는 지하탱크저장소

④ 제4류 위험물을 저장하는 이동탱크저장소

해설 제4류 또는 제6류 위험물의 옥외탱크저장소등(옥외탱크저장소·옥내탱크저장소·지하탱크저장소 또는 이동탱크저장소)에는 불연성의 비위험물을 저장할 수 있다.

보충 옥외탱크저장소등(옥외탱크저장소·옥내탱크저장소·지하탱크저장소 또는 이동탱크저장소)에는 다음과 같이 비위험물을 저장할 수 있다(이 경우 당해 옥외탱크저장소등의 구조 및 설비에 나쁜 영향을 주지 않아야 한다).

옥외탱크저장소등	당해 옥외탱크저장소등에 저장할 수 있는 비위험물
제4류 위험물을 저장 또는 취급하는 옥외탱크저장소등	㉠ 위험물에 해당하지 아니하는 고체 또는 액체로서 인화점을 갖는 것 ㉡ 합성수지류(「소방기본법 시행령」 별표 2 비고 제8호)(㉠+㉡ : "합성수지류 등") ㉢ 영 별표 1의 제4류의 품명란에 정한 물품을 주성분으로 함유한 것으로서 위험물에 해당하지 아니하는 물품 ㉣ 위험물에 해당하지 아니하는 불연성 물품(저장·취급하는 위험물 및 위험물 외의 물품과 위험한 반응을 일으키지 아니하는 것에 한함)
제6류 위험물을 저장 또는 취급하는 옥외탱크저장소등	㉠ 영 별표 1의 제6류의 품명란에 정한 물품(품명란 제5호의 규정에 의한 물품을 제외)을 주성분으로 함유한 것으로서 위험물에 해당하지 아니하는 물품 ㉡ 위험물에 해당하지 아니하는 불연성 물품(저장·취급하는 위험물 및 위험물 외의 물품과 위험한 반응을 일으키지 아니하는 것에 한함)

06 다음은 동일한 옥외저장소 또는 옥내저장소(내화구조의 격벽으로 완전히 구획된 실이 2 이상 있는 저장소에 있어서는 동일한 실)에 저장할 수 있는 유별을 달리 하는 위험물끼리 나열한 것이다. 잘못 나열된 것은?

① 제1류 위험물과 제2류 위험물

② 제1류 위험물과 자연발화성 물질(황린 또는 이를 함유한 것에 한한다)

③ 제1류 위험물(알칼리금속의 과산화물 또는 이를 함유한 것을 제외한다)과 제5류 위험물

④ 제2류 위험물 중 인화성 고체와 제4류 위험물

해설 제1류 위험물과 같이 저장할 수 있는 위험물은 ②, ③에 의한 위험물과 제6류 위험물이다. 저장할 때에는 위험물을 유별로 정리하여 서로 1m 이상의 간격을 두어야 한다.

보충 옥내저장소 또는 옥외저장소(내화구조의 격벽으로 완전히 구획된 실이 2 이상 있는 저장소에 있어서는 동일한 실)에 같이 저장할 수 있는 유별을 달리하는 위험물은 다음과 같다.

㉠ 제1류 위험물(알칼리금속의 과산화물 또는 이를 함유한 것을 제외)과 제5류 위험물

㉡ 제1류 위험물과 제6류 위험물

05 ④ 06 ① **정답**

ⓒ 제1류 위험물과 제3류 위험물 중 자연발화성 물질(황린 또는 이를 함유한 것에 한함)

ⓔ 제2류 위험물 중 인화성 고체와 제4류 위험물

ⓜ 제3류 위험물 중 알킬알루미늄등과 제4류 위험물(알킬알루미늄 또는 알킬리튬을 함유한 것에 한함)

ⓗ 제4류 위험물 중 유기과산화물 또는 이를 함유하는 것과 제5류 위험물 중 유기과산화물 또는 이를 함유한 것

07 다음 중 물속에 저장하여야 하는 위험물은?

① 칼륨　　　　　　　　　　　　　　② 나트륨

③ 황린　　　　　　　　　　　　　　④ 황화린

해설 물속에 저장하는 위험물에는 황린과 이황화탄소 등이 있다.

08 옥내저장소 또는 옥외저장소에 제4류 위험물 중 제3석유류, 제4석유류 및 동식물유류를 수납하는 용기만을 겹쳐 쌓는 경우 겹쳐 쌓는 높이는 몇 m를 초과할 수 없도록 되어 있는가?

① 3m　　　　　　　　　　　　　　② 4m

③ 5m　　　　　　　　　　　　　　④ 6m

해설 기계에 의하여 하역하는 구조로 된 용기만을 겹쳐 쌓는 경우에 있어서는 6m, 제4류 위험물 중 제3석유류·제4석유류 및 동식물유류를 수납하는 용기만을 겹쳐 쌓는 경우에 있어서는 4m, 그 밖의 경우에 있어서는 3m를 초과하여 용기를 겹쳐 쌓지 않아야 한다.

09 다음 중 저장탱크와 저장하는 위험물의 종류에 따라 유지하여야 하는 위험물의 온도가 바르게 연결되지 않은 것은?

① 옥외저장탱크·옥내저장탱크 또는 지하저장탱크 중 압력탱크 외의 탱크에 저장하는 산화프로필렌과 이를 함유한 것 또는 디에틸에테르등 : 30℃ 이하

② 옥외저장탱크·옥내저장탱크 또는 지하저장탱크 중 압력탱크 외의 탱크에 저장하는 아세트알데히드 또는 이를 함유한 것 : 15℃ 이하

③ 옥외저장탱크·옥내저장탱크 또는 지하저장탱크 중 압력탱크에 저장하는 아세트알데히드등 또는 디에틸에테르등 : 40℃ 이하

④ 보랭장치가 있는 이동저장탱크에 저장하는 아세트알데히드등 또는 디에틸에테르등 : 40℃ 이하

해설 보랭장치가 있는 이동저장탱크에 저장하는 아세트알데히드등 또는 디에틸에테르등의 온도는 당해 위험물의 비점 이하로, 보랭장치가 없는 이동저장탱크에 저장하는 아세트알데히드등 또는 디에틸에테르등의 온도는 40℃ 이하로 유지하여야 한다. 참고로 디에틸에테르의 비점은 35℃, 아세트알데히드의 비점은 21℃이다.

10 판매취급소의 배합실에서 배합할 수 있는 위험물이 아닌 것은?

① 도료류
② 제1류 위험물 중 염소산염류
③ 휘발유
④ 유황

해설 판매취급소에서는 도료류, 제1류 위험물 중 염소산염류 및 염소산염류만을 함유한 것, 유황 또는 인화점이 38℃ 이상인 제4류 위험물을 배합실에서 배합하는 경우 외에는 위험물을 배합하거나 옮겨 담는 작업을 하여서는 아니된다(규칙 별표 18).

11 주입호스의 선단부에 수동개폐장치를 한 주입노즐(수동개폐장치를 개방상태로 고정하는 장치를 한 것을 제외한다)을 사용하여 이동저장탱크로부터 위험물의 운반에 관한 기준에 적합한 운반용기에 옮겨 담을 수 있는 액체위험물은?

① 인화점 21℃ 이상의 제4류 위험물
② 인화점 40℃ 이상의 제4류 위험물
③ 인화점 70℃ 이상의 제4류 위험물
④ 제6류 위험물

해설 이동저장탱크로부터 액체위험물을 용기에 옮겨 담는 것은 금지되나 다음의 조건을 충족하면 허용된다.
㉠ 주입호스의 선단부에 수동개폐장치를 한 주입노즐(개방상태로 고정할 수 있는 것은 제외)을 사용할 것
㉡ 규칙 별표 19 Ⅰ의 기준에 적합한 용기에 수납할 것
㉢ 인화점 40℃ 이상의 제4류 위험물을 옮겨 담을 것

12 다음은 제조소등에서 알킬알루미늄등 또는 아세트알데히드등을 취급할 때 당해 위험물의 성질에 따라 준수하여야 할 기준을 설명한 것이다. 바르지 않은 것은?

① 알킬알루미늄등의 제조소에 있어서 알킬알루미늄등을 취급하는 설비에는 불활성의 기체를 봉입할 것

② 알킬알루미늄등의 이동탱크저장소에 있어서 이동저장탱크로부터 알킬알루미늄등을 꺼낼 때에는 동시에 200kPa 이하의 압력으로 불활성의 기체를 봉입할 것

③ 아세트알데히드등의 일반취급소에 있어서 아세트알데히드등을 취급하는 탱크에 연소성 혼합기체의 생성에 의한 폭발의 위험이 생겼을 경우에는 불활성의 기체 또는 수증기를 봉입할 것

④ 아세트알데히드등의 이동탱크저장소에 있어서 이동저장탱크로부터 아세트알데히드등을 꺼낼 때에는 동시에 100kPa 이하의 압력으로 불활성의 기체를 봉입할 것

해설 아세트알데히드등의 제조소 또는 일반취급소에 있어서 아세트알데히드등을 취급하는 탱크(옥외에 있는 탱크 또는 옥내에 있는 탱크로서 그 용량이 지정수량의 1/5 미만의 것을 제외한다)에 연소성 혼합기체의 생성에 의한 폭발의 위험이 생겼을 경우에는 불활성의 기체를 봉입하여야 한다(탱크가 아닌 다른 취급설비에 불활성의 기체 또는 수증기를 봉입하는 것과 구별하여야 한다).

10 ③ 11 ② 12 ③ 정답

13 제조소등에서 위험물을 저장할 때에 준수하여야 하는 다음의 기술기준 중에서 위반 시에는 벌칙이 따르게 되는 것은?

① 옥내저장소에서는 용기에 수납하여 저장하는 위험물의 온도가 55℃를 넘지 아니하도록 필요한 조치를 강구하여야 한다.

② 이동저장탱크에는 당해 탱크에 저장 또는 취급하는 위험물의 위험성을 알리는 표지를 부착하고 잘 보일 수 있도록 관리하여야 한다.

③ 이동탱크저장소에는 당해 이동탱크저장소의 완공검사필증 및 정기점검기록을 비치하여야 한다.

④ 옥내저장소에 기계에 의하여 하역하는 구조로 된 용기만을 겹쳐 쌓는 경우에는 6m 높이를 초과하여 용기를 겹쳐 쌓지 않아야 한다.

> **해설** 저장기준 중 중요기준을 위반하는 경우에는 1,500만 원 이하의 벌금에 처해지고, 세부기준을 위반하는 경우에는 200만 원 이하의 과태료를 부과받게 된다. 이 문제에서 ①만 중요기준에 해당한다. 벌금, 징역형 등 형벌을 입법용어상 벌칙이라 한다.
> 화재발생의 직접적 원인이 될 수 있는 기준은 중요기준으로 정해져 있다.

14 종류(유별)가 다른 위험물을 동일한 옥내저장소에 같이 저장하는 경우에 대한 설명으로 틀린 것은?

① 제1류 위험물과 황린은 동일한 옥내저장소에 저장할 수 있다.

② 제1류 위험물과 제6류 위험물은 동일한 옥내저장소에 저장할 수 있다.

③ 제1류 위험물 중 알칼리금속의 과산화물과 제5류 위험물은 동일한 옥내저장소에 저장할 수 있다.

④ 유별을 달리하는 위험물을 유별로 모아서 저장하는 한편 상호간에 1m 이상의 간격을 두어야 한다.

> **해설** 알칼리금속의 과산화물 또는 이를 함유한 것을 제외한 나머지의 제1류 위험물은 제5류 위험물과 같이 저장할 수 있다. 따라서, ③이 틀린 설명이다.
> 제1류 위험물은 그 밖에 제6류 위험물과 공동저장이 가능하고, 제3류 위험물 중 황린 또는 황린을 함유한 것과 공동저장이 가능하다(규칙 별표 18 Ⅲ ②).

정답 13 ① 14 ③

15 제조소등에 있어서 위험물의 저장기준을 설명한 것으로 잘못된 것은?

① 황린은 제3류 위험물이므로 물기가 없는 건조한 장소에 저장하여야 한다.

② 덩어리 상태의 유황과 화약류에 해당하는 위험물은 위험물 용기에 수납하지 않고 저장할 수 있다.

③ 옥내저장소에서는 용기에 수납하여 저장하는 위험물의 온도가 55℃를 넘지 아니하도록 필요한 조치를 강구하여야 한다.

④ 이동저장탱크에는 저장 또는 취급하는 위험물의 위험성을 알리는 표지를 부착하고 잘 보일 수 있도록 관리하여야 하고, 이를 위반하면 과태료를 부과 받는다.

> **해설** 제3류 위험물 중 황린 그 밖에 물속에 저장하는 물품과 금수성 물질은 동일한 저장소에서 저장하지 않아야 한다(규칙 별표 18 Ⅲ ③). 한편, 이동탱크저장소의 표지 관련 기준이 개정(2016. 1. 22.)되어 유별, 품명 등을 부착하도록 하던 것이 RTDG 그림문자와 UN번호를 부착하는 것으로 변경되었음을 유의하여야 한다.

16 주유취급소의 취급기준에 관한 설명으로 옳지 않은 것은?

① 이동저장탱크에 급유할 때에는 고정급유설비를 사용하여 급유할 것

② 전기자동차 충전설비의 충전기기와 전기자동차를 연결할 때에는 규격에 적합한 연장코드를 사용할 것

③ 수상구조물에 설치하는 고정주유설비를 이용하여 주유작업을 할 때에는 5m 이내에 다른 선박의 정박 또는 계류를 금지할 것

④ 수상구조물에 설치하는 고정주유설비를 이용한 주유작업은 총 톤수가 300 미만인 선박에 대해서만 할 것

> **해설** 전기자동차 충전설비의 충전기기와 전기자동차를 연결할 때에는 연장코드를 사용하지 않아야 한다.

MEMO

CHAPTER

04

위험물의 운반에
관한 기준

위험물안전관리법

(1) 위험물의 운반의 기준은 제조소등 외부로 위험물을 반출하여 수송하는 과장에 준수하여야 하는 기준이다.

(2) 용기의 규격과 재질 등에 관한 운반용기 기준이 있으며, 운반용기는 그 규격과 특성에 따라 기계에 의하여 하역하는 구조로 된 용기와 그 밖의 용기로 구분된다.

(3) 위험물을 수납한 용기를 운반차량에 적재할 때 준수하여야 하는 적재기준이 있으며 이는 화물트럭, 승용차, 이륜차 등에 적재하는 경우에 적용되는 것이며 사람이 휴대하여 수송하는 경우에 적용되지 않는다.

(4) 위험물 용기를 적재한 차량을 운행하는 때에 준수하여야 하는 운반기준이 있다.

(5) 위험물 운반에 관한 기준은 중요기준과 세부기준으로 구분되며, 전자는 위반 시 형사처벌을 하며 후자는 위반 시 과태료부과처분을 한다.

(6) 이동탱크저장소에 의하여 위험물을 수송하는 것을 운송이라 하며 위험물 운반과는 구분하여 규제함을 유의하여야 한다.

기출 · 예상문제

01 다음은 위험물을 운반용기에 수납하는 기준이다. (   ) 안에 적합한 내용은?

- 고체위험물은 운반용기 내용적의 (   ) 이하의 수납률로 수납할 것
- 액체위험물은 운반용기 내용적의 (   ) 이하의 수납률로 수납하되, (   )의 온도에서 누설되지 아니하도록 충분한 공간용적을 유지하도록 할 것

① 95%, 98%, 40℃　　　　　　　　　② 95%, 98%, 55℃
③ 98%, 95%, 40℃　　　　　　　　　④ 98%, 95%, 55℃

> **해설**　고체위험물과 액체위험물의 용기 수납률이 다르고, 액체위험물의 경우에는 온도에 따른 누설 우려에도 대비해야 한다.

02 다음은 제3류 위험물을 운반용기에 수납하는 기준이다. (   ) 안에 적합한 내용은?

- 자연발화성 물질에 있어서는 불활성 기체를 봉입하여 밀봉하는 등 (   )와 접하지 아니하도록 할 것
- 자연발화성 물질 외의 물품에 있어서는 파라핀·경유·등유 등의 보호액으로 채워 밀봉하거나 불활성 기체를 봉입하여 밀봉하는 등 (   )과 접하지 아니하도록 할 것
- 자연발화성 물질 중 알킬알루미늄등은 운반용기의 내용적의 (   ) 이하의 수납률로 수납하되, (   )의 온도에서 (   ) 이상의 공간용적을 유지하도록 할 것

① 수분, 공기, 90%, 50℃, 5%　　　　② 수분, 공기, 90%, 55℃, 5%
③ 공기, 수분, 90%, 50℃, 5%　　　　④ 공기, 수분, 95%, 50℃, 5%

03 다음 중 운반용기에 수납하여 차량에 적재할 때 차광성이 있는 피복으로 가려야 하는 위험물은?

① 제1류 위험물　　　　　　　　　　② 제2류 위험물
③ 제3류 위험물 중 금수성 물질　　　④ 제4류 위험물 중 제1석유류

> **해설**　제1류 위험물, 제3류 위험물 중 자연발화성 물질, 제4류 위험물 중 특수인화물, 제5류 위험물 또는 제6류 위험물은 차광성이 있는 피복으로 가려야 한다.

정답 ／　**01** ②　**02** ③　**03** ①

04 다음 중 운반용기에 수납하는 위험물의 종류와 운반용기의 외부에 표시하는 주의사항의 내용이 잘못 연결되거나 충분하지 않은 것은?

① 제1류 위험물 중 알칼리금속의 과산화물 – "화기·충격주의" 및 "가연물접촉주의"

② 제2류 위험물 중 철분·금속분·마그네슘 – "화기주의" 및 "물기엄금"

③ 제3류 위험물 중 자연발화성 물질 – "화기엄금" 및 "공기접촉엄금"

④ 제6류 위험물 – "가연물접촉주의"

해설 제1류 위험물 중 알칼리금속의 과산화물 또는 이를 함유한 것의 운반용기에는 "화기·충격주의", "물기엄금" 및 "가연물접촉주의"를 모두 표시하여야 한다. 위험물 용기의 외부에 표시하는 주의사항의 내용을 정리하면 다음 표와 같다.

구분	물 품	기술기준
1류	알칼리금속의 과산화물 또는 이를 함유한 것	"화기·충격주의", "물기엄금" 및 "가연물접촉주의"
	그 밖의 것	"화기·충격주의" 및 "가연물접촉주의"
2류	철분·금속분·마그네슘 또는 이 중 어느 하나 이상을 함유한 것	"화기주의" 및 "물기엄금"
	인화성 고체	"화기엄금"
	그 밖의 것	"화기주의"
3류	자연발화성 물질	"화기엄금" 및 "공기접촉엄금"
	금수성 물질	"물기엄금"
4류	공통	"화기엄금"
5류	공통	"화기엄금" 및 "충격주의"
6류	공통	"가연물접촉주의"

05 다음 중 운반용기에 수납하여 차량에 적재할 때 방수성이 있는 피복으로 덮어야 하는 위험물은?

① 제1류 위험물 중 아염소산염류 ② 제2류 위험물 중 마그네슘

③ 제3류 위험물 중 황린 ④ 제4류 위험물 중 특수인화물

해설 제1류 위험물 중 알칼리금속의 과산화물 또는 이를 함유한 것, 제2류 위험물 중 철분·금속분·마그네슘 또는 이들 중 어느 하나 이상을 함유한 것 또는 제3류 위험물 중 금수성 물질은 방수성이 있는 피복으로 덮어야 한다.

06 다음 중 위험물을 수납한 모든 운반용기의 외부에 표시하여야 하는 내용이 아닌 것은?

① 위험물의 품명·위험등급·화학명 및 수용성("수용성"은 제4류 중 수용성인 것에 한함)

② 위험물의 수량

③ 수납하는 위험물에 따른 주의사항

④ 최대수용중량

> **해설** 모든 용기에 공통적으로 표시하여야 하는 내용은 ①, ②, ③이며, ④는 기계에 의하여 하역하는 구조로 된 운반용기 중 플렉시블 운반용기의 중량표시 내용이다.

07 다음 중 지정수량 이상의 위험물을 운반하는 경우에만 적용되는 기준이 아닌 것은?

① 위험물을 운반하는 차량에 "위험물" 표지를 설치하도록 하는 기준

② 위험물을 다른 차량에 바꾸어 싣거나 휴식·고장 등으로 차량을 일시 정차시킬 때에 안전한 장소를 택하도록 하는 기준

③ 위험물을 차량으로 운반하는 경우에 당해 위험물에 적응성이 있는 소형수동식소화기를 갖추도록 하는 기준

④ 혼재가 금지되는 위험물 또는 「고압가스 안전관리법」에 의한 고압가스를 함께 적재하지 않도록 하는 기준

> **해설** 운반기준 중 지정수량 이상의 위험물을 운반할 때에만 적용되는 기준은 ①, ②, ③ 밖에 없다.
> ④의 기준은 지정수량 미만의 위험물을 운반할 때에도 적용된다(다만, 유별을 달리하는 위험물의 혼재 금지기준은 지정수량의 1/10을 초과하는 경우에만 적용된다).

08 지정수량의 1/10을 초과하는 위험물을 적재함에 있어서 제4류 위험물과 함께 적재하여서는 안 되는 위험물은?

① 제2류 위험물　　　　　　　　　② 제3류 위험물
③ 제5류 위험물　　　　　　　　　④ 제6류 위험물

> **해설** 제4류 위험물은 제2류, 제3류 및 제5류의 위험물과 혼재할 수 있다. 유별을 달리하는 위험물의 혼재기준은 다음 표와 같다(이 표는 지정수량의 1/10 이하의 위험물에 대하여는 적용하지 않는다). 이 기준은 위험물을 운반차량에 적재하는 때에 적용하는 것이며 저장소에 저장할 때 적용하는 기준(유별을 달리하는 위험물을 함께 저장하는 기준)과 구분하여 이해하여야 한다.

위험물의 구분	제1류	제2류	제3류	제4류	제5류	제6류
제1류		×	×	×	×	○
제2류	×		×	○	○	×
제3류	×	×		○	×	×
제4류	×	○	○		○	×
제5류	×	○	×	○		×
제6류	○	×	×	×	×	

09 차량에 적재하는 위험물의 성질에 따라 강구하여야 하는 조치로 적합하지 않은 것은?

① 제5류 위험물 또는 제6류 위험물은 방수성이 있는 피복으로 덮는다.

② 제1류 위험물 중 알칼리금속의 과산화물 또는 이를 함유한 것은 차광성과 방수성이 모두 있는 피복으로 덮는다.

③ 제2류 위험물 중 철분·금속분·마그네슘은 방수성이 있는 피복으로 덮는다.

④ 제5류 위험물 중 55℃ 이하의 온도에서 분해될 우려가 있는 것은 보랭 컨테이너에 수납하는 등의 방법으로 적정한 온도관리를 한다.

해설 제5류 위험물 또는 제6류 위험물은 차광성이 있는 피복으로 가려야 한다. 적재하는 위험물의 성질에 따라 일광의 직사 또는 빗물의 침투를 방지하기 위한 기준은 다음과 같다.

방수성이 있는 피복으로 덮어야 하는 위험물	차광성 피복으로 가려야 하는 위험물
• 제1류 위험물 중 알칼리금속의 과산화물 또는 이를 함유한 것 • 제2류 위험물 중 철분·금속분·마그네슘 또는 이들 중 어느 하나 이상을 함유한 것 • 제3류 위험물 중 금수성 물질	• 제1류 위험물 • 제3류 위험물 중 자연발화성 물질 • 제4류 위험물 중 특수인화물 • 제5류 위험물 • 제6류 위험물

10 위험물 운반용기의 외부에 "제4류"와 "위험등급 Ⅱ"의 표시만 보이고 품명이 잘 보이지 않을 때 예상할 수 있는 수납 위험물의 품명을 모두 고르시오.

① 제1석유류 ② 제2석유류

③ 알코올류 ④ 제3석유류

해설 제4류 중 위험등급 Ⅱ의 위험물은 제1석유류와 알코올류이다. 영 별표 3의 위험물을 등급별로 정리하면 다음 표와 같은데, 제2류에는 등급 Ⅰ, 제5류에는 등급 Ⅲ, 제6류에는 등급 Ⅱ와 등급 Ⅲ이 각각 없음을 알 수 있다.

유 별	위험등급 Ⅰ 위험물	위험등급 Ⅱ 위험물	위험등급 Ⅲ 위험물
제1류	아염소산염류, 염소산염류, 과염소산염류, 무기과산화물 그 밖에 지정수량이 50kg인 것	브롬산염류, 질산염류, 요오드산염류 그 밖에 지정수량이 300kg인 위험물	지정수량 1,000kg : 과망간산염류, 중크롬산염류, 기타
제2류	해당 없음	황화린, 적린, 유황 그 밖에 지정수량이 100kg인 위험물	500kg : 철분, 금속분, 마그네슘, 기타
제3류	칼륨, 나트륨, 알킬알루미늄, 알킬리튬, 황린 등 지정수량이 10kg 또는 20kg인 위험물	알칼리금속(칼륨 및 나트륨을 제외) 및 알칼리토금속, 유기금속화합물(알킬알루미늄 및 알킬리튬을 제외한다) 그 밖에 지정수량이 50kg인 위험물	300kg : 금속의 수소화물, 금속의 인화물, 칼슘 또는 알루미늄의 탄화물, 기타
제4류	특수인화물	제1석유류 및 알코올류	제2석유류, 제3석유류, 제4석유류 및 동식물유류

유 별	위험등급 Ⅰ 위험물	위험등급 Ⅱ 위험물	위험등급 Ⅲ 위험물
제5류	유기과산화물, 질산에스테르류 그 밖에 지정수량이 10kg인 위험물	위험등급 Ⅰ에 해당하지 않는 위험물	해당 없음
제6류	제6류 위험물	해당 없음	해당 없음

11 제1석유류 위험물을 직접 수납할 수 있는 플라스틱제 외장용기(플라스틱드럼 제외)의 최대 용적은?

① 10L   ② 15L

③ 20L   ④ 30L

해설 제4류 중 제1석유류와 알코올류는 위험등급 Ⅱ에 해당하며, 위험등급 Ⅱ의 위험물은 최대 20L의 플라스틱제 외장용기에 직접 수납할 수 있도록 완화되었다('07. 08. 03.). 액체위험물을 직접 수납할 수 있는 외장용기의 기준은 다음과 같다.

외장용기		제3류			제4류			제5류		제6류
용기의 종류	최대용적 또는 중량	Ⅰ	Ⅱ	Ⅲ	Ⅰ	Ⅱ	Ⅲ	Ⅰ	Ⅱ	Ⅰ
금속제용기(금속제드럼 제외)	60L		○	○		○	○		○	
플라스틱용기 (플라스틱드럼 제외)	10L		○	○		○	○		○	
	20L					○	○			
	30L						○		○	
금속제드럼(뚜껑고정식)	250L	○	○	○	○	○	○	○	○	○
금속제드럼(뚜껑탈착식)	250L					○	○			
플라스틱 또는 파이버드럼 (플라스틱 내 용기 부착의 것)	250L		○	○			○		○	

12 다음 중 위험물의 운반에 관한 세부기준은?

① 위험물이 현저하게 동요하지 않아야 한다.

② 운반 중 누출사고 발생 시 소방관서에 알려야 한다.

③ 위험물을 수납한 용기가 전도·낙하하지 않도록 적재하여야 한다.

④ 위험물을 수납한 용기는 위로 향하게 적재하여야 한다.

해설 중요기준과 세부기준을 구분하여 이해할 필요가 있다.
중요기준은 화재발생의 직접적인 원인이 될 수 있는 기준이고 그 외의 것은 세부기준으로 정하고 있다.

부록

기출복원문제

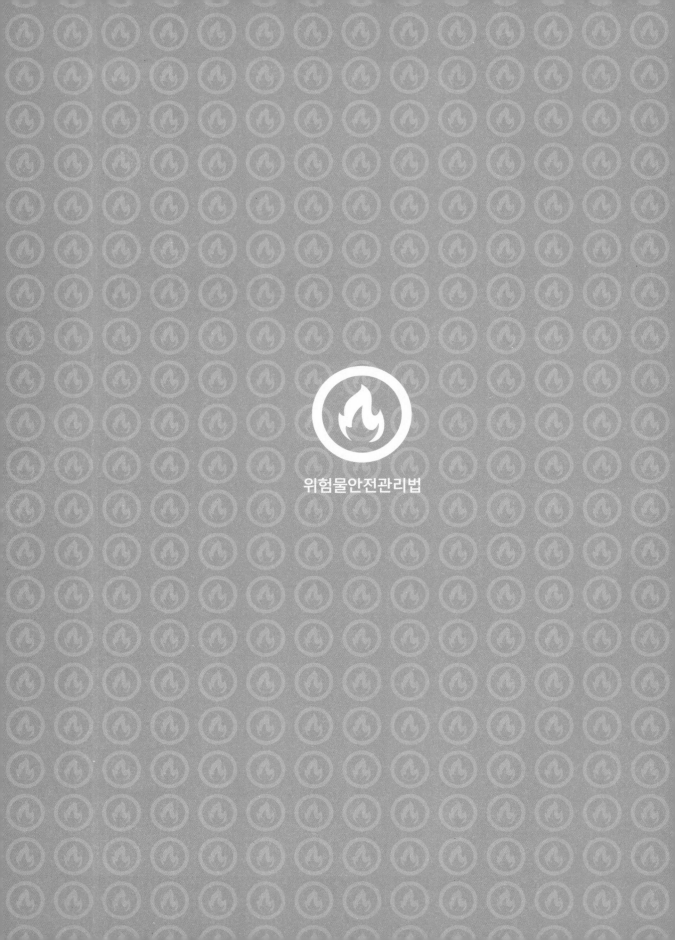
위험물안전관리법

> ※ 수험생의 기억을 바탕으로 일부 문제의 요지를 복원한 것으로 출제된 문제와 다를 수 있음.

---

01 행정안전부령으로 정하는 제5류 위험물로만 이루어진 것은?

① 염소화이소시아눌산, 퍼옥소이황산염류 ② 금속의 아지화합물, 질산구아니딘

③ 염소화규소화합물, 할로겐간화합물 ④ 아질산염류, 차아염소산염류

해설 염소화이소시아눌산, 퍼옥소이황산염류, 아질산염류 및 차아염소산염류는 제1류, 염소화규소화합물은 제3류, 할로겐간화합물은 제6류임.

출제근거 규칙 제3조

유의사항 ㉠ 할로겐간화합물과 할로겐화합물은 다른 물질임을 유의하여야 함.

  ㉡ 규칙 제3조 제1항 및 제3항 각 호에 열거된 위험물은 시행령 별표 1의 위임근거가 동일한 품명란임에도 불구하고 각각 다른 품명의 위험물임(규칙 제4조 제1항).

  ㉢ 제2류 위험물의 추가 지정을 행정안전부령에 위임하고 있으나 현재까지 미정이며, 이는 향후 새로운 위험물의 출현을 대비한 입법임.

---

02 위험물시설의 설치 및 변경 등에 대한 설명으로 옳은 것은?

① 축산용으로 필요한 난방시설을 위한 지정수량 20배 이하의 취급소에서는 허가를 받지 않고 당해 시설의 위치·구조 또는 설비를 변경할 수 있다.

② 군사목적 또는 군부대시설을 위한 제조소등을 설치하거나 그 위치·구조 또는 설비를 변경하고자 하는 군부대의 장은 대통령령이 정하는 바에 따라 미리 제조소등의 소재지를 관할하는 시·도지사에게 신고하여야 한다.

③ 위험물의 품명·수량 또는 지정수량의 배수를 변경하고자 하는 자는 변경하고자 하는 날의 1일 전까지 행정안전부령이 정하는 바에 따라 시·도지사에게 신고하여야 한다.

④ 수산용으로 필요한 건조시설을 위한 지정수량 20배 이하의 저장소를 설치하는 경우에 시·도지사에게 허가를 받아야 한다.

해설 ① 축산용의 난방시설을 위한 위험물시설로서 허가가 면제되는 것은 지정수량 20배 이하의 저장소이며, 취급소는 해당 없음.

  ② 군용위험물시설의 설치 또는 변경은 군부장이 관할 시·도지사(소방서장)와 협의하여야 함.

  ④ 수산용의 건조시설을 위한 지정수량 20배 이하의 저장소는 설치허가를 면제함.

---

01 ② **02** ③ **정답**

출제근거 법 제6조 및 제7항

유의사항 ㉠ 설치허가 면제대상의 조건 중 제조소등의 구분을 유의하여야 함.
㉡ 품명등의 변경신고는 변경행위를 하기 전에 미리 신고하여야 함.

03 위험물제조소등의 완공검사 신청시기에 대한 내용으로 틀린 것은?

① 지하탱크가 있는 제조소등의 경우에는 당해 지하탱크를 매설한 후에 신청한다.
② 이동탱크저장소의 경우에는 이동저장탱크를 완공하고 상치장소를 확보한 후에 신청한다.
③ 이송취급소의 경우에는 이송배관 공사의 전체 또는 일부를 완료한 후 신청한다. 다만, 지하·하천 등에 매설하는 이송배관의 공사의 경우에는 이송배관을 매설하기 전에 신청한다.
④ 상기의 ① 내지 ③에 해당하지 아니하는 제조소등의 경우에는 제조소등의 공사를 완료한 후에 신청한다.

해설 지하탱크가 있는 제조소등의 경우에는 당해 지하탱크를 매설하기 전에 신청하여야 함.

출제근거 규칙 제20조

유의사항 제조소등의 종류뿐 아니라 구조에 따라서도 완공검사 신청시기가 달라짐을 유의하여야 함.

04 위험물제조소등의 용도폐지, 사용정지 처분 및 안전관리자 선임신고에 대한 내용으로 옳은 것은?

① 위험물제조소등의 용도를 폐지한 날부터 30일 이내에 신고하고, 사용정지처분에 갈음하여 3억원 이하의 과징금을 부과한다. 또한, 위험물 안전관리자 선임신고는 14일 이내에 한다.
② 위험물제조소등의 용도를 폐지한 날부터 14일 이내에 신고하고, 사용정지처분에 갈음하여 2억원 이하의 과징금을 부과한다. 또한, 위험물 안전관리자 선임신고는 14일 이내에 한다.
③ 위험물제조소등의 용도를 폐지한 날부터 14일 이내에 신고하고, 사용정지처분에 갈음하여 2억원 이하의 과징금을 부과한다. 또한, 위험물 안전관리자 선임신고는 30일 이내에 한다.
④ 위험물제조소등의 용도를 폐지한 날부터 30일 이내에 신고하고, 사용정지처분에 갈음하여 3억원 이하의 과징금을 부과한다. 또한, 위험물 안전관리자 선임신고는 30일 이내에 한다.

해설 용도폐지 신고기한은 14일, 과징금 액수상한은 2억원, 안전관리자 선임신고기한은 14일임.

출제근거 법 제6조 제2항, 제11조 및 제13조 제1항

유의사항 ㉠ 각종 신고기한, 과징금 액수상한, 과태료 액수상한 등을 일괄적으로 숙지할 필요가 있음.
㉡ 과징금의 산정기준은 위반행위의 시기에 따라 다름을 유의하여야 함(규칙 제26조).

정답 03 ① 04 ②

05 다수의 위험물저장소를 설치한 자가 1인의 안전관리자를 중복하여 선임할 수 있는 대상에 해당하지 않는 것은?

① 동일 구내에 있는 11개의 옥내저장소
② 동일 구내에 있는 21개의 옥외탱크저장소
③ 동일 구내에 있는 10개의 옥내탱크저장소
④ 동일 구내에 있는 20개의 지하탱크저장소

> **해설** 안전관리자를 중복선임 할 수 있는 옥내저장소의 개수 상한은 10임.
>
> **출제근거** 시행령 제12조 제1항 제3호 및 규칙 제56조
>
> **유의사항** ㉠ 저장소가 동일 구내에 있거나 상호 100m 이내의 거리에 있고 설치자가 동일인이어야 함.
> ㉡ 규칙 제56조 각 호에 개수 상한이 규정되지 않은 저장소는 중복선임에 있어서 개수 제한이 없는 것임.
> ㉢ 시행령 제12조에 규정된 여러 중복선임 기준 중 둘 이상에 적용되는 경우에는 설치자에게 유리한 기준을 적용함.

06 위험물안전관리자를 선임하여야 하는 제조소등으로 적합하지 않은 것은?

① 판매취급소, 옥내탱크저장소, 간이탱크저장소
② 옥내저장소, 암반탱크저장소, 지하탱크저장소
③ 일반취급소, 이동탱크저장소, 옥외저장소
④ 일반취급소, 암반탱크저장소, 옥외탱크저장소

> **해설** 이동탱크저장소는 위험물운송자가 운행하도록 하고 있으므로 안전관리자를 별도로 선임할 필요가 없음. 위험물운송자는 자격만 소지하고 있으면 모든 이동탱크저장소를 운행할 수 있으므로 선임의 개념이 없음.
>
> **출제근거** 법 제15조 제1항
>
> **유의사항** ㉠ 주택의 난방시설을 위한 저장소 등 일정한 제조소등은 설치허가를 면제하며 이들에 대해서는 안전관리자 선임의무도 면제하고 있음. 설치허가를 면제하는 시설도 제조소등임은 마찬가지이며, 다른 규제는 제조소등과 동일하게 적용됨을 유의하여야 함.
> ㉡ 군용위험물시설도 안전관리자 선임 대상임을 유의하여야 함.

07 위험물제조소에서 취급하는 보기의 옥외탱크의 주위에 하나의 방유제를 설치하는 경우의 방유제의 용량이 옳은 것은?

> • A탱크 : 60,000L　　　　• B탱크 : 20,000L　　　　• C탱크 : 10,000L

① 30,000L
② 33,000L
③ 40,000L
④ 44,000L

해설 제조소의 옥외 취급탱크가 둘 이상 있는 경우에는 최대용량인 탱크의 50%에 나머지 탱크용량의 합계의 10%를 합한 용량임.

출제근거 규칙 별표 4 Ⅸ 제1호 나목 1)

유의사항 ㉠ 옥외탱크저장소의 방유제 용량 계산기준과 옥외 취급탱크의 용량 계산기준이 다름을 유의하여야 함.
㉡ 다른 탱크의 방유제 높이 이하의 용적, 기초의 체적 등을 공제하는 이유는 해당 부분은 방유기능을 할 수 없기 때문이며, 최대탱크의 방유제 높이 이하의 용적은 방유기능을 할 수 있으므로 공제하지 않음.
㉢ 옥외탱크저장소의 경우 인화성 액체 위험물의 탱크는 탱크용량의 110%로 하고, 비인화성 위험물의 탱크는 탱크용량의 100%로 함을 유의하여야 함. 인화성 액체 위험물의 탱크의 방유제에는 포소화약제가 투입되는 용적을 확보하기 위함임.

08 벽·기둥·바닥이 내화구조인 옥내저장소에서 보유공지를 두지 않아도 되는 위험물은?

① 아세톤 3,000L
② 클로로벤젠 10,000L
③ 글리세린 15,000L
④ 니트로벤젠 15,000L

해설 지정수량 5배 이하를 저장하는 옥내저장소가 벽·기둥·바닥이 내화구조인 경우에는 보유공지가 필요 없음. 글리세린은 제4류 제3석유류·수용성이므로 지정수량은 4,000L임.

출제근거 규칙 별표 5 Ⅰ 제2호

유의사항 지정수량 20배를 초과하는 옥내저장소는 인접한 다른 옥내저장소와의 사이에 보유공지 단축기준이 있음을 유의하여야 함.

09 **판매취급소의 설치기준에 대한 설명으로 옳지 않은 것은?**

① 제2종 판매취급소는 지정수량의 40배 이하로 한다.

② 제1종 판매취급소의 용도로 사용하는 부분에 천장을 설치하는 경우에는 천장을 불연재료로 하여야 한다.

③ 제2종 판매취급소의 용도로 사용하는 부분 중 연소의 우려가 없는 부분에 한하여 창을 두되 당해 창에는 갑종방화문 또는 을종방화문을 설치하여야 한다.

④ 제1종 판매취급소의 용도로 사용되는 건축물의 부분은 내화구조 또는 난연재료로 하고 판매취급소로 사용되는 부분과 다른 부분과의 격벽은 내화구조로 하여야 한다.

해설 제1종 판매취급소의 용도로 사용되는 건축물의 부분은 내화구조 또는 불연재료로 하여야 함.

출제근거 규칙 별표 14

유의사항 ㉠ 지정수량의 배수에 따라 제1종과 제2종으로 구분함.
ㄴ 위치, 구조 및 설비에 관한 기술기준은 제1종 판매취급소의 것을 기본적으로 규정하고 제2종 판매취급소는 제1종 판매취급소의 기술기준 중 일부를 준용하면서 추가로 강화된 것을 규정함.

10 **위험물제조소등의 건축물 그 밖의 공작물 또는 위험물의 소요단위 계산방법 기준이 옳지 않은 것은?**

① 위험물은 지정수량의 10배를 1소요단위로 할 것

② 저장소의 건축물은 외벽에 내화구조인 것은 연면적 75m² 를 1소요단위로 할 것

③ 취급소의 건축물은 외벽이 내화구조가 아닌 것은 연면적 50m² 를 1소요단위로 할 것

④ 제조소 또는 취급소용으로 옥외에 있는 공작물인 경우 외벽이 내화구조인 것으로 간주하고 최대수평 투영면적 100m² 를 1소요단위로 할 것

해설 저장소의 건축물은 외벽에 내화구조인 것은 연면적 150m² 를 1소요단위로 함.

출제근거 규칙 별표 17 I 제5호 다목

유의사항 ㉠ 제조소등의 구분, 건축물 여부, 내화구조 여부에 따라 계산방법이 다름.
ㄴ 위험물에 대한 소요단위는 일률적으로 지정수량 10배를 1소요단위로 함.
ㄷ 본 기준은 대상물의 소요단위를 계산하는 기준이며, 이 자체가 소화설비 설치기준이 아님. 따라서 규칙 별표 17 I 제1호, 제2호 및 제3호에 정한 소화설비 기술기준에 따라 소화설비를 설치하여야 하며, 이 기준에 소요단위에 따른 소화설비 설치를 규정한 경우에 이 계산방법을 적용하는 것임.

09 ④ **10** ② **정답**

11 옥내저장소에서 위험물을 수납한 용기를 겹쳐 쌓는 경우의 높이 제한에 대한 설명으로 옳지 않은 것은?

① 기계에 의하여 하역하는 구조로 된 용기만을 겹쳐 쌓는 경우는 6m 이하로 한다.

② 제4류 위험물 중 제2석유류를 수납하는 용기만을 겹쳐 쌓는 경우는 4m 이하로 한다.

③ 제2류 위험물을 수납하여 겹쳐 쌓는 경우는 3m 이하로 한다.

④ 제4류 위험물 중 제3석유류를 수납하는 용기만을 겹쳐 쌓는 경우는 4m 이하로 한다.

해설 제2석유류를 수납하는 용기를 겹쳐 쌓는 경우는 3m 이하로 하여야 함.

출제근거 규칙 별표 18 Ⅲ 제6호

유의사항 ㉠ 본 기준은 용기와 용기를 상하로 겹쳐 쌓는 경우에 적용하는 것으로 선반에 적재하는 경우에는 선반 전체의 높이 제한은 없으며, 선반의 각 단별로 용기를 겹쳐 쌓는 높이에는 본 기준이 적용됨. 즉, 용기를 상하로 겹쳐 쌓는 형태의 불안정성을 감안한 기준임.
㉡ 옥외저장소의 경우에도 본 기준이 준용되며, 선반 전체의 높이 제한이 있음을 유의하여야 함.

12 위험물을 수납한 운반용기의 외부에 표시하는 주의사항이 옳지 않은 것은?

① 차아염소산염류 – 화기·충격주의 및 가연물접촉주의

② 황린 – 화기주의 및 공기접촉엄금

③ 요오드산염류 – 화기·충격주의 및 가연물접촉주의

④ 할로겐간화합물 – 가연물접촉주의

해설 황린은 제3류 자연발화성 물질로서 화기엄금 및 공기접촉엄금을 표시하여야 함.

출제근거 규칙 별표 19 Ⅱ 제8호

유의사항 ㉠ 운반용기에 표기하는 주의사항은 제조소등의 게시판에 표기하는 주의사항과 다름을 유의하여야 함. 이는 운반 도중에 발생하는 위험성을 감안한 것임.
㉡ 규칙 별표 19 Ⅱ 제8호 각 호에 정한 표기뿐 아니라 UN RTDG 또는 GHS에 따른 표지도 가능함.
㉢ 규칙 별표 19 Ⅱ 제8호는 중소형 용기에 관한 표시기준이고, 대형용기(기계에 의하여 하역하는 구조로 된 용기)에 관한 표시기준은 다름을 유의하여야 함.

미완성 문제 **위험물의 지정수량에 관한 문제**

> **출제유형** • 몇 가지의 품명을 묶어서 나열하고 지정수량이 다른 품명이 포함된 것을 물음.
> • 하나의 물질과 지정수량의 연결을 나열하고 틀린 것을 물음.

출제근거 시행령 별표 1

유의사항 ㉠ 제4류 위험물 중 수용성 여부에 따라 지정수량이 달라지는 것은 동일 품명 내에서 지정수량 구분임. 즉, 수용성 여부에 따라 품명이 달라지는 것은 아님.
㉡ 각 품명에 속하는 대표적인 물질은 숙지할 필요가 있음.

정답 11 ② 12 ②

※ 수험생의 기억을 바탕으로 일부 문제의 요지를 복원한 것으로 출제된 문제와 다를 수 있음.

01 위험물의 유별 및 지정수량이 옳은 것은?

① 가연성 고체 : 황린 100kg
② 가연성 고체 : 적린 100kg
③ 가연성 고체 : 나트륨 100kg
④ 산화성 고체 : 질산 100kg

해설 황린은 제3류 자연발화성 물질로서 지정수량이 20kg, 나트륨은 제3류 금수성 물질로서 지정수량이 10kg, 질산은 제6류 산화성 액체로서 지정수량이 300kg임.

출제근거 시행령 별표 1

유의사항 ㉠ 제4류 위험물 중 수용성 여부에 따라 지정수량이 달라지는 것은 동일 품명 내에서 지정수량 구분임. 즉, 수용성 여부에 따라 품명이 달라지는 것은 아님.

㉡ 각 품명에 속하는 대표적인 물질은 숙지할 필요가 있음.

㉢ 지정수량의 단위가 제4류 위험물만 리터이며, 나머지는 kg임.

02 제1류 위험물에 해당되지 않는 것은?

① 차아염소산염류
② 과요오드산염류
③ 염소화이소시아눌산
④ 염소화규소화합물

해설 염소화규소화합물은 제3류 위험물임.

출제근거 규칙 제3조 제2항

유의사항 ㉠ 할로겐간화합물과 할로겐화합물은 다른 물질임을 유의하여야 함.

㉡ 규칙 제3조 제1항 및 제3항 각 호에 열거된 위험물은 시행령 별표 1의 위임근거가 동일한 품명란임에도 불구하고 각각 다른 품명의 위험물임(규칙 제4조 제1항).

㉢ 제2류 위험물의 추가 지정을 행정안전부령에 위임하고 있으나 현재까지 미정이며, 이는 향후 새로운 위험물의 출현을 대비한 입법임.

01 ② 02 ④ 정답

03 위험물시설의 설치 및 변경 등에 관한 설명으로 옳지 않은 것은?

① 제조소등을 설치하고자 하는 자는 그 설치장소를 관할하는 시·도지사의 허가를 받아야 한다.

② 위험물의 품명·수량 또는 지정수량의 배수를 변경하고자 하는 자는 변경하고자 하는 날의 1일 전까지 행정안전부령이 정하는 바에 따라 시·도지사에게 허가를 받아야 한다.

③ 주택의 난방시설(공동주택의 중앙난방시설을 제외한다)을 위한 저장소를 설치하는 경우 시·도지사에게 신고를 하지 아니하고 위험물의 품명·수량 또는 지정수량의 배수를 변경할 수 있다.

④ 농예용·축산용 또는 수산용으로 필요한 난방시설 또는 건조시설을 위한 지정수량 10배의 저장소를 설치하는 경우 시·도지사에게 허가를 받지 않아도 된다.

> **해설** 품명등을 변경하고자 하는 때에는 1일 전까지 변경신고를 하여야 함.
>
> **출제근거** 법 제6조
>
> **유의사항** 설치허가 면제대상의 조건 중 제조소등의 구분을 유의하여야 함.

04 위험물 탱크안전성능검사의 내용이 옳지 않은 것은?

① 암반탱크검사는 암반탱크의 본체에 관한 공사의 개시 후에 검사를 신청한다.

② 옥외탱크저장소의 액체위험물탱크 중 그 용량이 100만L 이상인 탱크는 용접부 검사를 받아야 한다.

③ 용량이 100만L 이상인 액체위험물저장탱크는 한국소방산업기술원이 실시하는 탱크안전성능검사 대상이다.

④ 시·도지사는 제출받은 탱크시험필증과 해당 위험물탱크를 확인한 결과 기술기준에 적합하다고 인정되는 때에는 당해 충수·수압검사를 면제한다.

> **해설** 암반탱크 안전성능검사는 암반탱크의 본체를 완공한 후 실시함.
>
> **출제근거** 법 제8조 제1항 및 시행령 별표 4
>
> **유의사항** ㉠ 탱크의 종류와 용량에 따라 적용되는 탱크안전성능검사가 다름.
>
> ㉡ 허가청이 실시하는 것을 탱크안전성능검사라 하고, 탱크시험자가 실시하는 것을 탱크안전성능시험이라 함.
>
> ㉢ 소방산업기술원은 허가청의 권한을 위탁받아서 하는 탱크안전성능검사도 하고, 민간 시험자의 지위에서 하는 탱크안전성능시험도 함.

정답 03 ② 04 ①

05 다수의 제조소등을 동일인이 설치한 경우에 제조소등의 규모와 위치·거리 등을 감안하여 1인의 안전관리자를 중복하여 선임할 수 있는 제조소등에 해당하지 않는 것은?

① 위험물을 차량에 고정된 탱크 또는 운반용기에 옮겨 담기 위한 7개 이하의 일반취급소와 그 일반취급소에 공급하기 위한 위험물을 저장하는 저장소를 동일인이 설치한 경우

② 보일러·버너 또는 이와 비슷한 것으로서 위험물을 소비하는 장치로 이루어진 7개 이하의 일반취급소와 그 일반취급소에 공급하기 위한 위험물을 저장하는 저장소를 동일인이 설치한 경우

③ 동일 구내에 있거나 상호 100m 이내의 거리에 있는 9개의 옥내탱크저장소

④ 저장 또는 취급하는 위험물의 최대수량이 지정수량의 3천배 미만인 4개 제조소

해설 위험물을 차량에 고정된 탱크 또는 운반용기에 옮겨 담기 위한 5개 이하의 일반취급소와 그 일반취급소에 공급하기 위한 위험물을 저장하는 저장소를 동일인이 설치한 경우에 안전관리자를 중복선임 할 수 있음.

출제근거 시행령 제12조 제1항 및 규칙 제56조

유의사항 ㉠ 제조소등 종류별로 안전관리자를 중복선임 할 수 있는 위치조건이 다름을 유의하여야 함.
㉡ 규칙 제56조 각 호에 개수 상한이 규정되지 않은 저장소는 중복선임에 있어서 개수 제한이 없는 것임.

06 예방규정을 정하여야 하는 제조소등에 해당하지 않는 것은?

① 지정수량 10배 제조소
② 지정수량 150배 옥외저장소
③ 지정수량 200배 옥내탱크저장소
④ 지정수량 300배 옥외탱크저장소

해설 옥내탱크저장소는 예방규정 작성 대상이 아님.

출제근거 시행령 제15조

유의사항 보일러, 버너 등 일반취급소 또는 출하설비의 일반취급소는 위험물의 종류와 취급량에 따라 예방규정 작성 면제 대상이 있음.

05 ① **06** ③ **정답**

07 위험물제조소의 배출설비 설치기준에 대한 설명으로 옳지 않은 것은?

① 전역방식의 경우에는 바닥면적 $1m^2$당 $18m^3$ 이상으로 할 수 있다.

② 배출덕트가 관통하는 벽부분의 바로 가까이에 화재 시 자동으로 폐쇄되는 방화댐퍼를 설치하여야 한다.

③ 급기구는 낮은 곳에 설치하고, 가는 눈의 구리망 등으로 인화방지망을 설치해야 한다.

④ 배풍기는 강제배기방식으로 하고 옥내덕트의 내압이 대기압 이상이 되지 아니하는 위치에 설치하여야 한다.

> **해설** 배출설비의 급기구는 높은 곳에 설치하여야 함.

> **출제근거** 규칙 별표 4 Ⅵ

> **유의사항** 배출설비의 급기구는 높은 곳에 설치하는 반면 환기설비의 급기구는 낮은 곳에 설치함을 유의하여야 함. 배출설비는 유증기 체류 우려가 큰 장소에 설치하는 것이므로 비중이 공기보다 높은 유증기의 외부 유출을 방지하기 위함임.

08 제조소의 위치·구조 및 설비의 기준에서 건축물의 구조에 대한 설명으로 옳지 않은 것은?

① 위험물제조소의 벽·기둥·바닥·보·서까래 및 계단은 난연재료로 하여야 하며, 제조소는 2층 이하의 지하층에 설치하여야 한다.

② 연소의 우려가 있는 외벽은 출입구 외의 개구부가 없는 내화구조의 벽으로 하여야 한다.

③ 지붕은 폭발력이 위로 방출될 정도의 가벼운 불연재료로 덮어야 한다.

④ 위험물을 취급하는 건축물의 창 및 출입구에 유리를 사용하는 경우에는 망입유리로 하여야 한다.

> **해설** 제조소의 벽·기둥·바닥·보·서까래 및 계단은 불연재료로 하여야 하며, 제조소는 지하층이 없도록 하는 것이 원칙임.

> **출제근거** 규칙 별표 4 Ⅳ

> **유의사항** 제조소의 건축물 기술기준과 기타 제조소등의 건축물의 기술기준에 상이한 사항이 있음을 유의하여야 함.

09 다음 보기의 위험물 옥외취급탱크 주위에 하나의 방유제를 설치하는 경우의 방유제의 용량이 옳은 것은?

> • A탱크 : 20,000L   • B탱크 : 30,000L
> • C탱크 : 50,000L   • D탱크 : 100,000L

① 30,000L   ② 40,000L
③ 50,000L   ④ 60,000L

해설 제조소의 옥외취급탱크가 둘 이상 있는 경우에는 최대용량인 탱크의 50%에 나머지 탱크용량의 합계의 10%를 합한 용량임.

출제근거 규칙 별표 4 Ⅸ 제1호 나목 1)

유의사항 ㉠ 옥외탱크저장소의 방유제 용량 계산기준과 옥외 취급탱크의 용량 계산기준이 다름을 유의하여야 함.
㉡ 다른 탱크의 방유제 높이 이하의 용적, 기초의 체적 등을 공제하는 이유는 해당 부분은 방유기능을 할 수 없기 때문이며, 최대탱크의 방유제 높이 이하의 용적은 방유기능을 할 수 있으므로 공제하지 않음.
㉢ 옥외탱크저장소의 경우 인화성 액체 위험물의 탱크는 탱크용량의 110%로 하고, 비인화성 위험물의 탱크는 탱크용량의 100%로 함을 유의하여야 함. 인화성 액체 위험물의 탱크의 방유제에는 포소화약제가 투입되는 용적을 확보하기 위함임.

10 지정과산화물을 저장 또는 취급하는 옥내저장소에 대한 설명으로 옳지 않은 것은?

① 저장창고의 외벽은 두께 15cm 이상의 철근콘크리트조나 철골철근콘크리트조 또는 두께 30cm 이상의 보강콘크리트블록조로 할 것
② 저장창고는 150cm^2 이내마다 격벽으로 완전하게 구획할 것
③ 저장창고의 지붕은 두께 5cm 이상, 너비 30cm 이상의 목재로 만든 받침대를 설치할 것
④ 저장창고의 지붕은 중도리 또는 서까래의 간격은 30cm 이하로 할 것

해설 저장창고의 외벽은 두께 20cm 이상의 철근콘크리트조나 철골철근콘크리트조 또는 두께 30cm 이상의 보강콘크리트블록조로 하여야 함.

출제근거 규칙 별표 5 Ⅷ 제2호 다목

유의사항 ㉠ 지정과산화물을 저장하는 경우에는 다층, 복합용도 또는 소규모의 옥내저장소는 허용되지 않음.
㉡ 지정과산화물이란 제5류 위험물 중 유기과산화물 또는 이를 함유한 것으로서 지정수량 10㎏인 것을 말함.
㉢ 유기과산화물에 속하는 물질 중 제4류에 해당하는 것도 있음을 유의하여야 함.

09 ④   **10** ①   **정답**

11 탱크의 높이 3m, 지름 12m의 옥외저장탱크에 인화점이 섭씨 200도 미만의 위험물을 저장할 경우에 방유제와 옥외저장탱크의 옆판 사이에 두는 최소의 거리는?

① 1m

② 1.5m

③ 3m

④ 6m

> **해설** 탱크의 지름이 15m 미만인 것은 탱크 높이의 3분의 1 이상 이격하여야 함.
> **출제근거** 규칙 별표 6 Ⅸ 제1호 바목
> **유의사항** 여기서 탱크 높이란 지반면을 기산점으로 하므로 탱크의 기초를 포함하는 개념임. 탱크의 상부로 위험물이 폭발 또는 비산하는 경우에 방유제 내부에 위험물을 국한시키기 위한 취지이기 때문임.

12 지하탱크저장소의 누유검사관에 대한 설명으로 옳지 않은 것은?

① 관은 이중관으로 할 것. 다만, 소공이 없는 상부는 단관으로 할 수 있다.

② 재료는 금속관 또는 경질합성수지관으로 할 것

③ 관은 탱크전용실의 바닥 또는 탱크의 기초까지 닿게 할 것

④ 관의 상부는 물이 침투하는 구조로 하고, 뚜껑은 검사 시에 쉽게 열 수 있도록 할 것

> **해설** 상부는 물이 침투하지 않는 구조로 하여야 함.
> **출제근거** 규칙 별표 8 Ⅰ 제15호

13 위험물제조소등에 옥외소화전의 설치개수가 4개인 경우에 확보하는 수원의 수량은?

① 13.5m³

② 27m³

③ 52m³

④ 54m³

> **해설** 수원의 수량은 옥내소화전의 개수(설치개수가 4 이상인 경우에는 4)에 13.5m³를 곱한 양으로 하여야 함.
> **출제근거** 규칙 별표 17 Ⅰ 제5호 바목 2)
> **유의사항** 제조소등의 소화설비 기준은 일반 대상물의 그것과 기본원리는 동일하나 성능을 더 강화시키도록 규정하고 있음.

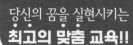

소방공무원 승진시험 위험물안전관리법 기출·예상문제집

소방위 소방장 계급 해당

2020. 2. 18. 초 판 1쇄 인쇄
2020. 2. 28. 초 판 1쇄 발행

검
인

지은이 │ 김종근, 이동원
펴낸이 │ 이종춘
펴낸곳 │ BM ㈜도서출판 성안당

주소 │ 04032 서울시 마포구 양화로 127 첨단빌딩 3층(출판기획 R&D 센터)
10881 경기도 파주시 문발로 112 출판문화정보산업단지(제작 및 물류)

전화 │ 02) 3142-0036
031) 950-6300

팩스 │ 031) 955-0510
등록 │ 1973. 2. 1. 제406-2005-000046호
출판사 홈페이지 │ www.cyber.co.kr
ISBN │ 978-89-315-3892-2 (13530)
정가 │ 17,000원

이 책을 만든 사람들

기획 │ 최옥현
진행 │ 박경희
교정·교열 │ 이은화
전산편집 │ J디자인
표지 디자인 │ 박현정
홍보 │ 김계향
국제부 │ 이선민, 조혜란, 김혜숙
마케팅 │ 구본철, 차정욱, 나진호, 이동후, 강호묵
제작 │ 김유석